U0171576

学术引领系列

国家科学思想库

中国学科发展战略

# 高功率、高光束质量半导体激光

国家自然科学基金委员会
中国科学院

科学出版社
北京

## 内 容 简 介

本书从半导体激光学科的科学意义与战略价值、发展趋势和特点、国内外发展态势、发展思路和发展方向、发展机制与政策建议等方面系统地研究了高功率、高光束质量半导体激光学科及产业的发展规律，并结合国内的实际情况为我国高功率、高光束质量半导体激光学科及产业的发展提出了相关建议。

本书适合高层次的战略和管理专家、相关领域的高等院校师生、研究机构的研究人员阅读，是科技工作者洞悉学科发展规律、把握前沿领域和重点方向的重要指南，也是科技管理部门重要的决策参考，同时也是社会公众了解高功率、高光束质量半导体激光研究的发展现状及趋势的权威读本。

---

**图书在版编目（CIP）数据**

高功率、高光束质量半导体激光 / 国家自然科学基金委员会, 中国科学院编. —北京：科学出版社，2022.4

（中国学科发展战略）

ISBN 978-7-03-067195-0

Ⅰ. ①高… Ⅱ. ①国… ②中… Ⅲ. ①半导体激光器 Ⅳ. ①TN248.4

中国版本图书馆 CIP 数据核字（2020）第249612号

---

丛书策划：侯俊琳 牛 玲

责任编辑：朱萍萍 / 责任校对：韩 杨

责任印制：师艳茹 / 封面设计：黄华斌 陈 敬

科学出版社 出版

北京东黄城根北街 16 号

邮政编码：100717

http://www.sciencep.com

北京中科印刷有限公司 印刷

科学出版社发行 各地新华书店经销

*

2022年4月第 一 版 开本：720 × 1000 1/16

2024年1月第二次印刷 印张：14 1/2

字数：252 000

**定价：128.00元**

（如有印装质量问题，我社负责调换）

# 中国学科发展战略·
# 高功率、高光束质量半导体激光

## 编　委　会


主　编：王立军

编　委（以姓名拼音为序）：

陈泳屹　高松信　郭林辉　贾　鹏　雷宇鑫

梁　磊　吕文强　彭航宇　秦　莉　邱　橙

宋　悦　王　丽　魏　韧　武德勇　张　俊

张金龙

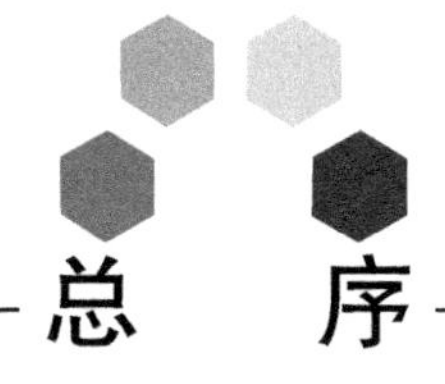

# 总　序

白春礼　杨　卫

17 世纪的科学革命使科学从普适的自然哲学走向分科深入，如今已发展成为一幅由众多彼此独立又相互关联的学科汇就的壮丽画卷。在人类不断深化对自然认识的过程中，学科不仅仅是现代社会中科学知识的组成单元，同时也逐渐成为人类认知活动的组织分工，决定了知识生产的社会形态特征，推动和促进了科学技术和各种学术形态的蓬勃发展。从历史上看，学科的发展体现了知识生产及其传播、传承的过程，学科之间的相互交叉、融合与分化成为科学发展的重要特征。只有了解各学科演变的基本规律，完善学科布局，促进学科协调发展，才能推进科学的整体发展，形成促进前沿科学突破的科研布局和创新环境。

我国引入近代科学后几经曲折，及至上世纪初开始逐步同西方科学接轨，建立了以学科教育与学科科研互为支撑的学科体系。新中国建立后，逐步形成完整的学科体系，为国家科学技术进步和经济社会发展提供了大量优秀人才，部分学科已进入世界前列，有的学科取得了令世界瞩目的突出成就。当前，我国正处在从科学大国向科学强国转变的关键时期，经济发展新常态下要求科学技术为国家经济增长提供更强劲的动力，创新成为引领我国经济发展的新引擎。与此同时，改革开放 30 多年来，特别是 21 世纪以来，我国迅猛发展的科学事业蓄积了巨大的内能，不仅重大创新成果源源不断产生，而且一些学科正在孕育新的生长点，有可能引领世界学科发展的新方向。因此，开展学科发展战略研究是提高我国自主创新能力、实现我国科学由“跟跑者”向“并行者”和“领跑者”转变的一项基础工程，对于更好把握世界科技创新发展趋势，发挥科技创新在全面创新中的引领作用，具有重要的现实意义。

学科发展战略研究的核心是结合科学技术和经济社会的发展需求，在分析科学前沿发展趋势的基础上，寻找新的学科生长点和方向。在这个过程中，战略科学家的前瞻引领作用十分重要。科学史上这样的例子比比皆是。在 1900 年 8 月巴黎国际数学家代表大会上，德国数学家戴维 · 希尔伯特发表了题为“数学问题”的著名讲演，他根据过去特别是 19 世纪数学研究的成果和发展趋势，提出了 23 个最重要的数学问题，即“希尔伯特问题”。这些“问题”后来成为许多数学家力图攻克的难关，对现代数学的研究和发展产生了深刻的影响。1959 年 12 月，美国物理学家、诺贝尔奖得主理查德 · 费曼在加利福尼亚理工学院举行的美国物理学会年会上发表了题为“物质底层大有空间——一张进入物理新领域的请柬”的经典讲话，对后来出现的纳米技术作出了天才的预见。

学科生长点并不完全等同于科学前沿，其产生和形成不仅取决于科学前沿的成果，还决定于社会生产和科学发展的需要。1841 年，佩利戈特用钾还原四氯化铀，成功地获得了金属铀，可在很长一段时间并未能发展成为学科生长点。直到 1939 年，哈恩和斯特拉斯曼发现了铀的核裂变现象后，人们认识到它有可能成为巨大的能源，这才形成了以铀为主要对象的核燃料科学的学科生长点。而基本粒子物理学作为一门理论性很强的学科，它的新生长点之所以能不断形成，不仅在于它有揭示物质的深层结构秘密的作用，而且在于其成果有助于认识宇宙的起源和演化。上述事实说明，科学在从理论到应用又从应用到理论的转化过程中，会有新的学科生长点不断地产生和形成。

不同学科交叉集成，特别是理论研究与实验科学相结合，往往也是新的学科生长点的重要来源。新的实验方法和实验手段的发明，大科学装置的建立，如离子加速器、中子反应堆、核磁共振仪等技术方法，都促进了相对独立的新学科的形成。自 20 世纪 80 年代以来，具有费曼 1959 年所预见的性能、微观表征和操纵技术的仪器——扫描隧道显微镜和原子力显微镜终于相继问世，为纳米结构的测量和操纵提供了“眼睛”和“手指”，使得人类能更进一步认识纳米世界，极大地推动了纳米技术的发展。

作为国家科学思想库，中国科学院（以下简称中科院）学部的基本职责和优势是为国家科学选择和优化布局重大科学技术发展方向提供科学依据、发挥学术引领作用，国家自然科学基金委员会（以下简称基金委）则承担着协调学科发展、夯实学科基础、促进学科交叉、加强学科建设的重大责任。继基金委和中科院于2012年成功地联合发布“未来10年中国学科发展战略研究”报告之后，双方签署了共同开展学科发展战略研究的长期合作协议，通过联合开展学科发展战略研究的长效机制，共建共享国家科学思想库的研究咨询能力，切实担当起服务国家科学领域决策咨询的核心作用。

基金委和中科院共同组织的学科发展战略研究既分析相关学科领域的发展趋势与应用前景，又提出与学科发展相关的人才队伍布局、环境条件建设、资助机制创新等方面的政策建议，还针对某一类学科发展所面临的共性政策问题，开展专题学科战略与政策研究。自2012年开始，平均每年部署10项左右学科发展战略研究项目，其中既有传统学科中的新生长点或交叉学科，如物理学中的软凝聚态物理、化学中的能源化学、生物学中生命组学等，也有面向具有重大应用背景的新兴战略研究领域，如再生医学、冰冻圈科学、高功率、高光束质量半导体激光发展战略研究等，还有以具体学科为例开展的关于依托重大科学设施与平台发展的学科政策研究。

学科发展战略研究工作沿袭了由中科院院士牵头的方式，并凝聚相关领域专家学者共同开展研究。他们秉承“知行合一”的理念，将深刻的洞察力和严谨的工作作风结合起来，潜心研究，求真唯实，“知之真切笃实处即是行，行之明觉精察处即是知”。他们精益求精，“止于至善”，“皆当至于至善之地而不迁”，力求尽善尽美，以获取最大的集体智慧。他们在中国基础研究从与发达国家“总量并行”到“贡献并行”再到“源头并行”的升级发展过程中，脚踏实地，拾级而上，纵观全局，极目迥望。他们站在巨人肩上，立于科学前沿，为中国乃至世界的学科发展指出可能的生长点和新方向。

各学科发展战略研究组从学科的科学意义与战略价值、发展规律和研究特点、发展现状与发展态势、未来5～10年学科发展的关键科学问题、发展思路、发展目标和重要研究方向、学科发展的有效资助机制与政策建议等方面进行分析阐述。既强调学科生长点的科学意义，也考虑其重要的社会价值；既着眼于学科生长点的前沿性，也兼顾其可能利用的资源和条件；既立足于国内的现状，又注重基础研究的国际化趋势；既肯定已取得的成绩，又不回避发展中面临的困难和问题。主要研究成果以“国家自然科学基金委员会—中国科学院学科发展战略”丛书的形式，纳入“国家科学思想库—学术引领系列”陆续出版。

基金委和中科院在学科发展战略研究方面的合作是一项长期的任务。在报告付梓之际，我们衷心地感谢为学科发展战略研究付出心血的院士、专家，还要感谢在咨询、审读和支撑方面做出贡献的同志，也要感谢科学出版社在编辑出版工作中付出的辛苦劳动，更要感谢基金委和中科院学科发展战略研究联合工作组各位成员的辛勤工作。我们诚挚希望更多的院士、专家能够加入到学科发展战略研究的行列中来，搭建我国科技规划和科技政策咨询平台，为推动促进我国学科均衡、协调、可持续发展发挥更大的积极作用。

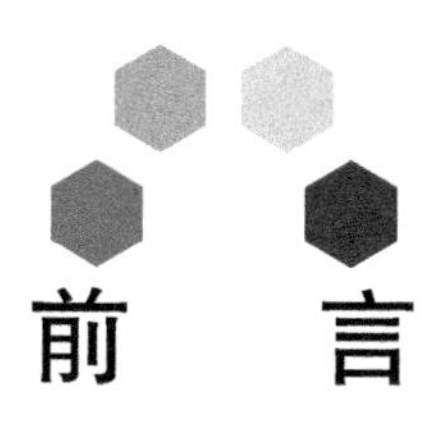

# 前　言

2012 年 2 月，国家自然科学基金委员会和中国科学院签订了《NSFC-CAS 学科发展战略研究长期合作框架协议》，决定将联合学科发展战略研究确立为一项长期性工作。“高功率、高光束质量半导体激光”是国家自然科学基金委员会和中国科学院联合资助的第四批项目之一，于 2016 年 1 月立项。项目的总体目标是根据我国半导体激光科技的发展需求，深入研究学科发展和基础研究的基本规律，分析与评估我国半导体激光学科的发展态势和学科建设现状，提出相关学科的前沿方向、重点领域、关键科学问题及政策建议等。

半导体激光器具有效率高（达到 70%）、体积小（体积＜ $1cm^3$）、重量轻（100W 激光芯片重仅数克）、寿命长（数万小时）、波长丰富（可见光至红外光任意波长输出）、直接电驱动等优点。目前主要通过增加条宽和腔长提高单元功率，再二维集成提高输出功率，来提高半导体激光的功率。但是功率提高后，会导致光束质量下降，使其只能作为全固态激光器的泵浦源间接应用，直接应用仍然受限。研究人员逐渐认识到，半导体激光器的光束质量是与功率同等重要的参数，如何获得高功率、高光束质量半导体激光器是国际半导体激光科学的研究前沿，高功率、近衍射极限单元器件及合束光源成为半导体激光技术领域的重大挑战。为此，许多国家和地区非常重视，如美国、欧洲、日本等相继开展了相关专项的部署。高端半导体激光器芯片作为直接光源或间接光源应用于 5G/6G 通信、大数据、量子传感、智能感知和高能激光武器已是这一领域发展的趋势。

半导体激光产业是整个激光产业的龙头，是当前世界各强国国民经济的重要支柱产业，其直接或间接涉及的光通信、智能感知与先进制造等基础性、战略性产业对国民经济的贡献巨大。美国科学与技术政策办公室2010年的分析报告认为：激光应用及其扩展延伸的经济价值约为7.5万亿美元，占美国当年国内生产总值的50%。行业国际权威期刊*Laser Focus World*报道：截至2019年，全球半导体激光器市场连续10年占据整个激光器市场40%以上。

全书共五章，按内容分为以下几个部分：高功率、高光束质量半导体激光的科学意义与价值，高功率、高光束质量半导体激光的发展趋势和特点，我国高功率半导体激光的发展态势，高功率、高光束质量半导体激光的发展思路和方向，高功率、高光束质量半导体激光发展的机制与政策建议。本书对高功率、高光束质量半导体激光学科的意义和特点、激光学科和技术的发展趋势和方向进行了详细的分析和论述。通过对大量文献调研资料的分析，深入而客观地剖析了当前半导体激光学科及产业的发展现状，并根据半导体激光学科的发展特点和发展态势，对半导体激光学科及技术的发展趋势做了审慎的分析与预测。对从事半导体激光工作的相关人员准确了解激光产业的发展态势、做出规划、明确发展方向具有一定的参考意义。

本书第一章由中国科学院长春光学精密机械与物理研究所的秦莉研究员和雷宇鑫特聘研究员助理合作编写；第二章由中国科学院长春光学精密机械与物理研究所的陈泳屹副研究员和宋悦助理研究员共同编写；第三章由中国科学院长春光学精密机械与物理研究所的秦莉研究员、梁磊副研究员、彭航宇研究员共同编写，中国科学院文献情报中心的魏韧副研究馆员和王丽副研究员完成了图3-6和图3-13的调研。第四章由中国工程物理研究院应用电子学研究所的武德勇研究员、高松信研究员、郭林辉副研究员、吕文强副研究员，中国科学院长春光学精密机械与物理研究所的张金龙高级工程师合作编写。第五章由中国科学院长春光学精密机械与物理研究所的贾鹏助理研究员和张俊副研究员合作编写。

本书在调研中委托深圳前瞻咨询股份有限公司前瞻产业研究院

对国内外半导体激光产业的情况进行了调研；委托中国科学院文献情报中心对半导体激光的发展态势、外延技术和合束技术进行了调研，在此一并表示感谢。

本书的作者都是长年工作在一线的专家和学者，书中内容是他们长期工作的积累。他们在研究工作之余，认真地为本书撰稿。在此，向他们表示衷心的感谢。

本书的出版得到国家自然科学基金委员会和中国科学院的联合资助和支持，特此致谢。

王立军

2020年11月

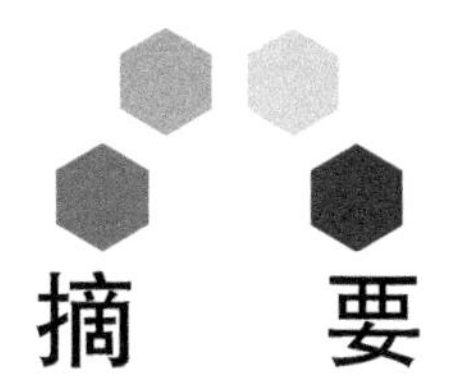

# 摘　要

半导体激光器具有效率高（达到70%）、体积小（体积 $<1cm^3$）、重量轻（100W激光芯片重仅数克）、寿命长（数万小时）、波长丰富（可见光至红外光任意波长输出）、直接电驱动等优点。对半导体激光的初期研究主要集中在如何提高功率，主要是通过增加条宽和腔长提高单元功率，再二维集成提高输出功率。但是功率提高后，会导致光束质量下降，使其只能作为全固态激光器的泵浦源间接应用，直接应用仍然受限。研究人员逐渐认识到，半导体激光器的光束质量是与功率同等重要的参数，如何获得高功率、高光束质量半导体激光器是国际半导体激光科学的研究前沿，高功率、近衍射极限单元器件及合束光源成为半导体激光技术领域的重大挑战。先进半导体激光器芯片是“数字中国”“健康中国”等应用的核心光源，其直接或间接涉及的智能制造、信息网络、医疗健康等基础性、战略性产业对国民经济贡献巨大。中国光学学会2019年的调研报告指出：“国际激光器及其激光相关产品和服务的市场价值高达上万亿美元。半导体激光占整个激光领域产品销售总额的60%，超过其他各类激光器的总和。”

从世界半导体激光产业的分布来看，美国和德国在高功率半导体激光器芯片领域处于垄断地位，占据90%以上的市场份额；日本在信息型半导体激光器领域占据70%的市场份额。我国在高功率、高亮度、特种半导体激光器芯片等先进激光产品和合束技术等方面与国外尚有较大差距。

学科研究是产业发展的基础。本书从半导体激光学科的科学意义与战略价值、发展趋势和特点、国内外发展态势、发展思路和发展方向、发展机制与政策建议等方面系统地研究了高功率、高光束质量半导体激光学科及产业的发展规律，并结合国内的实际情况为我国高功率、高光束质量半导体激光学科及产业的发展提出了相关建议。

## 一、半导体激光学科在整个科学体系中的地位

激光是20世纪以来继原子能、半导体、电子计算机之后人类的又一重大发现。半导体激光科学与技术以半导体激光器件为核心，涵盖研究光的受激辐射放大规律、产生方法、器件技术、调控手段和应用技术，所需知识综合了几何光学、物理光学、半导体电子学、热力学等学科。半导体激光技术历经50余年的发展，作为一个世界前沿的研究方向，得益于国际科技突飞猛进的进步，也受益于各类关联技术、材料与工艺等的突破性进步。半导体激光的进步受到世界各国的高度关注和重视，不仅基础科学研究领域不断深入、科学技术水平不断提升，而且应用领域不断拓展、应用技术和装备层出不穷、应用水平取得较大幅度提升。半导体激光在世界各国的信息、工业、医疗和国防等领域得到重要应用。半导体激光技术在材料处理加工领域的应用最多，占比接近25%，其次是在测量分析、医疗、交通运输和机械工业领域，再次是在信息通信和国防安全领域。半导体激光器技术在国民经济的8个领域（材料处理加工、测量分析、医疗、交通运输、机械工业和城建、信息通信、国防安全、生物技术）都占有重要地位。

半导体激光技术推动了交叉学科的出现和发展。激光细胞工程学和激光生物学在人类健康领域得到发展。利用激光的高亮度和极好的方向性，推动了激光雷达成像探测技术的发展和应用，利用激光雷达又研发了远距离导弹跟踪和激光制导技术。目前，智能车和机器人系统中的激光雷达使用的光源都是半导体激光器。半导体激光器因其高效率、小体积和长寿命而成了现代成像系统中的首选光源。可以说，半导体激光器促进了导航型激光雷达的飞速发展。激光技术对物理学的发展有极大的促进作用。超精细程度可以进行超快光谱分析，同时把相干性和非线性引入光谱分析，使得光谱分析

用的光源波长可调谐。此外，半导体激光在信息领域也有举足轻重的作用。纵观整个信息产业链，存储、传输、显示、信息感知和处理都离不开激光。没有激光，根本谈不上信息科学，激光器是必不可少的器件，激光技术属于核心原创技术。

## 二、半导体激光的发展历程和发展方向

1958 年，贝尔实验室的汤斯和肖洛国际首次设计出半导体激光器。1961 年，伯纳德与杜拉福格利用准费米能级得到在半导体有源介质中实现粒子数反转的条件。并发现在砷化镓（GaAs）半导体材料中的辐射复合效率很高。这一发现对成功研制半导体激光器起到了重要的理论指导作用。同年，俄罗斯列别捷夫物理研究所的巴索夫院士论证了在半导体材料内可以实现粒子数反转，进而实现受激辐射。并将载流子注入半导体 PN 结，实现了注入型半导体激光器。其理论研究成果对此后半导体激光器的研究有积极的促进作用。因此，可在直接带隙半导体材料的 PN 结中注入载流子来满足实现粒子数反转的条件，通过辐射复合产生的光子在以半导体材料自然解理面为腔面反射镜的谐振腔内沿波导结构传播放大，实现激射。这便是半导体激光器最初的模型。在这之后，结合不断进步的半导体激光外延技术和芯片制备技术，半导体激光技术获得了飞速发展。从稳定激光器的激发、延长激光器的寿命到使半导体激光器走向实际应用，科学家们进行了大量的理论探索和实验研究工作，使半导体激光器首先在光纤通信领域获得了成功应用。利用半导体激光器高输出能量的特点，其在工业加工领域也获得了蓬勃的发展，是固体激光器和光纤激光器的重要泵浦源，也可作为直接光源用于激光加工系统。

从 20 世纪 70 年代末开始，半导体激光器明显向两个大类发展。一类是以传递信息为目的的信息型激光器，主要用于光纤通信、光存储、激光投影等。这类激光器对功率的要求不高，一般为几毫瓦至十几毫瓦，但模式要好，甚至要求动态单模、寿命长。另一类是以提高光功率为目的的功率型激光器，主要用于固体激光泵浦等领域。在泵浦固体激光器等应用的推动下，高功率半导体激光器取得

了突破性进展，其标志是半导体激光器的输出功率显著增加，国外千瓦级的高功率半导体激光器已经商品化。未来，半导体激光器的发展主要是面向5G/6G高速通信系统、智能感知系统和智能制造等领域。半导体激光器以高速激光器、高亮度激光器、短波长激光器、中红外激光器和太赫兹激光器为主。

## 三、半导体激光学科的发展现状与趋势

近十年来，全球半导体激光器市场规模保持7%左右的增长率。广州恒州诚思信息咨询有限公司的报告显示，2020年，全球半导体激光器市场规模达到158亿元，预计2026年将达到273亿元，年复合增长率（CAGR）为7.7%。绿光激光器、蓝光激光器和紫光激光器等新兴技术有望随着激光器输出功率和亮度的持续提高，而获得稳定的市场份额。高功率半导体激光器在半导体激光器市场中将获得更快的增长，在预测周期内的年复合增长率有望达到7.7%。通信是半导体激光器最大的应用领域，将占到全球半导体激光器市场营业收入的32.2%。高功率半导体激光器成为国际激光器市场上增长最快的领域，半导体激光器已经广泛应用于光纤激光器泵浦，提升亮度和功率并实现加工成本降低。高功率半导体激光器的增长主要源于防卫、材料加工、消费电子和固体激光器泵浦等领域的需求。绿光激光器和蓝光激光器保持持续增长，并在光学存储、打印应用和消费电子制造领域取代红光激光器。

世界激光学科及产业的发展主要集中在以下区域：美国、欧洲、日本及太平洋地区。其中，美国约占全球市场份额的55%，欧洲约占全球市场份额的22%，日本及太平洋地区约占全球市场份额的23%。美国、日本、德国3个国家激光产业的发展代表了当今世界激光产业发展的趋势。从激光技术研发实力来看，日本和美国的企业在光电子技术方面居前两位。各个国家的发展都与自己的工业基础有关。全球比较知名、规模较大的激光公司有德国通快（Trumpf）集团、德国罗芬（Rofin）集团、美国相干（Coherent）激光公司、美国光谱物理公司、美国阿帕奇（IPG）公司等上市公司。美国相干激光公司是全球最大的激光器制造商，产品涉及科

学研究、医疗手术、工业加工等领域；美国科医人医疗激光公司（Lumenis）是世界上最大的医疗激光设备制造商，产品覆盖激光美容、激光眼科、外科激光医疗仪器等领域。德国已广泛地将激光应用于汽车、钢铁、航天、电子、医疗等行业，激光与光学产品在全世界的销售额每年以10%～20%的速度增长。德国拥有全球最大的两家工业激光设备制造公司。德国通快集团是世界上最大的工业激光设备制造商，高功率二氧化碳激光器和固体激光器制造技术在全球具有领先地位；罗芬集团是仅次于通快集团的工业激光设备制造商，在高功率二氧化碳激光器、激光微加工系统、激光打标系统领域具有领先优势。

## 四、高功率半导体激光器的封装技术

高功率半导体激光器的封装技术包括芯片焊接技术、热管理技术和快轴准直耦合技术等。高功率半导体激光器芯片焊接技术涉及热沉材料和焊接材料的选择、热沉表面金属化、焊料制备工艺、焊接工艺等方面。热沉材料的选择主要需要考虑材料的导电性、可加工性、热膨胀系数等，常用的热沉材料主要有无氧铜、氮化铝（AlN）陶瓷、氧化铍（BeO）陶瓷、钨–铜（W-Cu）复合材料等。焊接材料的选择需要考虑焊料的熔点、浸润特性、延展特性、与相关材料的合金化特性及在热循环和大电流密度下的疲劳特性等，常用的焊接材料主要有软焊料纯铟（In）、铟–银（In-Ag）合金、铟–锡（In-Sn）合金及硬焊料金–锡（Au-Sn）合金、铅–锡（Pb-Sn）合金等。半导体激光器工作时芯片的PN结温度对其输出激光功率、电光转换效率、波长、寿命等参数的影响非常大，随着半导体激光器芯片功率的迅速提升，芯片的热管理成为高功率半导体激光器封装需要解决的关键技术。热管理技术通常需要从以下几个方面考虑：①散热相关部分采用热导率尽可能高的材料。目前使用的较多的材料主要有纯铜、CuW90复合材料、AlN陶瓷。②尽量降低界面热阻。通常各界面均采用焊接的连接方式，并且要求有较好的焊接质量，焊接界面不能有空洞。特别是，芯片焊接界面如果存在数十微米的空洞，就会导致局部有明显升温。有多个界面的，需要采用不同熔点的焊料进行多次焊接。③缩短散热距离、增加散热路径。在封装结构和冷却器设计上也应考虑尽量缩短热传输距离，设计上让热从多个方向传输，有利于降低热阻。例如，芯片P面、N面均焊接热沉的封装结构，可以进一步降低热阻；采用热沉倒角、芯片适当退离棱边的方式也有利于散热。

由于高功率半导体激光器的封装技术是高功率半导体激光器器件研制过程中的关键环节之一，直接影响着器件的主要性能指标，如输出激光功率、波长、偏振态、寿命等。同时，由于封装过程需要专业设备和人员进行精密控制，因此封装成本（包括测试和质量控制）占到整个半导体激光器产品成本的50%以上。根据半导体激光器的应用领域（如通信、显示、工业加工等）不同，以及芯片结构不同，半导体激光器所采用的封装结构及封装技术是不同的。

## 五、有利于半导体激光技术发展的国内外相关政策和创新措施

近几年，世界发达国家呈现将激光作为战略高技术进行发展的态势，以不同的形式和方法提出了持续关注激光科技的发展战略规划，如美国的“21世纪激光科学与工程的发展规划”和“国家光子计划”、日本的“光子工程发展规划”、德国的“光子研究行动计划——未来之光”、北欧诸国的“新概念工厂计划”、英国的“阿维尔计划”和俄罗斯的“激光技术服务于俄罗斯经济纲要”等。美国、德国等发达国家已将高功率半导体激光光束质量难题列入国家重大计划，进行全面探索和攻关。

美国国防部高级研究计划局（DARPA）启动“超高效半导体源计划”（SHEDS），研究创新的方法使半导体激光器的激光效率获得了70%的革命性进步。2013年，美国国防部高级研究计划局支持了“短距、宽视场、极度敏捷的电子扫描光学发射机”（SWEEPER）项目，SWEEPER计划使用先进制造技术成功验证了光学相控阵技术的可行性。2014年，美国国防部高级研究计划局又启动了一项“战术有效的拉曼紫外激光光源”项目，开发出功率为1W的220nm紫外半导体激光，插拔效率高于10%，线宽小于

0.01nm。美国在2011～2015年资助了“大功率高光束质量半导体激光光源”（Excalibur）国家级重大研究计划，TeraDiode公司采用光谱合束方法实现在2030W下一直工作、50μm光纤耦合输出、光参量积仅3.75mm·mrad的半导体激光光源，光束质量达到商业化二氧化碳激光器和二极管泵浦固体激光器的水平，这是目前千瓦量级半导体激光器报道的最高水平，对于大功率半导体激光器的发展具有里程碑式的意义。德国研究机构于2018年通过单频772nm半导体激光器，经锥形放大器将输出功率放大到3W，并通过三硼酸锂（LBO）晶体倍频到386nm，再经过氟代硼铍酸钾（KBBF）晶体倍频到193nm，实现的电光转换效率与现有准分子激光器相当，并完成深紫外光刻实验，证明光源的可用性，更深入的研究正在向提高功率和光束质量的方向前进。

从推动半导体激光技术创新发展方面的措施来看，美国产业创新环境和国内温州激光产业方面的数据总结了推动激光学科发展、促进人才培养、营造创新环境等方面的成果。半导体激光器要做全产业链，否则很难盈利。这个产业的最上游就是半导体激光器芯片，这方面的高功率产品主要依靠进口，国外价格一提，国内激光产业的利润都会受损失。国内激光产业的核心部件是从国外购买的，这制约了产业发展，只要国外提价或停止供应核心部件，整个产业就无从发展。深圳前瞻咨询股份有限公司前瞻产业研究院认为，即便是国内比较知名的激光企业，其实也只是在应用领域，而非核心研发领域，所以我国要打造半导体激光产业就必须要从以激光核心部件产业为主出发，打造全产业链。

# Abstract

Semiconductor lasers have advantages of high efficiency, compactness, durable, variety of wavelengths, and can be directly driven by circuit, which are widely used in many scientific and industrial domains. The preliminary research on semiconductor lasers focused on how to increase the power, mainly by increasing the width and cavity length to increase the unit power, and then by two-dimensional integration to increase the output power. However, as the power is increased, the beam quality is reduced, so that it can only be used indirectly as the pump source of the all-solid-state laser, while the direct application is limited. How to achieve high power, high beam quality semiconductor lasers is the research frontier of international semiconductor laser science. High power, near diffraction limited devices and combined light sources have become a major challenge in the filed of semiconductor laser technology. Advanced semiconductor laser chips are the core light source for application in "Digital China", and "Healthy China" plan, which directly or indirectly involved in intelligent manufacturing, information network, medical and health care and other basic, strategic industries have made great contributions to the national economy. The 2019 research report of the Chinese Optical Society pointed out, "The market capitalization of international lasers and their by-products is as high as $ trillions. Semiconductor lasers account for 60% of the total sales of laser products, exceeding the sum of other types of lasers".

From the perspective of the distribution of the world's semiconductor laser industry, the US and Germany have the monopoly at high power semiconductor laser chips, occupying more than 90% of the market; Japan captures of the market in the field of information-based semiconductor lasers. There is still a significant gap at home and abroad with respect to advanced laser products such as high power, high brightness, special semiconductor laser chips, and beam combing techniques. This book systematically studies the disciplines and industries of high power, high beam quality semiconductor laser from the aspects of scientific significance, development trends and characteristics. Considering the actual situation in the domestic, it puts forward relevant suggestions for the development of high power, high beam quality semiconductor laser discipline in China.

### 1. The status of the semiconductor laser discipline in the scientific system

Laser is an important invention after atomic energy, electronic computer and semiconductor since the 20th century. Semiconductor laser science and technology are based on semiconductor laser devices, covering the research of the law of stimulated radiation, generation method, device techniques, control means and application techniques; the required knowledge combines geometric optics, physical optics, semiconductor electronics, thermodynamics and other disciplines.

After more than 50 years of development, semiconductor laser technology, as a world's leading research direction, has benefited from the rapid development of international science and technology, but also profited from the breakthrough of various related technologies, materials and processes. The progress of semiconductor laser received great attention from all over the world, and technology and equipment are emerging one after another.

Semiconductor laser techniques have deep utility in the fields of information, industry, medical treatment and national defense in countries all over the world, account for nearly 25% of the application in the field of material processing, followed by measurement and analysis, medical treatment, transportation and machinery industry, and then in the fields of information communication and national defense security. As a result, the semiconductor laser occupies an important position in eight areas of the national economy.

Semiconductor laser techniques have promoted the emergence and development of interdisciplinary subjects. Laser cell engineering and laser biology are developing in the field of human health. High brightness and excellent directivity of laser are used to promote the development and application of lidar imaging detection, and the long-range missile tracking and the use of lidar has developed long-range missile tracking and laser guidance techniques. Currently, lidar in smart cars and robotic systems uses semiconductor lasers as light sources. Semiconductor laser has become the preferred light in modern imaging system because of its high efficiency, small size and long life. It is not too much to say that semiconductor lasers have promoted the rapid development of navigation lidar. Laser has greatly promoted the development of physics. The ultra-fine degree can carry out ultra-fast spectral analysis, and introduce coherence and non-linearity into the spectral analysis, make the wavelength of the light source for spectral analysis tunable. Semiconductor laser also plays an important role in the field of information. Throughout the entire information industry, storage, transmission, display, information perception and processing are inseparable from lasers. Without laser, there will be no information science at all.

## 2. The history and future direction of semiconductor lasers

In 1958 Schawlow and Townes of Bell Labs designed a semiconductor laser for the first time. Bernard Duraftburg obtained the conditions for achieving population inversion according to the quasi-

Fermi level theory, and found that the radiation recombination efficiency in GaAs semiconductor material is very high. This discovery gives theoretical support to the development of lasers. Academician Basov of the Lebedev Institute of Physics in Russia demonstrated the realization of population inversion in semiconductor materials, leading to stimulated radiation. Carriers are injected into PN junction to get injection semiconductor laser. The theoretical results inspired the research of semiconductor for few decades. Therefore, carriers can be injected into the PN junction of the direct gap semiconductor material to meet the conditions for achieving population inversion. The photons generated by radiation are propagated and amplified along the waveguide structure in the resonant cavity with the natural cleavage plane of the semiconductor material as the cavity surface reflector to realize the lasing, which is the initial model of the semiconductor laser. After that, scientists have combined the continuous advancement of semiconductor laser epitaxy and chip preparation, and semiconductor laser technology has developed for sixty years. Semiconductor lasers were first successfully applied in the field of optical fiber communication. According to the characteristics of high output energy of semiconductor laser, it has also gained vigorous development in industrial processing.

Since the end of the 1970s, semiconductor lasers have clearly developed in two directions. The first is the communication laser with the purpose of transmitting information, which is mainly used for optical fiber communication, optical storage, laser projection. Although it doesn't require high power, generally a few Milliwatts to a dozen Milliwatt, it requires mode with high quality, even dynamic single-mode, with a long life. The other is the power laser, which is aimed at improving the optical power, and mainly used for solid-state laser pumping. The development of semiconductor laser will be mainly used for 5G/6G high speed communication, intelligent sensing and manufacturing in the future. Semiconductor lasers are mainly high speed, short wavelength, mid infrared and terahertz lasers.

### 3. Analysis of the current status and trends of semiconductor laser discipline

The global semiconductor laser market has maintained a growth rate of about 7% in recent years. It reached $2.45 billion (15.8 billion yuan) in 2020, and is expected to reach $4.24 billion (27.3 billion yuan) in 2026, with a compound annual growth rate(CAGR) of 7.7%. Emerging technologies such as green lasers, blue lasers and violet lasers are expected to gain a stable market share as the output power and brightness increasing of lasers. High power diode lasers will achieve the fastest growth in the semiconductor laser market. Semiconductor lasers have been widely used in fiber laser pumping to improve the power with low processing costs. The growth of high power diode lasers mainly stems from national defense, material processing, consumer electronics, and solid state laser pumping. Green lasers and blue lasers continue to grow and replace red lasers in optical storage, printing applications and consumer electronics manufacturing.

The development of laser discipline and industry in the world mainly includes the US, Europe, Japan and the Pacific region. Among them, the US, Europe, and Japan with the Pacific region account for about 55%, 22%, and 23% of the global market share, separately. The development of the laser in the US, Japan, and Germany represents the development trend of the laser industry in the world today. Japan and the US rank the top two in terms of optoelectronic technology from the perspective of laser technology and development strength. The development of each country is related to its industrial foundation.

### 4. The packaging techniques of high power semiconductor lasers

The packaging techniques include chip bonding, thermal

management, and fast-axis combination coupling. High power laser diode(LD) chip soldering techniques involve the selection of heat sink materials and soldering materials, the metallization of the heat sink surface, the solder preparation process, and the soldering process. The selection of heat sink materials mainly needs to consider conductivity, thermal conductivity, processibility and thermal expansion coefficient of materials. The selection of soldering materials needs to consider solder's melting point, wetting characteristics, ductility characteristics, alloying characteristics with related materials, and fatigue characteristics under thermal cycling and high current density. When LD is working, the temperature of the chip's PN junction has a great influence on its output laser power, electro-optical efficiency, wavelength, life and other parameters. With chip power soar, thermal management of the chip has become a key technique that needs to be solved in high power LD packaging.

Since the packaging of high power semiconductor lasers is one of the key links in the development of high power LD devices, it directly affects the main performance of the devices, such as output power, wavelength, polarization state, and lifetime. Moreover, the packaging process requires professional equipment for precise control, and the costs (include test and quality control) account for more than 50% of the total cost. According to the different application fields of LD, such as communication, display, industrial processing, as well as the different chip structure, the packaging structure and techniques of LD are different.

5. The relevant domestic and foreign policies and innovative measures that are conducive to the development of semiconductor laser technology

In recent years, developed countries in the world have shown the trend of developing laser as strategic high technology, and have put forward a strategic plan for the development of the laser technology, such as "Optical Science and Engineering for the 21$^{st}$ Century" and "National Photonics Initiative" in the US, the "Photonic Engineering Development Project" in Japan, "Photonic Research Action Plan" in German, "New Concept Factory Plan" in Nordic countries, "Avel Project" in British, and "Laser Technology Serving the Russian Economic Program" in Russia. Developed countries such as the US and Germany have included high power semiconductor laser beam quality problems into major national plans for comprehensive exploration and research.

The US Defense Advanced Research Projects Agency(DARPA) launched the Super High Efficiency Diode Source(SHEDS) program, researching innovative methods to make semiconductor diode laser efficiency a revolutionary improvement of 70%. In 2013, DARPA supported the Short-Range, Wide Field of View Extremely agile, Electronically Steered Photonic Emitter(SWEEPER) project, which successfully verified the feasibility of optical phase array using in advanced manufacturing techniques. In 2014, DARPA launched another project named "Laser UV Sources for Tactical Efficient Raman" and developed a 220 nm ultraviolet semiconductor laser with power of 1W, plug in efficiency is greater than 10%, and linewidth less than 0.01 nm. TeraDiode adopts spectral beam combining which achieves continuous working at 2030 W, 50μm fiber coupled output, and beam quality of only 3.75mm·mrad semiconductor laser light source; the beam has reached the quality of commercial $CO_2$ lasers and semiconductor pumped solid-state lasers, which is the highest level of kilowatt order semiconductor laser reported at present, which has a milestone significance for the development of high power semiconductor laser. In 2018, German research institute adopted a semiconductor laser with single frequency 772 nm, amplified to 3 W by a cone amplifier, doubled the frequency of the LBO crystal to 386 nm, and then doubled the frequency of the KBBF crystal to 193 nm. The electro-optical efficiency is equivalent to the existing excimer laser. And the deep ultraviolet lithography experiment was performed, which showed the usability of the light source; research is orientating to improve power and beam quality in feature.

From the perspective of measures to promote the development of semiconductor laser technology innovation the data on the US industrial innovation environment and the domestic Wenzhou laser industry summarized the results of promoting the development of laser disciplines, promoting talent training, and creating an innovative environment. Semiconductor laser should be the entire industry chain; otherwise it will be difficult to make a profit. The top of this industry is semiconductor laser chips. High power products rely on imports, the core components of the laser industry are purchased abroad, which restricts the development of the industry. The entire industry cannot develop as long as foreign countries raise prices or cease to supply core components. Foresight Industry Research Institute believes that even the relatively well-known domestic laser companies are actually in the application field, rather than R&D. Therefore, to build the semiconductor laser industry in our country, we must initiate from the core laser component industry and build the entire industry chain.

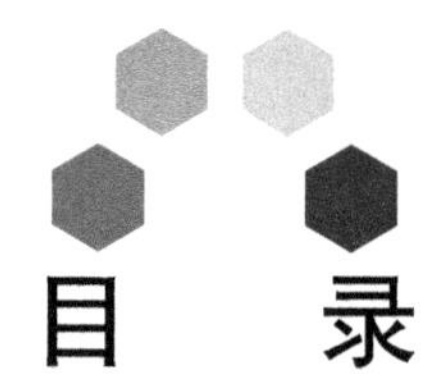

# 目　录

# 第一章
# 高功率、高光束质量半导体激光的科学意义与价值

半导体激光器是以半导体材料为工作物质的激光器。半导体激光器常用的工作物质有砷化镓（GaAs）、磷化铟（InP）、砷化铝镓（AlGaAs）等。半导体激光器的激励方式有电注入、电子束激励和光泵浦三种形式。半导体激光器的工作原理是通过一定的激励方式，在半导体材料的能带（导带与价带）之间或半导体材料的能带与杂质（受主或施主）能级之间，实现非平衡载流子的粒子数反转。当处于粒子数反转状态的大量电子与空穴复合时，便产生受激发射。电注入型边发射半导体激光器分为同质结、单异质结、双异质结、量子阱、量子点、量子级联等几种。同质结激光器和单异质结激光器在室温时多为脉冲器件，而双异质结激光器在室温下可以实现连续工作。

半导体激光（semiconductor laser）在 1962 年被成功激发，在 1970 年实现室温下连续输出。经过不断创新，后来陆续开发出双异质结激光器、单量子阱激光器和多量子阱激光器。20 世纪的双异质结激光器、量子阱激光器和应变量子阱激光器是半导体激光器发展过程中的三个里程碑。半导体激光器采用量子阱和应变量子阱结构后，出现了许多性能优良的器件，如各类量子阱激光器、应变量子阱激光器、垂直腔面发射激光器和高功率半导体激光器阵列等，实现了高功率输出。

与其他激光器相比，半导体激光器具有效率高（达到 70%）、体积小（体积＜ $1cm^3$）、质量轻（100W 激光芯片重仅数克）、寿命长（数万小时）、波长丰富（可见光至红外光任意波长输出）、直接电驱动等优点。对半导体激光

的初期研究主要集中在如何提高功率，主要通过增加条宽提高单元功率，再二维集成提高输出功率。但是功率提高后，会导致光束质量下降，使其只能作为全固态激光器的泵浦源间接应用，直接应用仍然受限。研究人员逐渐认识到半导体激光器的光束质量是与功率同等重要的参数，如何获得高功率、高光束质量半导体激光器是国际半导体激光科学的研究前沿，高功率、近衍射极限单元器件及合束光源成为半导体激光技术领域的重大挑战。为此，美国、欧盟、日本等相继进行了相关专项的部署。

## 第一节　半导体激光学科在整个科学体系中的地位

激光是20世纪以来继原子能、半导体、电子计算机之后人类的又一重大发现。半导体激光科学与技术以半导体激光器件为核心，涵盖研究光的受激辐射放大的规律、产生方法、器件技术、调控手段和应用技术，所需知识综合了几何光学、物理光学、半导体电子学、热力学等学科。历经50余年的发展，半导体激光技术作为一个世界前沿的研究方向，得益于国际科技突飞猛进的进步，也受益于各类关联技术、材料与工艺等的突破性进步。半导体激光的进步受到世界各国的高度关注和重视，不仅基础科学研究领域不断深入、科学技术水平不断提升，而且应用领域不断拓展、应用技术和装备层出不穷、应用水平获得较大幅度提升。半导体激光在世界各国的信息、工业、医疗和国防等领域得到了重要应用[1]。图1-1显示了半导体激光技术在各领域应用中的重要性。可以看出，半导体激光技术在材料处理加工领域的应用占比接近25%，其次是在测量分析、医疗、交通运输和机械工业和城建领域，再其次是在信息通信和国防安全领域。半导体激光器技术在图中所示的国民经济的8个领域都占有重要的地位。

当前，国际上半导体激光的发展正处于新的快速发展时期，而我国的激光科学技术基本保持了与国际先进水平同步发展的态势。半导体激光技术随着社会生活的不断发展和产业经济结构的调整，除了在工业、农业、医疗等领域的应用外，也促进了其在交叉学科领域的应用发展。

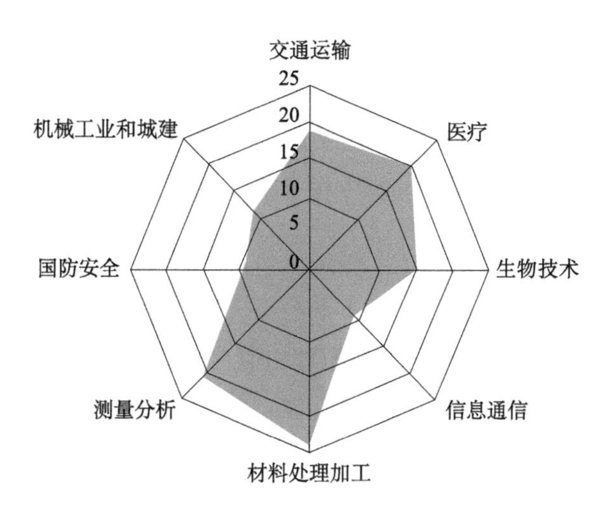


图 1-1　半导体激光技术在各领域的应用占比（%）

## 一、推动交叉学科的形成

激光技术出现后，拓展了它在医学和生物学领域[2,3]的应用，也在探测成像领域获得了广泛的应用。

### （一）激光细胞工程学

生命现象是细胞存在的运动形式[4]，生命活动是以细胞活动为基础的。细胞生物学研究在生命科学研究中居于重要位置。从细胞生物学的发展历史来看，细胞研究方法和手段的不断创新推动了生命科学研究发展到一个新的高度。20 世纪 60 年代迅速发展起来的激光新技术为细胞生物学研究提供了崭新的实验方法和手段，在生命科学研究中已展现出诱人的应用前景。一门新兴的交叉学科——激光细胞工程学正在逐步形成。细胞生物学的研究方法大致可以分为形态观察、生化分析、生理测定、某些实验性技术四类，激光技术在其中大有用武之地。

### （二）激光生物学

以生命科学研究方面的应用为例，激光生物学包括激光生物学本身的基础研究及由其派生出来的激光医学、激光遗传操作和激光生物技术等应用学科。近代激光生物学的成就已经证明，它在揭示生命现象的奥秘，改进生物学研究中的测试手段，促进生物化学与生物物理的发展，促进生物工程与遗传学的进步，促进药物学、农业科学、环境科学的发展等方面具有重要的应用前景。激光在农业方面的应用研究也在不断深入，在诱变育种、增强种子活力、促进生长发育、提高产量和品质、平地整地、提高节水灌溉能力、防治病虫害等方面发挥着越来越重要的作用。

### （三）激光雷达科学

利用激光的高亮度和极好的方向性，人们做成了激光测距仪和激光雷达。激光雷达与激光测距仪的工作原理相似，只是激光雷达对准的是运动目标或相对运动的目标。利用激光雷达又研发了远距离导弹跟踪和激光制导技术。这些技术在 1991 年的海湾战争中被投入使用。目前智能车和机器人系统中的激光雷达使用的光源都是半导体激光器。半导体激光器因其高效率、小体积和长寿命而成了现代成像系统中的首选光源。可以说，半导体激光器促进了导航型激光雷达的飞速发展。半导体激光器在三维成像领域也发挥了重要作用。例如，iPhone 8 手机中的成像光源就是垂直腔表面发射半导体激光器。半导体激光器在人们的生活中发挥着越来越重要的作用。

## 二、促进新型光学仪器的研发

激光技术出现后，从多个方面促进了新型光学仪器的研发[5]，同时把相干性和非线性引入光谱分析[6]，提高了光谱分析仪器的灵敏度，如分析灵敏度大幅度提高、光谱分辨率达到超精细程度、可以进行超快光谱分析。

### （一）荧光寿命时间分布显微镜

将脉冲激光时间分辨、光谱分辨的高信息容量与二维显微成像相结合就可以构成全新的荧光寿命时间分布显微镜，可以观察物质的微观结构。特别是，通过选择激发方式可以研究细胞内 $K^+$、$Ca^{2+}$ 等特定物质的浓度分布及图像，从而通过计算获得待测物质具有极高信噪比的荧光寿命。

### （二）激光拉曼光谱分析仪

激光拉曼光谱分析仪采用激光作为激发光源。激光光谱分析技术可以实现时间及空间的高分辨率研究。例如，对脱氧核糖核酸（deoxyribonucleic acid，DNA）、蛋白质、叶绿素等形成的络合物等样品进行的相关激光光谱的测定获得了有关分子结构、能量转移过程等的信息并可以诊断一些生物分子的瞬态过程，如光合作用等。这些信息是传统仪器无法获取的精准信息，对生命科学、材料科学的研究有巨大的推动作用。

### （三）激光流式细胞仪

细胞在高速流动中受到激光照射时，在细胞内会产生前向散射，通过检测散射光的强度可以检测细胞的尺寸；侧向散射光强度能够用来评估细胞内结构的精细结构[7]；通过荧光标记来确定细胞内相关成分的含量；利用单克隆抗体的荧光标记可以确定细胞类型及表面特性。这种仪器测量的参数多、用途广泛，如癌细胞鉴别、白血病类型分析、免疫表型、药物分析及细胞生长指数测定等。激光流式细胞仪有两个发展方向：①多激光束、多参数、高灵敏度和高检测速率的大型仪器，能进行染色体的分析和分选。②适合临床使用的小型台式仪器，如使用空气冷却的小型氦离子激光器。如果将半导体激光的 490nm 波段引入仪器，则激光流式细胞仪的微型化就能实现，而且工作寿命长，应用范围大大扩展，分析细胞学期待着更小、更合适的微型激光源改进分析细胞学的研究手段。

### （四）共焦激光扫描显微镜

共焦激光扫描显微镜是分析细胞学的有力手段[1,2]，系统将显微镜、光度计和计算机图像处理系统结合在一起，以激光作为扫描光源，逐点、逐行、逐面快速扫描成像，扫描的激光与荧光搜集共用一个物镜，物镜的焦点即为扫描激光的聚焦点，也是瞬时成像的物点。接收光路中使用空间滤波器，排除杂散光的干扰，提高了系统的分辨率。因此，共焦激光扫描显微镜的分辨率比普通显微镜的分辨率高。系统经一次调焦，将扫描限制在样品的一个平面内。调焦深度不一样时，可以获得样品不同深度层次的图像。这些图像信息都储于计算机内，通过计算机重新组合，就能显示细胞样品的立体结构，给出细胞内各部分之间的定量关系及各种结构信息。这项技术广泛用于细胞内生化成分的定量、钙离子的分布、光密度统计及细胞形态的定量研究。

## 三、激光技术对物理学发展的促进作用

激光技术对物理学的发展有极大的促进作用[8]。超精细程度可以进行超快光谱分析，同时把相干性和非线性引入光谱分析，也使得光谱分析用的光源波长可调谐。

### （一）激光计量技术

在计量基准中引入激光技术。1889 年，国际计量大会将米原器定为长度基准；1960 年，改为氪（Kr）-86 灯，精度提高 100 倍；1983 年，又改为稳频激光器的频率，精度再提高一倍。现在已用激光来定义时间和质量自然基准，还有可能用激光技术来定义温度、光度等物理量的基准。

### （二）非线性科学的发展

在熟悉的反射、折射、吸收等光学现象中，反射光、折射光的强度与入射光的强度成正比，这类现象被称为线性光学现象。非线性光学现象虽然早就被发现，但是非线性光学发展成为今天这样一门重要学科是从激光出现后才开始的。激光介入后，人们迅速发现了大量非线性光学效应。非线性光学效应研究从固体扩展到气体、原子蒸气、液体、液晶等，由二阶效应发展到三阶、五阶乃至更高阶效应，同时研制出各种非线性晶体、有机非线性材料和非线性光学元器件。这些效应只有在入射光的强度足够大时才会出现。高功率激光发明后，在激光与物质相互作用中观察到的非线性光学现象有频率变换、拉曼频移、布里渊散射和自聚焦等[9]。

### （三）激光全息术

全息术是 1947 年底伽博（Gabor）为了提高电子显微镜分辨率而提出的设想，并于次年用汞灯首次获得了全息图及其再现像。1971 年，他因此获得了诺贝尔物理学奖。然而，由于光源相干性的限制，全息术在 20 世纪 50 年代进入低潮。激光的出现为全息术的发展开辟了广阔前景。如今，全息术已在三维图像存储和再现、防伪、检测、干涉量度等领域广泛应用，全息存储也呈现美好前景，全息光学元件被广泛使用。

激光还在物理学与其他基础科学的交叉学科（如化学物理学、生物物理学）研究中发挥了巨大的推动作用[10]。以激光为手段的分子雷达成为生命活细胞研究的工具等。

### （四）激光测距技术助力对地球和宇宙空间的研究

超远程高精度激光测距使测距方法更先进、准确、快速。利用高精度测距仪，人们积累了大量数据，用于改进地球重力场模型，研究地球大陆板块漂移、极移、固体潮，还用于研究宇宙膨胀过程中内在重力是否减弱；在月球表面存在宇宙飞船登月时所放置的角反射器，激光照射角反射器即可获得相应的观测数据，这些数据已经用于研究月球轨道的微小变动及其对地球的影响。这些研究有助于精确守时和惯性导航以及确证广义相对论。

## 四、激光器及其技术是信息科学及产业的核心器件和原创技术

激光技术与信息科学和产业有千丝万缕的不解之缘，这首先表现在信息存储和信息传输上。信息存储主要有小型光碟（compact disk，CD）、小型影碟（video compact disc，VCD）和数字通用光碟（digital versatile disc，DVD）等[11]。信息传输包括传统的通信和光计算。光对计算机的发展具有划时代的意义，由电子计算机发展到光子计算机是发展趋势。半导体激光显示也已进入电视、投影和汽车领域。激光通信是利用激光的单色性和方向性好的特点。根据传输媒质不同，激光通信可以分为自由空间、水下和光纤通信。军事领域使用较广的是大气通信。激光大气通信的保密性好，难以截获和干扰。民用光通信的容量很大且成本低，目前光通信产业发展迅速，是重要的民用领域之一。

半导体激光在信息感知领域也有举足轻重的地位。纵观整个信息产业链，存储、传输、显示、信息感知和处理都离不开激光。没有激光，根本谈不上信息科学，激光器是必不可少的器件，激光技术属于核心原创技术。

## 五、激光对材料科学的推动作用

半导体激光技术在材料科学中发挥着越来越重要的作用，新的激光材料正以前所未有的速度问世，如Ce：LiSAF、Ce：LiCAF紫外可调谐激光晶体、超晶格非线性光学晶体、氟代硼铍酸钾（KBBF）深紫外非线性光学晶体等。激光材料的发展推动着固体激光器的发展，而半导体激光器是固体激光器的重要泵浦源，对固体激光技术的进步有巨大推动作用。随着新型优质激光材料及非线性光学材料的不断发明，未来的激光器会变得体积更小、可靠性更高、成本更低、对环境更加友好。随着半导体激光器效率和可靠性的提升，其在材料加工领域的优势会更加明显，将获得更广泛的应用。例如，半导体激光器应用于材料的表面改性（如淬火、熔凝、熔覆、合金化等）方面，激光表面改性装备会变得更节能，可靠性也会大大提升。

## 六、激光与能源科学的关系

激光与核能的应用紧密相连，主要有激光分离同位素（用于核燃料的提

纯工作）和激光核聚变。在激光分离同位素应用中，半导体激光器已经成为主要的光源器件。

能源已经成为现代社会发展的重要问题。地球海洋中的聚变资源可供人类使用一亿年[12]。可控聚变核反应是理想的能源，已引起各国的重视。1970年，中国科学院上海光学精密机械研究所开始进行激光核聚变的研究。

激光可以远距离地传递能量，日本的一个研究组成功地用激光驱动机器人工作。机器人一般用电池作为电源，而在核电站和化学重污染区为正在作业的机器人更换电池有很大难度，用激光驱动则会变得十分简单。此外，在空间中用激光驱动机器人比使用电池更优越。采用激光推进技术、跟踪和控制小型车的研究，已经取得一定的进展。

## 七、半导体激光推动医学科学的进步

半导体激光在医疗领域的应用十分广泛，激光与生物体的作用能够产生多种效应，如热效应、压力效应、光化效应、电磁效应[3]。激光美容、激光切除肿瘤、激光眼科手术、激光心血管再造等技术得到了迅速发展。在世界激光医疗市场，中国成为仅次于美国和日本的世界第三大激光医疗市场。弱激光对生物组织有刺激、镇痛、消炎、扩张血管等作用，弱光照射病灶有治疗效果。弱光照射穴位有类似针灸的作用。在眼科，激光改变了传统的手术治疗方法，提高了疗效；激光内腔镜的使用免除了病人进行开刀手术的痛苦；激光革新了传统的显微成像术；世界上建立的第一个染色体库是因为有了激光才得以实现的；半导体激光将为医疗仪器的微型化开拓发展的大道。

## 八、激光是新型的加工手段

激光加工代表精密加工装备未来的发展方向，是一个国家生产加工能力的体现。激光加工技术在各种金属与非金属材料加工中的应用非常广泛[1,13]。工业激光器主要包括半导体激光器、固体激光器和光纤激光器等。固体激光器和光纤激光器都需要采用半导体激光器来泵浦，所以半导体激光器是加工领域的核心光源和支撑技术。这几类激光器各有优点，固体激光器和光纤激光器的光束质量好，半导体激光器的效率高、寿命长。由于激光器性能的不断优化，传统的加工技术不断地被激光加工技术所替代，激光加工技术被誉为加工领域的一次革命，世界已经进入光制造时代[14,15]。

# 第二节　对推动其他学科和相关技术发展所起的作用

按区域划分，世界激光产业版图可划分为美国、欧洲、日本及太平洋地区。在世界市场份额中，美国约占55%，欧洲约占22%，日本及太平洋地区约占23%。500W以下的中、小功率激光器是美国占优势，500W以上用于材料加工的高功率激光器是德国占优势，而小功率的半导体激光器则是日本占优势，占世界市场份额的70%以上。美国、德国、日本三国激光产业的发展代表了当今世界激光产业发展的趋势。德国在激光材料加工设备方面有明显优势，美国在激光医疗及激光检测方面领先，日本则在光电子技术方面占首位。各个国家的发展都与自己的工业基础有关[16]。2017年，全球激光器的市场为110亿美元，其中半导体激光器占45%的份额[17]。激光是一个朝阳产业，我国激光产业的增速维持在25%以上。2014年，中国激光产品的市场为190亿元；2016年，中国激光产品的市场突破了370亿元。

## 一、激光技术在尖端科学的应用

激光技术已经成为整个科学领域强有力的研究工具。20世纪80年代，激光冷却和捕陷原子的方法在理论与实验上取得了重大突破[1,18]。用激光冷却和捕陷原子方法做成的原子喷泉，已使频率基准准确度达到$10^{-15}$数量级。应用捕陷原子的基本技术，可以制成可以控制20nm～10μm微粒的“光学镊子”。

在室温条件下，氢气分子的运动速度为1100m/s，即使温度降到3K，它仍以11m/s的速度运动。人们对这样高速运动的粒子难以进行仔细的观察和测量。要想实现操纵、控制孤立原子，首先必须使它降速——“冷下来”。但在降温时一般物质会凝结成固体和液体，结构和性能会发生显著变化。如何使原子的运动速度降至最小，又能保持相对独立？采用激光和其他综合技术，这个难题已得到解决，可将中性原子冷却到20nK，捕陷在空间小区域达几十分钟之久。

激光粒子通过“透视眼镜效应”隔着厚厚的水泥墙和紧锁的大门也能看到背后的物体。这样的情景在过去只出现在科幻小说和神话故事中。英国和瑞士的科学家利用粒子的运动特性设计了一种方法，成功地使固体物质变得透明。虽然还只能在实验室内实现，却是向最终发明实用型透视装置迈出了重要一步。英国《自然-材料》于2006年2月19日刊登了英国伦敦帝国学院和瑞士纳沙泰尔大学研究人员联合撰写的论文 *Gain without Inversion in*

*Semiconductor Nanostructures*。

## 二、半导体激光在农业的应用

随着科学技术的不断进步，激光技术已在各个领域得到广泛应用[19]。近年来，科学家将激光技术应用于农业[5]，取得了可喜的成果。

### （一）利用激光技术培育出品质优良的水果

激光能改良柚子树，使其结的柚子含籽量很少，而且有4%的柚子内一粒籽都没有；果肉更甜，含可溶性糖高达12%～14%，比一般柚子的含量高2%左右，产量也有所提高。一种叫“砂子早生”的桃树结的桃子的果肉厚、嫩、甜，是生产桃子水果罐头的好原料，但结果率却很低。采用激光照射处理后，桃树的产量比原先提高4倍以上，而且桃子的品质也得到提高，含糖量高达14.5%。现在，我国科学家还在试验利用激光改造柑、橘、橙等果树，以期育出无核的、适合出口的果子，如带点酸味的橘子、橙子和沙田柚。

### （二）半导体激光用于蔬菜栽培的技术

日本东海大学开发出把半导体激光用于蔬菜栽培的技术。这项技术既节省了电力，又增加了蔬菜的营养成分。新技术采用播放DVD所用的蓝色和红色激光，取代现在“植物工厂”使用的钠光灯，两种激光的比例是10∶1。采用新技术后，蔬菜中维生素C的含量能够增加10%。日本一家公司利用大功率半导体激光栽培水稻也获得了成功，经处理的秧苗种植3个月后便可以收获。

### （三）检测害虫

美国的农业科学家研究发现，当激光照射到健康农作物上时，激光就能被农作物吸收产生光合作用。当激光照射到生长不良或有病虫害的作物上时，光能不会完全被光合作用所利用，其中一部分会分散成不同波长的冷光而被反射回来。通过分析这些光的性质，就可以检测出农作物的病虫害，确定病因，对症下药。

### （四）发明除草剂

美国一家农业研究所的科研人员研制成功了一种新型的激光除草剂，用量小，效力大，不损害农作物，对人畜无害。据悉，这种除草剂在光的作用下可破坏杂草的细胞膜，使植株流出液汁而枯死[20]。

### （五）处理种子

激光还被用来处理种子。利用激光技术把适宜的光子射入种子的细胞，通过光化学效应提高酶系统的活性，促进种子的发育，缩短成熟期，并能增强作物的抗病能力。通过激光还能诱发种子遗传结构改变，甚至发生突变，从而培育出优良的新品种。

## 三、半导体激光器在林业的应用

激光技术在林业的应用也十分广泛[21]，主要有以下几个方面。

### （一）激光切割木材

激光切割木材是一种高效的无锯屑切割技术。它将聚焦的具有极高密度的激光束射向木材表面，使木材产生强烈的热解和质变。当木材受到高热源作用时，其分子结构发生化学变化，结晶降解达到切割木材的目的。

在激光切割过程中，由于热应力和水汽蒸发等原因，木材表面首先发生微小裂隙。与未经照射的木材相比，其密度明显降低。随之，高热作用开始产生熔融破坏，当木材细胞完全被破坏变成碳化层时，木材切割完毕。

激光照射木材所引起的热解和质变现象不同于一般的木材炭化现象。激光切割木材的质量取决于采取的切割方式。目前所应用的有瞬时气化法和灼烧法。激光切割木材具有切缝窄、无锯屑、无噪声、能切割复杂工件等优点。

### （二）激光技术用于调查森林

俄罗斯将激光技术应用于森林调查，研制出一种激光轮廓仪系统。该系统由激光轮廓仪、小像幅航空摄影机和磁性记录装置组成。将该系统安装在飞机上，可以在对森林进行激光扫描的同时拍摄下光电定位的激光轮廓图。后期，人们利用电子计算机对这些数据进行处理。这样使森林调查因子的量测、采集和处理最大限度地实现了自动化。

这种机载激光轮廓仪相当于一台连续工作的激光测高器。它可以自动量测飞机到地面物体的垂直距离。当激光束非常细、功率非常高时，它不仅能被树冠反射回来，还能穿透树冠间隙到达地面并返回。轮廓图就是沿航线地区的一幅纵剖面激光轮廓图。将这些信息输入电子计算机或加入补充信息之后再输入计算机，即可输出所需的调查因子。实践表明，利用这一系统调查森林，林分高的误差为 ±4%～±5%，树冠平均直径的误差为 ±8%～±9%，林分蓄积偶然误差为 ±25%。

### （三）激光技术用于森林测量

森林环境的特殊性使一般的“相位式”“脉冲式”测量仪器不适用于森林测量。按照三角原理设计的激光测距森林罗盘仪，集导向、测距和直读水平距三项功能于一体，有一仪三用的功能。激光测距森林罗盘仪由发射系统和接收杆两个部分组成。氦氖激光器在森林环境中设置出既定方位的可见方向线，作业人员可以按照红色光斑的指示砍伐测线。激光束分为具有一定夹角的两束激光，用在接收杆上标定两个光斑中心的间隔距离，直接读取实际距离值。在坡面上测量时，若接收杆垂直，则读数是斜距；若接收杆垂直于坡面，则读数是水平距。这种测量实现了在坡面上测距不经斜距换算而直接获得水平距。

### （四）激光用于原木检尺

利用激光方向性好的特点，使激光束对被测物体外径进行扫描挡光而获取外径的测量信息的仪器，就是激光扫描测径仪。美国 D-T 公司研制的这种仪器可对 6～60 英寸①的原木进行检尺。

该仪器由扫描箱和检测器两部分组成。激光管装在扫描箱下部，激光射向旋转的平面镜，旋转镜与装在扫描箱顶部的抛物面镜成 45° 角。因为旋转镜位于抛物面镜的焦点上，所以从扫描箱下部射出的激光束平行地照射在原木上。当激光与原木表面相切时，初切线与终切线之间的距离即为所测原木的直径。

激光检尺的优点是精度高、无接触、速度快，有利于提高制材生产的自动化程度。

## 四、激光在畜牧业的应用

除了在林业的应用，激光技术在畜牧业中的应用也非常多[21]，主要有以下几个方面。

### （一）激光处理饲草

美国的科学家发现，饲料用激光处理后变得容易被消化，牲畜吃后长得

① 1 英寸 =2.54 厘米。

快。实验结果表明，用激光处理饲草，可使饲料的消化率增加 3%～14%，牲畜的生长速度加快 25%～30%。其处理方法是：用激光在饲料上打许多细小孔，让牲畜的胃液能很好地掺入饲料，使之容易消化和吸收。

### （二）激光剪羊毛

澳大利亚科技人员用激光装置代替传统的剪羊毛剪刀获得成功。激光束可把羊毛贴根烧断。与传统的电剪刀剪羊毛相比，激光装置剪羊毛的效率提高了 10 倍。阿德雷德布羊毛加工公司发明的激光羊毛皮修剪机用于修剪羊毛和除去羊毛中的疥螨，使羊毛的损伤率从 80% 降为 0。

### （三）激光治疗家畜疾病

用激光诊断家畜早期肿瘤既方便又准确。诊断前，先给牲畜喂食荧光素，这样肿瘤组织在激光照射时会发出特定的荧光，人们即可确定肿瘤的位置和大小，便于治疗。东北农业大学兽医系利用氦氖激光器治疗奶牛疾病性不育，治愈率达 78%；中国农业科学院安徽光学精密机械研究所研制的二氧化碳激光医疗仪，对神经损伤、仔猪黄、白痢、牛马局部水肿、绵羊皮肤缺损创伤等多种疾病的治愈率达 90% 以上。

### （四）激光农作物补光技术

光环境是植物生长发育非常重要的物理环境因素之一。光通过影响光合作用、光形态建成和光周期来调节植物的生长发育。由于所处气候带不同或季节变化等原因，农作物的生长不可避免地会受到光照的限制。中国农业科学院的陈晓栋研究员采用可见光半导体激光灯为植物和农作物提供补光照明，影响农作物的出芽、生长、结果等过程。例如，葡萄、樱桃、蓝莓、桃子、番茄等需要的光照时长都在 14h 以上，但春天的光照时长远远不够。通过人工光源来进行补光照明，可以促进花芽分化；提高坐果率，农作物的产量可以提高 20%～60%；抑制病害蔓延、减少农药残留。最重要的一点是，8～10 台的功耗 20W 半导体激光灯可以实现 1 亩[①] 地的补光照明作业，一个月的耗电量低于 50 度（千瓦时），灯的寿命长达 5 年。

① 1 亩≈666.7$m^2$。

## 五、在文娱教育、物理学科中的应用

激光技术在文娱教育等领域也有独特用处[21]，并推动了相关行业的技术进步。

### （一）文娱教育

1973年，Laser Image公司首次展示了激光表演系统，受到广大观众尤其是青少年观众的喜爱，激光娱乐应用开始在主题公园、显示屏和广告中大放异彩。随着激光器性能的改善和新型激光器的发展，激光表演系统的安全性、易使用性和易操作性得到大幅提高[22]。

国内市场对室内表演和广告用小功率激光器的需求量较大，更倾向使用全固化器件，并且对价格要求得较苛刻。在生产高品质激光器的基础上，Choeerin公司也可以提供较灵活的系统解决方案。比如，它可以提供高功率的红光半导体激光器替代离子激光器的红色光线输出、为国产二极管泵浦固体激光器提供高质量的半导体激光器泵浦源，从而可以实质性地降低固体激光器的造价等。

### （二）物理研究

#### 1. 氦氖激光器在物理实验中的应用

许多物理实验需要用到激光器，尤其在光学实验中的应用更广。例如，光的干涉、光的衍射、光的偏振、全息照相等都需要用到激光器。物理实验中最常用的是氦氖激光器。它具有单色性好、亮度高、发散角小、方向性强等特点，在实验中可以作为点光源或自然光源使用。它在物理实验中一直起着积极的作用。但氦氖激光器膜口封接不过关，实验室的温度、湿度不合适，加之学生操作不当，使氦氖激光器的寿命大大缩短，而0.5m以上的氦氖激光器管腔调节平衡比较烦琐，调节不好则功率上不去，且功率也不很稳定，每次使用前都要经过调节，才能使激光器的功率达到实验要求。另外，氦氖激光器的体积大、价格高，也是实验中经常需要考虑的问题。

#### 2. 半导体激光器在物理实验中的应用

除了氦氖激光器以外，还有一种典型的激光器——半导体激光器。它是以半导体材料做工作物质而产生受激发射作用的激光器。它的工作原理是通过一定的激励方式，在半导体材料的能带（导带与价带）之间或半导体材料的能带与杂质（受主或施主）能级之间，实现非平衡载流子的粒子数反转状态，便产生受激发射作用。半导体激光器的激励方式主要有 3 种——电注入式、光泵浦式和电子束激励式。

半导体激光器利用了 P 型半导体和 N 型半导体相接触的结的跃迁区的特殊性质。半导体激光器具有体积小、重量轻、效率高、性能稳定、可靠性好和寿命长的显著优点，但方向性比氦氖激光器的差。它在光通信和光信息存储、处理方面占据了绝对的主导地位。半导体激光器低廉的价格和优异性能，给实验带来许多方便。它的波长为 630～680nm，而氦氖激光器的波长是 632.8nm。将半导体激光器在光的衍射、光的偏振等实验中与氦氖激光器相比较后发现，半导体激光器观察到的实验现象与氦氖激光器观察到的实验现象完全相同。但是半导体激光器的工作寿命长达上万小时，远远高于氦氖激光器。并且，半导体激光器的重量轻，体积小，便于实验操作。当前，很多院校已经开始使用半导体激光器做这些实验了。

## 六、在工业中的应用

工业激光设备中用的半导体激光器波长一般为 1064nm、532nm、355nm，功率从几瓦到几千瓦不等。一般表面贴装技术（surface mounted technology，SMT）模板切割、汽车钣金切割、激光打标机上使用的是 1064nm 波长的半导体激光器，532nm 波长的半导体激光器适用于陶瓷加工、玻璃加工等领域，355nm 波长的半导体激光器适用于覆盖膜开窗、柔性电路板（flexible printed circuit，FPC）切割、硅片切割与划线、高频微波电路板加工等领域。

随着半导体芯片技术和光学技术的发展，半导体激光器的输出功率不断提高，制约其工业应用的光束质量差的问题也得到有效改善。目前，工业用大功率半导体激光器的输出功率和光束质量均已超过灯泵浦钇铝石榴石（yttrium aluminum garnet，YAG）激光器，并已接近半导体泵浦 YAG 激光器。半导体激光器已经逐渐应用于塑料焊接、熔覆与合金化、表面热处理、金属焊接等方面，并且也在打标、切割等方面取得一些应用进展。

### （一）激光塑料焊接

半导体激光器的光束为平顶波光束，横截面光强空间分布比较均匀。与 YAG 激光器的光束相比，半导体激光器的光束在塑料焊接应用中可以获得更好的焊缝一致性和焊接质量，并且能进行宽缝焊接。塑料焊接应用对半导体激光器的功率要求不高，一般为50～700W，光参量积（beam-parameter product，BPP）小于100mm·mrad，光斑大小为0.5～5mm。用这种技术焊接不会破坏工件表面，局部加热降低了塑料零件的热应力，能避免破坏嵌入的电子组件，也较好地避免了塑料熔化。通过优化原料和颜料，激光塑料焊接能够获得不同的合成颜色。目前，半导体激光器已经广泛用于焊接密封容器、电子组件外壳、汽车零件等组件。

### （二）激光熔覆与表面热处理

对耐磨性及耐腐蚀性要求较高的金属零件进行表面热处理或局部熔覆，是半导体激光器在加工中的一个重要应用。国际上用于激光熔覆与表面热处理的半导体激光器的功率为1000～6000W，光参量积为100～400mm·mrad，光斑大小为2mm×2mm～3mm×3mm或1mm×5mm。与其他激光器相比，用半导体激光器光束进行熔覆与表面热处理的优势在于其电光转换效率高、材料吸收率高、使用维护费用低、光斑形状为矩形、光强分布均匀等。半导体激光熔覆与表面热处理已经广泛应用于电力、石化、冶金、钢铁、机械等工业领域，成为新材料制备、金属零部件快速直接制造、失效金属零部件绿色再制造的重要手段之一。

### （三）激光金属焊接

大功率半导体激光器在金属焊接方面有许多应用，应用范围从汽车工业精密点焊到生产资料的热传导焊接、管道的轴向焊接，焊缝质量好，无需后序处理。用于薄片金属焊接的半导体激光器的功率为300～3000W，光参量积为40～150mm·mrad，光斑大小为0.4～1.5mm，焊接材料的厚度为0.1～2.5mm。由于热量输入少，零件的扭曲变形保持在最低程度。大功率半导体激光器可以进行高速焊接，焊缝光滑美观，在焊接过程中及焊接前后节省劳动力方面具有特殊优势，可满足工业焊接的不同需要，将逐渐取代传统的焊接方法。

### （四）激光打标

激光打标技术是激光加工最大的应用领域之一。目前使用的激光器有YAG激光器、二氧化碳激光器和二极管泵浦固体激光器。随着半导体激光器光束质量的改善，半导体激光器打标机已开始应用于打标领域。德国LIMO公司已推出了光参量积达5mm·mrad的50W直接输出半导体激光器，以及

50μm 光纤耦合输出的 25W 半导体激光器，已经达到打标应用对激光器的输出功率和光束质量的要求。

### （五）激光切割

大功率半导体激光器在切割领域的应用起步较晚。在德国教育研究部“模块式半导体激光系统计划”（MDS）的支持下，德国夫琅禾费研究所于 2001 年研制出功率为 800W 的半导体激光切割机，可切割 10mm 厚的钢板，切割速度为 0.4m/min。

## 七、在光纤通信行业中的应用

光纤通信已经成为当代通信技术的主流。半导体激光器是光纤通信系统的唯一实用化光源。目前广泛使用的光纤通信系统包括都市网络系统、局域网络系统和使用光纤传输信号的各种设备系统等，都需要使用大量的分布反馈（distributed feedback，DFB）半导体激光器做发射光源。通信领域从微波转向激光技术。激光首先在远距离（如在宇宙中）信息传递方面显示出一系列优点。由于激光的光波长是微波的 1/10 000，光束聚焦比微波好得多，因此在接收器处可获得提高了数量级的功率密度。

## 八、在其他行业中的应用

### （一）光盘存取

半导体激光器已经被用于光盘存储器，其最大优点是存储信息量很大。采用蓝、绿激光能够大大提高光盘的存储密度。

### （二）光谱分析

远红外可调谐半导体激光器已经被用于环境气体分析，监测大气污染、汽车尾气等。

### （三）光信息处理

半导体激光器已经被用于光信息处理系统。表面发射半导体激光器的二维列阵是光并行处理系统的理想光源，可用于光计算和光神经网络。

### （四）激光微细加工

借助于Q开关产生的高能量超短光脉冲，可以对集成电路进行切割、打孔等。

### （五）激光报警器

半导体激光报警器的用途很广，包括防盗窃案报警、水位报警、车距报警等。

### （六）激光打印机

高功率半导体激光器已经被用于激光打印机，采用蓝、绿激光能够大大提高打印速度和分辨率。

### （七）激光条码扫描器

激光条码扫描器已被广泛用于商品的销售，以及图书和档案的管理。

### （八）抽运固体激光器

抽运固体激光器是高功率半导体激光器的一个重要应用，采用它来取代原来的氙灯，可以构成全固态激光系统。

### （九）高清晰度激光电视机

在不久的将来，没有阴极射线管的半导体激光电视机将可以投放市场。它利用红、蓝、绿三色激光，估计其耗电量比现有的电视机平均低20%。

## 第三节　半导体激光技术在学科发展及产业发展中的地位

半导体激光技术是半导体激光产业链的一部分，如图1-2所示。以激光器为基础的激光产业在全球的发展势头非常迅猛，现在已被广泛应用于工业生产、通信、信息处理、医疗卫生、军事、文化教育、科研等方面。激光行业已形成完整、成熟的产业链分布。上游主要包括激光材料及配套元器件；中游主要为各种激光器及其配套设备；下游则以激光应用产品、消费产品、仪器设备为主。

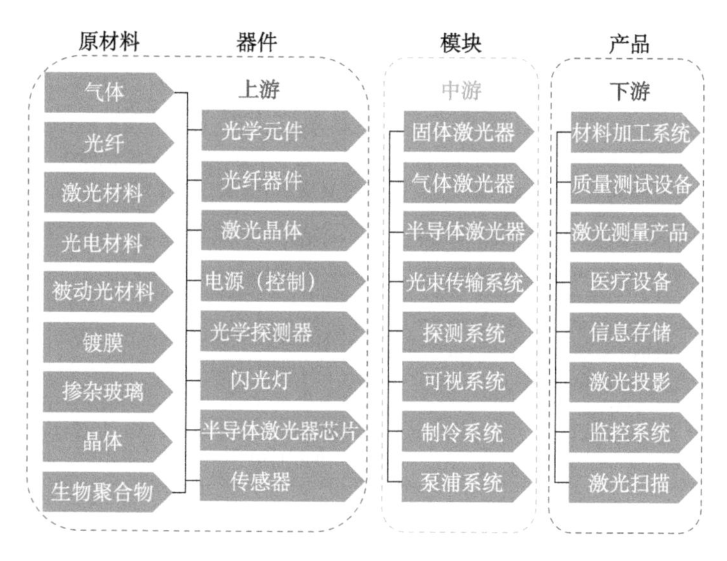


图 1-2　半导体激光产业链发展现状[4]

## 一、半导体激光产业链上游原材料和半导体激光器件的发展现状

### （一）半导体激光材料的发展现状及趋势

基本科学指标数据库（Essential Science Indicators，ESI）高被引论文对各领域 2007～2016 年引用频次占到前 1% 的论文进行了整理，进入 ESI 高被引论文的文章代表了一定的水平和影响力，外延生长技术领域一共有 19 篇 ESI 高被引论文[23]，见表 1-1。从这些论文的研究内容可以看出，半导体激光器的外延材料从最初的 GaAs/AlGaAs 体材料体系发展到砷化铟镓/砷化镓（InGaAs/GaAs）和磷化铟/磷化铝镓铟（InP/AlGaInP）量子阱和量子点材料体系，以及近几年的氮化镓（GaN）、氮化铟镓（InGaN）、氧化锌（ZnO）、硒化钼-硒化钨（$MoSe_2$-$WSe_2$）、3～25μm 的量子级联激光器材料体系，InGaN/GaN 极性材料体系，硅（Si）或锗（Ge）衬底上的Ⅲ-Ⅴ族半导体材料体系，蓝宝石衬底上的 GaN 材料等。半导体激光器的发展趋势是从第一代体材料发展到第二代量子阱材料体系以及近 10 年的第三代半导体材料体系。未来，半导体激光材料会继续面向国家需求，向高可靠性、高电光转换效率、高速以及高功率的方向发展。

**表 1-1　半导体激光材料领域高被引文章（ESI）**

| 编号 | 文章标题 | 来源 | 被引用次数 |
|---|---|---|---|
| 1 | Fundamentals of zinc oxide as a semiconductor | Reports on Progress in Physics, 2009,72(12):126501(1-29) | 1077 |
| 2 | Research challenges to ultra-efficient inorganic solid-state lighting | Laser & Photonics Reviews, 2007, 1(4): 307-333 | 227 |
| 3 | Piezoelectric-nanowire-enabled power source for driving wireless microelectronics | Nature Communications, 2010, 1:1098(1-5) | 212 |
| 4 | Polarization engineering via staggered InGaN quantum wells for radiative efficiency enhancement of light emitting diodes | Applied Physics Letters, 2007, 91(9):091110(1-3) | 212 |
| 5 | Lateral heterojunctions within monolayer $MoSe_2$-$WSe_2$ semiconductors | Nature Materials, 2014, 13(2): 1096-1101 | 202 |
| 6 | Consistent set of band parameters for the group-Ⅲ nitrides AlN, GaN, and InN | Physical Review B,2008,77(7): 466-480 | 200 |
| 7 | Mid-infrared quantum cascade lasers | Nature Photonics, 2012, 6(7): 432-439 | 181 |
| 8 | Materials and growth issues for high-performance nonpolar and semipolar light-emitting devices | Semiconductor Science and Technology, 2012,27(2):024001(1-14) | 149 |
| 9 | Long-wavelength InAs/GaAs quantum-dot laser diode monolithically grown on Ge substrate | Nature Photonics, 2011, 5 (7): 416-419 | 145 |
| 10 | Metalorganic vapor phase epitaxy of Ⅲ-nitride light-emitting diodes on nanopatterned AGOG sapphire substrate by abbreviated growth mode | IEEE Journal of Selected Topics in Quantum Electronics, 2009, 15(4): 1066-1072 | 143 |
| 11 | Ⅲ-Ⅴ/Si hybrid photonic devices by direct fusion bonding | Scientific Reports, 2012,2:349 (1-6) | 142 |
| 12 | Enhancement of light extraction from light emitting diodes | Physics Reports-Review Section of Physics Letters, 2011, 498 (4-5): 189-241 | 136 |
| 13 | Nonpolar and semipolar Ⅲ-nitride light-emitting diodes: achievements and challenges | IEEE Transactions on Electron Devices, 2010, 57 (1): 88-100 | 122 |
| 14 | Control of quantum-confined Stark effect in InGaN-based quantum wells | IEEE Journal of Selected Topics in Quantum Electronics, 2009, 15 (4): 1080-1091 | 115 |

续表

| 编号 | 文章标题 | 来源 | 被引用次数 |
|---|---|---|---|
| 15 | Doping asymmetry problem in ZnO: current status and outlook | Proceedings of the IEEE, 2010, 98 (7): 1269-1280 | 103 |
| 16 | Optically pumped planar waveguide lasers, Part Ⅰ: fundamentals and fabrication techniques | Progress in Quantum Electronics, 2011, 35 (6): 159-239 | 102 |
| 17 | Vertical power p-n diodes based on bulk GaN | IEEE Transactions on Electron Devices, 2015, 62 (2): 414-422 | 43 |
| 18 | Interband cascade lasers | Journal of Physics D-Applied Physics, 2015, 48 (12): doi 123001 | 42 |
| 19 | Optically pumped 1.3μm room-temperature InAs quantum-dot micro-disk lasers directly grown on (001) silicon | Optics Letters, 2016, 41 (7): 1664-1667 | 17 |

## （二）半导体激光器芯片的发展现状

芯片结构的研究和设计对半导体激光器的发展至关重要，因此也是半导体激光器技术研究的重点内容。

在中国知识产权平台上以“半导体激光器芯片”为关键词，对2000～2016年的专利进行检索，得到半导体激光器芯片行业技术专利申请总量为120件（图1-3）。总体来看，我国半导体激光器芯片行业的研发能力仍有待进一步提高。2000～2006年，我国半导体激光器芯片行业处于萌芽阶段，其间行业专利申请数量较少；2007年之后，半导体激光器芯片行业在国家的大力支持下快速发展；2013年和2015年我国半导体激光器芯片行业共申请专利17件和18件，较上年分别增加12件和8件，为2000～2016年的最大值。对专利申请人的分析可以看出，日本夏普公司有专利18件，日本松下公司有专利5件，日本三洋公司有专利3件，日本3家公司共有专利26件，占世界专利总量的21.7%，3家公司的专利申请时间是2000～2007年。中国研究单位在半导体激光器芯片领域的专利分布情况为：北京为世联合公司有9件、北京凯普林公司有6件、深圳瑞波光电子有限公司有5件、北京工业大学有4件、西安立芯公司有3件、中国科学院长春光学精密机械与物理研究所有2件，中国的专利申请时间多在2007年之后。这说明，2007年以前，半导体激光器芯片领域的专利以国外公司为主；2007年之后，尤其是我国从2010年开始对半导体激光器领域进行扶持后，中国自主专利的数量开始大幅度增加。

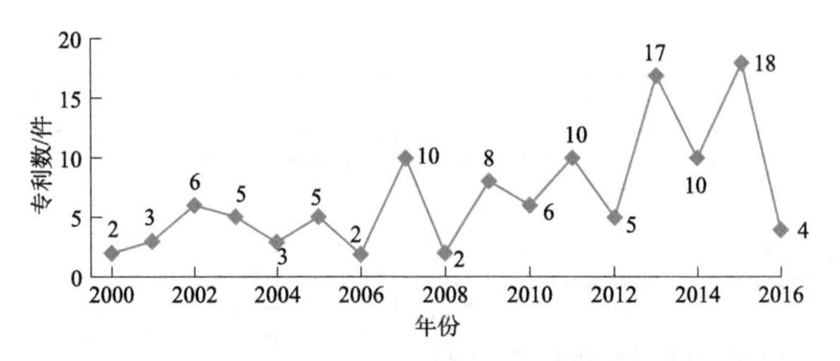


图 1-3　2000～2016 年我国半导体激光器芯片专利统计表

## （三）半导体激光单元器件的发展现状及趋势

与厘米巴条相比，半导体激光单元器件具有独立的电、热工作环境，避免了发光单元之间的热串扰，使其在寿命、光束质量方面比厘米巴条更优 [1]。此外，单元器件驱动电流低、多个串联工作大幅度降低了对驱动电源的要求。同时，单元器件的发热量相对较低，可直接采用传导热沉散热，避免了微通道热沉引入的寿命短的问题。而且，独立的热工作环境使其可以高功率密度工作。目前单元器件的有源区光功率线密度可超过 200mW/μm，同时具有较窄的光谱宽度，而厘米巴条有源区光功率线密度仅为 50～85mW/μm 左右。独立的热、电工作环境大幅度降低了器件的失效概率。在高稳定性金锡焊料封装技术的支撑下，商用高功率单元器件的寿命均超过 $10^4$h，远长于厘米巴条的寿命，有效降低了器件的使用成本。基于上述优点，单元器件大有逐渐替代厘米巴条成为高功率、高光束质量半导体激光主流器件的趋势。

在此背景下，单元器件近年来得到迅速发展，尤其在高功率光纤激光器对高亮度半导体激光光纤耦合抽运模块需求推动下，与 105μm/125μm 多模尾纤匹配的发光单元条宽为 90～100μm 的单元器件在功率和光束质量方面均大幅度提升。目前，多个研究小组制备该结构 9 ×× nm 波段单元器件连续输出功率均达 20～25W/ 单元水平，同结构 8 ×× nm 波段器件连续输出功率也超过 12W/ 单元。而在商用器件方面，美国阿帕奇（IPG）公司、Oclaro 公司、JDSU 公司等多个大功率半导体激光器件供应商制备的 90～100μm 条宽 9 ×× nm 波段单元器件均能连续稳定工作在 10W/ 单元以上，多个单管半导体激光器合成可获得 100W 以上的光纤耦合输出。

深圳前瞻咨询股份有限公司的产业研究报告的数据表明 [21]，2021 年全球半导体激光器的销售收入将达到 84 亿美元（图 1-4），未来发展前景较好 [21]。

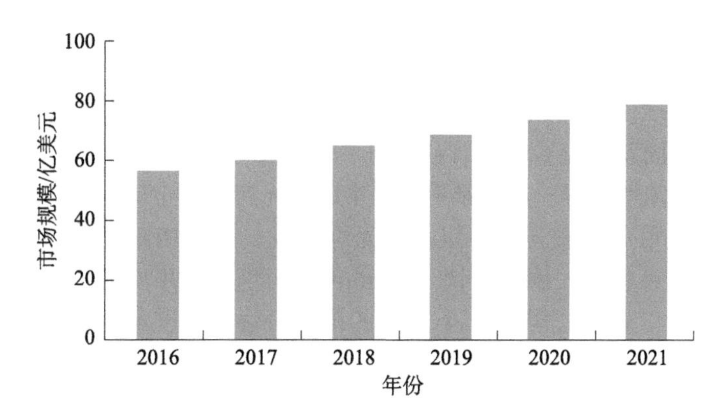


图 1-4　2016～2021 年全球半导体激光器销售规模

## 二、半导体激光中游产业链的发展情况

### （一）半导体激光器阵列的发展现状

尽管半导体激光单元器件的功率提高很快，但是单个器件输出功率与厘米巴条仍有较大差距。为了满足不同功率的应用需求，一种新型的大功率半导体激光器件——半导体激光短阵列器件得以出现并迅速发展。半导体激光短阵列器件是在同一个芯片衬底上集成数个单元器件而获得，实际上是厘米巴条与单元器件在结构上的折衷优化，驱动电流、寿命、腔面输出光功率密度、光谱宽度等指标介于厘米巴条和单元器件之间，兼顾了厘米巴条与单元器件的优点。

同样，考虑到高光束质量及与光纤激光器抽运源的需求，半导体激光阵列器件的发展主要集中在 100μm 条宽的低填充因子器件方面。2009 年，德国欧司朗（Osram）公司与 DILAS 公司合作利用包含 5 个 100μm 条宽、4mm 腔长 980nm 发光单元的半导体激光阵列器件（填充因子 10%）获得了连续输出功率大于 80W、光电转换效率（photoelectric conversion efficiency，PCE）高于 60% 的器件。其内部发光单元功率为 16W/ 单元，接近单元器件的光功率密度水平。值得一提的是，该器件在寿命测试中展现出类似单元器件的寿命特性。当半导体激光短阵列器件内部单个发光单元失效后，整个器件并未烧毁而仅表现为功率下降。鉴于半导体激光短阵列器件优良的功率及寿命特性，正在迅速推广应用于高光束质量高功率半导体激光器及光纤耦合输出抽运模块中。目前，该类以 100μm 发光单元为基础的 9××nm 波段商用器件的内部发光单元功率可以长期稳定在 8W/ 单元，而 808nm 器件的内部发光单元功率也可达 5W/ 单元水平。

### （二）半导体激光产业链中游激光系统发展现状

中国是全球工业激光设备的最大市场，全球有超过 1/3 的工业激光器（光纤激光器和全固态激光器）进口到中国。中国的工业激光加工设备也出口到东南亚地区、中东地区等。这些都奠定了中国激光产业在全球市场的重要地位。

激光设备可分为激光打标机、激光焊接机、激光切割机三大类。在全球激光加工系统市场中，德国通快（Trumpf）集团占据 30% 的份额，深圳市大族激光科技股份有限公司占据近 10% 的市场份额。中国市场上，深圳市大族激光科技股份有限公司增长速度快，营业收入规模远超德国通快集团和瑞士百超公司。消费电子创新趋势与设备升级的需求为激光加工设备行业带来新一轮快速发展机遇，国内领先的激光加工设备企业有望受益。

在国家“十一五”科技支撑计划项目“工业激光器及其成套设备关键技术研究与应用示范”的支持下，科技人员经过 3 年攻关，成功开发出 4 种新型国产工业激光器和 8 种具有重大应用前景的工业激光加工成套设备，解决了中国激光领域急需突破的两大技术“瓶颈”：先进工业激光器核心制造技术和激光加工成套设备的集成制造关键技术。

## 三、半导体激光产业链下游应用领域分布

半导体激光的应用主要分布在工业、医疗、农业、航空航天、信息、新能源等领域。在汽车制造、造船、电子等行业中，80% 的零部件加工采用了激光技术。激光加工设备将更多地应用于模具、钣金加工、锂电、表面处理、增材制造等多个领域。新能源材料的推陈出新，对加工技术提出了高精密性能的要求，需要激光加工机在硬件和软件上完美配合。其中，硬件包括激光器和电控系统等，软件的功能主要满足不同加工形状、加工材质及对加工场景的智能控制需求[24]。

# 第四节　对实施国家发展规划及其他科技政策的支撑作用

## 一、《国家中长期科学和技术发展规划纲要（2006—2020 年）》明确了发展激光技术的重要性

《国家中长期科学和技术发展规划纲要（2006—2020 年）》（简称《纲要》）

指出，科学技术是第一生产力，是先进生产力的集中体现和主要标志。进入21世纪，科技迅猛发展，正孕育着新的重大突破，将深刻地改变经济和社会的面貌。信息科学和技术的发展方兴未艾，仍然是经济持续增长的主导力量；生命科学和生物技术迅猛发展，将为改善和提高人类生活质量发挥关键作用；能源科学和技术重新升温，为解决世界性的能源与环境问题开辟新的路径；纳米科学和技术的新突破接踵而至，将带来深刻的技术革命。

《纲要》明确的重点领域包括能源、水和矿产资源、环境、农业、制造业、交通运输业、信息产业及现代服务业、人口与健康、城镇化与城市发展、公共安全和国防等11个领域。其中与激光技术密切相关的领域有能源、环境、农业、制造业、交通运输业、信息产业及现代服务业、人口与健康、公共安全和国防9个领域。《纲要》中提到的8项前沿技术中，激光技术位列其中，而其他7项前沿技术，如信息技术、先进制造技术、先进能源技术、空天技术、生物技术、海洋技术和新材料技术，都需要激光技术的辅助。由此可见激光技术的重要性和应用的广泛性。

## 二、激光技术对《“十三五”国家科技创新规划》实施的作用

2016年8月8日，国务院印发《“十三五”国家科技创新规划》(国发〔2016〕43号)，主要明确“十三五”时期科技创新的总体思路、发展目标、主要任务和重大举措，是国家在科技创新领域的重点专项规划，是我国迈进创新型国家行列的行动指南。2022年2月23日，科技部火炬中心发布的2021年全国技术合同交易数据显示，截至2021年12月31日，全国共登记技术合同670 506项，成交金额37 294.3亿元，分别较上年增长22.1%和32%。全国技术合同认定登记成交金额居前十位的省份依次为北京、广东、江苏、上海、山东、陕西、湖北、浙江、安徽和四川。

### (一)在重大科技专项中的作用

面向2030年，国家在《“十三五”国家科技创新规划》第四章中布局了一系列重大科技专项，包括航空发动机及燃气轮机、深海空间站、量子通信与量子计算机、脑科学与类脑研究、国家网络空间安全、深空探测及空间飞行器在轨服务与维护系统、种业自主创新、煤炭清洁高效利用、智能电网、天地一体化信息网络、大数据、智能制造和机器人、重点新材料研发及应用等15项。在15项重大科技专项中，量子通信与量子计算机、深空探测及空

间飞行器在轨服务与维护系统、天地一体化信息网络、大数据、智能制造和机器人、重点新材料研发及应用 5 项与激光技术密切相关。

## (二)在现代产业技术中的作用

《"十三五"国家科技创新规划》第五章的内容涉及 10 项现代产业技术，如高效安全生态的现代农业技术、新一代信息技术、智能绿色服务制造技术、新材料技术、清洁高效能源技术、现代交通技术与装备、先进高效生物技术、现代食品制造技术等。其中，激光技术与其中的 5 项现代产业技术息息相关、密不可分。

### 1. 高效安全生态的现代农业技术

在发展高效安全生态的现代农业技术方面，重点发展农业生物制造、农业智能生产、智能农机装备、设施农业等关键技术和产品。其中，农业生物制造、农业智能生产、智能农机装备和设施等关键技术需要激光技术的辅助。用发光二极管（light-emitting diode，LED）、激光器光照农作物促进作物生长的技术被用于精准农业，目前是国家绿色农业的核心内容和推广技术。智能农机装备也离不开激光制造技术。因此，激光技术是智能农业的有力帮手。

### 2. 新一代信息技术

科技部提出重点发展超高速超大容量超长距离光通信、太赫兹通信、可见光通信等技术的研发及应用；发展自然人机交互技术，重点是智能感知与认知；发展微电子和光电子技术，重点加强极低功耗芯片、新型传感器、第三代半导体芯片和硅基光电子、混合光电子、微波光电子等技术与器件的研发。长距离光通信、太赫兹和可见光通信技术需要半导体激光器作为发射端，智能感知技术中更是离不开半导体激光器作为感知的光源系统，发展硅基光电子、混合光电子和微波光电子技术与器件的研发也都与半导体技术密切相关。由此可见，半导体激光技术在新一代信息技术中属于基础核心元器件技术。

### 3. 智能绿色服务制造技术

制造业是国民经济的主体，是立国之本、强国之基。我国制造业与世界先进水平相比仍差距明显，跨越式发展的任务紧迫。先进国家的制造业具备机械化、自动化、智能化和绿色化的特点。智能制造是制造技术与数字技术、人工智能技术及新一代信息技术融合的产物。智能绿色制造技术需要重点发展机器人、智能感知、智能控制、微纳制造、复杂制造系统等关键技术，开发重大智能成套装备、光电子制造装备、智能机器人、增材制造、激光制造等关键装备与工艺，推进制造业智能化发展。半导体激光增材制造和三维打印装备，因为其高的插头效率、十万小时的长寿命工作、小型化便于操作的优点，是绿色智能制造技术的首选激光光源系统，应用前景广阔。

#### 4. 新材料技术

我国需要发展先进功能材料技术，重点是第三代半导体材料、纳米材料、新能源材料、印刷显示与激光显示材料、智能/仿生/超材料、高温超导材料、稀土新材料、膜分离材料、新型生物医用材料、生态环境材料等技术及应用。在新材料技术中，把第三代半导体材料和激光显示材料也列为发展的重点，这两项都与半导体激光技术相关。

#### 5. 清洁高效能源技术

国家需要发展可再生能源大规模开发利用技术，重点加强高效低成本太阳能电池、光热发电、太阳能供热制冷、大型先进风电机组、海上风电建设与运维、生物质发电供气供热及液体燃料等技术研发及应用。其中，太阳能电池技术和光热发电技术都与激光技术相关。

## 三、半导体激光技术对“中国制造2025”实施的推动作用

2015年5月8日，国务院正式印发《中国制造2025》战略文件。《中国制造2025》的核心是五大工程的布局和实施，即制造业创新中心（工业技术研究基地）建设工程、智能制造工程、工业强基工程、绿色制造工程和高端装备创新工程。

在智能制造工程中，强调紧密围绕重点制造领域关键环节，开展新一代信息技术与制造装备融合的集成创新和工程应用。

在工业强基工程中，重点突破关键基础材料、核心基础零部件的工程化、产业化“瓶颈”。到2020年，40%的核心基础零部件、关键基础材料实现自主保障，受制于人的局面逐步缓解。到2025年，70%的核心基础零部件、关键基础材料实现自主保障，80种标志性先进工艺得到推广应用，部分达到国际领先水平。

在绿色制造工程中，开展重大节能环保、资源综合利用、再制造、低碳

技术产业化示范。半导体激光是一种高效节能的新一代光源，是绿色制造产品中的重要光源模块。

高端装备制造工程涉及大型飞机、航空发动机及燃气轮机、民用航空、智能绿色列车、节能与新能源汽车、海洋工程装备及高技术船舶、智能电网成套装备、高档数控机床、核电装备、高端诊疗设备的制造技术。目前，多种智能制造装备的加工需要激光加工技术。在高端装备制造业中，欧美发达国家的激光加工技术已经占据自身装备制造业的60%～70%。

# 第五节　对国民经济发展与国防安全的作用

半导体激光技术渗入各个学科领域，形成了新的学科和产业，主要是激光通信、光存储与处理、激光材料加工、激光医学及生物学、激光打印、激光成像、激光分离同位素、激光检测与计量及军用激光技术和产业等，极大地促进了这些领域的技术和产业的前所未有的发展，成为促进这些领域科学技术进步和产业发展的“倍增器”。激光加工作为先进制造技术，已广泛应用于汽车、电子、电器、航空、冶金、机械制造等国民经济重要部门，对提高产品质量和劳动生产率、实现自动化和无污染、减少材料消耗等起到越来越重要的作用，是改造传统产业的“推进剂”。

## 一、半导体激光技术在绿色制造技术中的应用

国家提倡节能环保的绿色制造技术需要半导体激光技术。当前，我国提出提高资源使用效率，降低生产过程中的污染成本，发展新能源，通过实施绿色战略来实现经济的可持续发展。高效率、低能耗、低噪声的环保制造技术将是未来工业加工的趋势。不同于传统的机械加工，激光加工技术无磨损、无噪声、不易受电磁干扰、无环境污染，是制造技术绿色化追求的目标。未来，国家对节能环保的绿色制造技术的推广必然会极大地促进激光设备制造行业的发展。与固体激光器、光纤激光器及二氧化碳气体激光器相比，半导体激光器的效率最高可达70%，是固体激光器和光纤激光器的2～3倍。同功率的半导体激光器与固体激光器、光纤激光器相比，其体积为固体激光器的1/3，寿命长达$2\times10^4$h，是绿色制造技术的首选激光光源。

## 二、国产面板大产业链兴起在即，国产激光加工设备有望受益

面板行业的竞争格局正在经历深刻变化，国内面板厂商在整个面板产业中有举足轻重的地位。未来，国产面板产线采用国产激光设备是大势所趋，国内的激光加工装备有望应用于液晶显示器（liquid crystal displayer，LCD）的面板产线升级和后续批次的国产有机发光二极管（organic light emitting diode, OLED）产线的投建中，从而成为未来产业发展的重要推力。

## 三、激光对化学学科发展的作用

激光化学研究的是激光和物质相互作用过程中物质的激发态产生、结构和性质变化及其变化过程中能量传递等问题，即研究激光如何引发和控制化学反应。反应涉及分子的激发、分子间的碰撞、激发态分子发光、相互碰撞分子的能量转移、化学键断裂、形成及伴随这些过程能量变化和重新分配等一系列微观过程[25]。激光携带着高度集中且均匀的能量，可以精确地打在分子的化学键上。例如，将不同波长的紫外激光打在硫化氢等分子上，通过改变两个激光束的相位差，可以控制该分子的断裂过程。此外，也可以利用改变激光脉冲波形的方法，精确和有效地把能量打在分子上，触发某种预期反应。

激光化学的应用非常广泛，其中制药工业是重要的受益领域。激光化学技术不仅能加速药物合成，而且可以把不需要的副产物剔除，使得某些药物变得更安全可靠，价格也更低一些。

## 四、半导体激光在国民经济发展中的作用

半导体激光在国民经济中居重要的地位，主要涉及工业、医疗、商业、科研、信息等领域，与国民经济的发展息息相关。半导体激光器是成熟较早、进展快的一类激光器。由于它的波长范围宽、制作简单、成本低，易于批量生产，并且体积小、重量轻、寿命长，因此在国民经济中的应用范围广，在多个领域得到广泛的应用，应用的品种发展快，目前已超过 300 种。主要应用如表 1-2 所示。

表 1-2　半导体激光在国民经济发展中的作用

| 领域 | 主要应用 |
| --- | --- |
| 技术方面 | 光纤通信、光存取、光谱分析、光信息处理、激光微细加工、激光传感、激光打印、激光成像扫描、抽运固体和光纤激光器、激光成像等 |
| 医疗和生命科学研究方面 | 激光手术治疗、激光动力学治疗、生命科学研究等 |
| 工业应用方面 | 激光打标、激光切割、激光熔覆、激光焊接、激光测量、激光遥感等 |

## 五、半导体激光器在国防安全领域的应用

半导体激光技术是发展国防工业的重要技术基础，在激光引信、跟踪、制导、武器模拟、点火引爆、激光雷达、夜视、目标识别与激光对抗等领域有非常重要的作用。激光武器具有能量集中、传输速度快、作用距离远、命中精度高、转移火力快、抗电磁干扰和能多次重复使用等特点。半导体激光器作为信息载体，在大气光通信、空间光通信、空潜通信、潜潜通信、探潜、激光引信、跟踪、制导、武器模拟、点火引爆、雷达、夜视、目标识别、对抗等领域将发挥不可替代的作用。半导体激光器在国防安全领域的应用包括激光引信、激光制导、激光测距、激光雷达、激光对抗、激光探潜、激光模拟、激光武器、深海光通信和自由空间光通信等。

不同功率密度、输出波形、波长的激光在与不同目标材料相互作用时，会产生不同的杀伤破坏效应。激光器的种类繁多、名称各异。按工作介质区分，激光器有固体激光器，半导体激光器，光纤激光器，液体激光器，分子型、离子型、准分子型的气体激光器等。按其发射位置区分，激光器可分为天基、陆基、舰载、车载和机载等类型。按其用途区分，激光器可分为战术型和战略型两类，即战术激光武器和战略激光武器。

# 本章参考文献


[1] 王立军，宁永强，秦莉，等．大功率半导体激光器研究进展．发光学报，2015, 36(1): 1-19.

[2] 许松林．激光照亮了医学发展的道路．激光医学，1994, 4(5): 1-6.

[3] 张育川．国内外激光医疗仪器的新发展．医疗学报，2002, 9(11): 117-119.

[4] Van Dilla M A, Deaven, L L. Construction of gene libraries for each human-chromosome. Cytometry, 1990, 11(1): 208-218.

[5] 王忠生，王兴媛，孙继凤．激光的应用现状与发展趋势．光机电信息，2007, 24(8): 27-33.

[6] 倪亚茹，刘启华．激光技术的发展历程及其主要技术源流．南京工业大学学报，2004, 3(1): 67-72.
[7] 许松林．激光技术在医学发展中的地位．激光生物学，1994, 3(2): 467-473.
[8] 倪光炯，王炎森，钱景华，等．改变世界的物理学．3 版．上海：复旦大学出版社，2007: 165-174.
[9] 倪光炯，王炎森，钱景华，等．改变世界的物理学．2 版．上海：复旦大学出版社，2005: 139-145.
[10] 王振杰．光电子技术的研究进展及发展态势探析．南方农机，2018, 49(4): 97.
[11] 傅哲泓．激光的应用与发展．电子技术与软件工程，2017, 5: 117-119.
[12] 陈永静，葛智刚，刘丽乐．核聚变将最终成为未来的能源吗？科学通报，2016, 61(10): 1066-1068.
[13] 王霄．激光加工技术的应用现状与未来发展分析，科学技术创新．2017, 22: 34-35.
[14] 张珏婷，潘文茜．江苏科技创新先锋——邢飞：从无到有点亮“光制造”时代．工业技术创新，2017, 4(4): 86-89.
[15] 张兰，周晟宇．2016 慕尼黑上海光博会开幕，点亮“光制造”时代．金属加工（热加工），2016, 8: 6-7.
[16] 秋如月．激光产业发展态势分析．http://jiguang. h. baike. com/article-30489. html[2011-06-07].
[17] Overton G, Nogee A, Belforte D, et al. 全球激光器市场回顾及 2017 年展望（一）. http://laser. ofweek. com/2017-01/ART-240002-8420-30093657. html[2017-01-19].
[18] 刘伟．激光器及激光在尖端科学实验中的作用．科教信息，2007, 14: 50.
[19] 罗山．世界各国竞相建造拍瓦激光器．激光与光电子进展，2004, 41(1): 12-14.
[20] 朱家健．激光技术在农业中的应用及其展望．农机化研究，2009, 4: 222-224.
[21] 深圳前瞻咨询股份有限公司前瞻产业研究院．2016—2021 年中国半导体激光产业市场前瞻与投资战略规划分析报告：32-39.
[22] 何萍．激光器在娱乐广告中的应用．世界产品与技术，2000, 6: 72.
[23] 中国科学院文献情报中心．外延生长技术态势分析报告，2016.
[24] 中研普华．2019—2025 年中国激光加工设备行业竞争格局分析及发展前景预测报告．
[25] 张占军．激光在化学中的应用．河北化工，1996, 3: 13-14.

# 第二章 高功率、高光束质量半导体激光学科的发展及其应用现状

## 第一节　半导体激光学科的发展

### 一、从理论到实验室研制

激光的起源可以追溯到1916年爱因斯坦（A. Einstein）发表的《关于辐射的量子理论》一文。在文中，爱因斯坦首次提出受激辐射理论，为日后激光技术的发展提供了理论基础。40年后，关于能否用半导体材料产生激光的话题开始被物理学家关注。布隆伯根（N. Bloembergen）等科学家提出了许多半导体激光器的设想及可能。经过几年的论证与实验，同质结GaAs半导体激光器于1962年问世。但是由于同质结激光器的临界电流密度很高，不能在室温下实现连续受激发射，导致其几乎没有任何实用性。因此，半导体激光器的研究方向指向了“实现室温情况下连续受激发射”。

20世纪50年代，半导体激光器初现头角。1958年，肖洛（A. L. Schawlow）[1]首先提出了通过受激辐射实现光放大的激光器的概念。

20世纪60年代，随着美国物理学家梅曼（T. H. Maiman）[2]成功研制第一台红宝石激光器，人们对半导体激光器的研究也加快了步伐，半导体激光器的理论研究日益增多，半导体激光器的理论模型初步建立，第一代半导体激光器随之问世。1961年，伯纳德（M. G. A. Bernard）与杜拉福格

（G. Duraffourg）[3] 利用准费米能级得到在半导体有源介质中实现粒子数反转的条件，并发现在 GaAs 半导体材料中的辐射复合效率很高。这一发现对成功研制半导体激光器起到重要的理论指导作用。同年，俄罗斯列别捷夫物理研究所的巴索夫（N. G. Basov）[4] 院士论证了在半导体材料内实现粒子数反转，进而实现受激辐射，并将载流子注入半导体 PN 结，实现了注入型半导体激光器。其理论研究成果对此后半导体激光器的研究有积极的促进作用。因此，可在直接带隙半导体材料的 PN 结中注入载流子来满足实现粒子数反转的条件，通过辐射复合产生的光子在以半导体材料自然解理面为腔面反射镜的谐振腔内沿波导结构传播放大，实现激射。这便是半导体激光器最初的模型。

1962 年，美国通用电气公司（General Electric Company，GC）研究中心的科学家霍尔（R. N. Hall）[5]、国际商业机器公司（IBM）的南森（M. I. Nathan）[6]、通用电气公司的霍洛尼亚克（N. Holonyak）[7]、麻省理工学院（MIT）林肯实验室的奎斯特（T. M. Quist）[8] 几乎同时宣布成功研制出第一代半导体激光器——在低温脉冲条件下工作的 GaAs 同质结注入型半导体激光器[9]。这些宽接触的同质结激光器具有阈值电流密度高（$5\times10^4$～$1\times10^5$A/cm$^2$）、转换效率低、温度效应明显、在液氮下工作等特点，无法实现实用化，但由此所积淀的理论研究与实践经验对此后乃至今日的半导体激光器的发展仍然有重要意义。为了使半导体激光器能够在更多的领域得到实际应用，人们致力于寻找新的半导体激光材料、新的结构、新的外延材料生长方式。

1963 年，苏联科学院的物理学家阿尔费罗夫（Z. I. Alferov）[10] 和德国的克勒默（H. Kroemer）[11] 首次提出异质结的理论。采用两种不同的半导体单晶材料组成异质结构，晶格常数匹配的两种材料可以实现较高效率的辐射复合，且两种材料的禁带宽度差形成的势垒能够起到较好的限制载流子的作用。即把一个窄带隙的半导体材料夹在两个宽带隙半导体之间，构成异质结构，以期在窄带隙半导体中产生高效率的辐射复合。“异质结构”的概念提出后，大大推动了半导体激光技术的飞跃性发展。与此同时，新的外延材料生长技术纷至沓来，如液相外延（liquid phase epitaxy，LPE）、气相外延（vapor phase epitaxy，VPE）等技术相继问世，进一步推动了第二代半导体激光器的研究进展[12]。在同质结激光器问世的 5 年后，1967 年，美国 IBM 公司的伍德尔（J. M. Woodall）[13] 成功地采用液相外延的方法在 GaAs 材料上生长了 AlGaAs 材料，制成了可以在室温下脉冲工作的单异质结激光器。1969 年，美国无线电公司（RCA）的克雷塞尔（H. Kressel）和内尔森（H. Nelson）[14] 成功研制出单异质结激光器。单异质结注入型半导体激光器可以利用异质结提供的势垒将载流子限制在PN结的P区内，具有较低的阈值电流密度。1970年，美国贝尔实验室的潘尼希（M. B. Panish）[15] 成功研制出室温条件下连续激射的双异质结激光器。同年，俄罗斯科学院的物理学家阿尔费罗夫[16] 成功研制出AlGaAs/GaAs/AlGaAs材料的双异质结激光器。双异质结激光器的载流子和光子得到更有效的限制，具有更低的阈值电流密度和更高的光电转换效率。室温阈值电流密度为 $46\times10^3A/cm^2$，比同质结激光器的降低一个数量级。双异质结激光器问世后，半导体激光器取得了突飞猛进的发展。一方面，半导体激光器可以直接将电能转换为光能，具有很高的转换效率；另一方面，通过选用不同的有源材料，可以获得不同的激射波长，覆盖的波长范围很广，加之具有体积小、质量轻、使用寿命长等优点，其发展潜力和适用范围逐渐得到人们的认可和肯定。但是，异质结半导体激光器仍存在阈值电流大、调制带宽较窄、线宽较宽、噪声大等缺点。

## 二、稳定激发、提高寿命，半导体激光器走向实际应用

异质结构的成功应用为科学家的研究工作指明了方向。双异质结构激光器的问世[17,18]，标志着半导体激光器的发展进入新时期。1978年，半导体激光器成功应用于光纤通信系统中。随着新材料、新结构的不断涌现，半导体激光器的电学和光学性能有了很大提高。进入20世纪80年代后，由于引入了半导体物理研究的新成果——能带工程理论，同时晶体外延材料生长新工艺［如分子束外延（molecular beam epitaxy，MBE）、金属有机化学气相沉积（metal-organic chemical vapor deposition，MOCVD）和化学束外延（chemical beam epitaxy，CBE）等］取得重大进展，使得半导体激光器成功地采用了量子阱和应变量子阱结构，制备出许多性能优良的激光器件，如掩埋异质结（buried heterostructure，BH）半导体激光器[19]、应变量子阱激光器[20]、分布式布拉格反射（distributed bragg reflector，DBR）半导体激光器[21]、DFB半导体激光器[22]、垂直腔表面发射半导体激光器（vertical-cavity surface-emitting semiconductor laser，VCSEL）[23,24]、量子级联激光器[25,26]、外腔激光器[27,28]、微腔激光器[29,30]、光子晶体激光器[31]等。

同时，随着外延材料生长技术的发展和半导体器件制备工艺与封装技术的优化，更多的新材料、新结构得以实现，“能带工程”给予半导体激光器更

好的发展环境和更大的发展空间。半导体激光器的性能不断提高，波长范围不断拓宽，制作成本不断下降，半导体激光器已成为过去、现在乃至未来众多应用领域中不可或缺的高性能光源。

最早进入实际应用的半导体激光器是于20世纪70年代被应用于光纤通信系统的激射波长为850nm的半导体激光器[32,33]。随后，激射波长为780nm的半导体激光器被应用于复印、光盘及光信息处理技术中[34,35]。激射波长为808nm的高功率半导体激光器于20世纪80年代被应用于泵浦掺钕固体激光器[36,37]，激射波长为980nm和1480nm的半导体激光器被应用于泵浦掺铒光纤放大器[38,39]。此时半导体激光器的应用多是以固体激光器和光纤激光器的泵浦源的形式。具有高功率、高效率、高占空比、高稳定性等优势的大功率半导体激光器使固体激光器和光纤激光器发生了革命性变革，使两者在成本降低的同时大幅提高效率，固体激光器和光纤激光器由此得到长足的发展和广泛的应用，获得新的生命力。随着半导体激光器功率和光束质量的不断提高，半导体激光器可作为独立器件直接应用在各个领域中。此后，半导体激光器的应用领域不断拓宽。如今，半导体激光器的市场销量及使用数量居众多类型激光器之首[40]，并逐步取代其他类型激光器成为更多应用领域的主导。半导体激光器的高速发展大大推动了传统产业和新兴产业的发展，其应用已直接或间接拓展到国民经济的几乎所有领域。从军事国防到航空航天，从工业生产到光纤通信，从医疗美容到生活娱乐，半导体激光器创造的奇迹无处不在，驱动着人们的生活不断向前，越来越好。垂直腔面发射激光器和高功率半导体激光器阵列等实现了高功率输出。半导体激光器已经广泛应用于光通信、光互连、激光引信、激光显示、光信号处理及芯片级原子钟等许多领域。

国际科研人员通过不断改进器件结构，逐步提高了半导体激光器的工作寿命，在1977年实现了双异质短波长GaAs半导体激光器连续工作$1\times10^6$h。此后，美国、日本等就改进器件结构、提高器件稳定性、降低损耗等展开研究，研制出多种结构的AlGaAs-GaAs激光器，均实现了温室下连续受激发射及单模化工作。到1988年，InGaAsP激光器的连续工作寿命已达$1\times10^5$h，输出功率大大提升，同时临界电流密度也再次降低。长寿命光源的出现，为半导体激光器走向实际应用铺平了道路。研究人员发现，半导体激光器的波长与光纤十分相配，非常适合用于光纤通信，因此半导体激光器“搭”上了光纤通信的发展“列车”，在不断进步的同时也推动着光通信行业的发展。

## 三、光纤通信时代的半导体激光器

从20世纪70年代末开始，半导体激光器向着两个大类发展。一类是以传递信息为目的的信息型激光器，另一类是以提高光功率为目的的功率型激光器[41]。1977年，双异质结激光器被应用于第一代光纤通信系统。早在1976年，MIT林肯实验室就成功研制出能在室温下连续工作的InGaAsP激光器（波长为1.1μm）。1977年和1979年，美籍华裔科学家谢肇鑫采用液相外延的方法，在室温条件下分别实现1.3μm和1.55μm的InGaAsP激光器的连续受激发射。InGaAsP激光器很好地契合了第二代光纤通信系统损耗窗口的波长范围，长波长、长寿命的半导体激光器也由此成为国际上着重关注的研制对象。随着行业的发展，第二代光纤通信系统已经无法满足高速发展的通信需求，长距离、大容量成为光纤通信行业新的发展方向。此前，光纤通信的容量主要受限于激光器多纵模发射的问题，因此单模模式的长波长半导体激光器成了第三代光纤通信系统的研究重点。为了减小半导体激光器的线宽，科学家将光栅技术引入半导体激光器的制造中，制造出无腔面DFB半导体激光器。这类激光器的线宽非常窄，接近于单色波激光，此外还可以实现较宽的波长调谐范围。这使得DFB半导体激光器能够实现单纵模发射，大大提升了光纤通信的传输容量。20世纪80年代末期，DFB半导体激光器取得一定的成果，大大推动了第三代光纤通信系统的发展。

最常用的实现动态单纵模工作的方式是采用内建布拉格光栅的半导体激光器[42,43]，即DFB半导体激光器（DFB-LD）[44-46]和DBR半导体激光器（DBR-LD）[47,48]。布拉格光栅可以帮助半导体激光器实现光反馈，进而实现纵向模式选择。此外，布拉格光栅还具有改善模式跳变现象、抑制噪声的特性。DFB半导体激光器是指光栅分布于整个谐振腔中的半导体激光器，而DBR半导体激光器的光栅区仅位于一侧，增益区与反射区分离。二者均具有单频特性和稳定性，但是DFB半导体激光器的单纵模工作稳定性要高于DBR半导体激光器，且其制作过程也比DBR半导体激光器简单。因此，DFB半导体激光器是目前高速通信系统中最理想的光源。对于DFB半导体激光器，根据DFB光栅的耦合机制的不同，将内置光栅分为增益耦合型光栅和折射率耦合型光栅。

### （一）折射率耦合型DFB半导体激光器的研究进展

1971年，美国贝尔实验室的科格尼克（H. Kogelnik）和香科（C. V.

Shank）[43] 首次提出具有内建光栅结构的 DFB 半导体激光器，并于 1972 年[49]基于电磁场耦合波理论建立了分布反馈理论。1973 年，日本的中村（M. Nakamura）[50] 研制了首个光泵浦 GaAs DFB 半导体激光器。1974 年，西弗勒斯（D. R. Scifres）[46] 成功研制了在 77K 温度下工作的电注入型 GaAlAs/GaAs DFB 半导体激光器。1975 年，美国贝尔实验室的凯西（H. C. Casey）[45] 和中村 [44] 同时实现了室温下连续激射的 GaAlAs DFB 半导体激光器。早期的 DFB 半导体激光器在有源层上制作光栅结构实现分布反馈，会在有源层引入缺陷，降低器件的发光效率，加速器件失效。随着外延生长工艺和器件制备工艺的发展与进步，DFB 半导体激光器可以通过在有源层附近的透明波导层制作光栅结构实现纵模调制 [51-54]。此后，器件的结构和性能得到快速优化和提高。

2010 年，德国费迪南德–布劳恩研究所（FBH 研究所）[55] 采用二次外延技术构建了耦合系数为 2cm$^{-1}$ 的二阶光栅结构，研制出 1064nm 波段脊形波导 DFB 半导体激光器，激光功率达到 150mW，同时获得最小固有线宽 22kHz。随后，法国Ⅲ-Ⅴ实验室 [56] 采用非对称包层外延结构和稀释波导技术，研制出 1500nm 波段 DFB 半导体激光器，实现激光功率 180mW@25℃，并且通过温度调节实现了 9.7nm 的调谐范围，边模抑制比（side-mode suppression ratio，SMSR）大于 55dB，相对强度噪声（relative intensity noise，RIN）低于 160dB/Hz，线宽小于 300kHz。2013～2014 年，加拿大渥太华大学（University of Ottawa）的 Dridi 等 [57-59] 采用步进式光刻技术在沿脊形波导侧壁上制备出三阶光栅结构，研制多种 N 段电极侧向耦合 DFB 半导体激光器，获得了中心波长为 1560nm、SMSR 大于 52dB、波长调谐范围大于 3nm、输出功率高于 6mW、线宽小于 170kHz@25℃的单模激光输出。为了进一步降低侧向耦合 DFB 半导体激光器的光谱线宽，国外研究人员提出基于量子点激光芯片的 DFB 半导体激光器的技术方案。2016 年，德国卡塞尔大学的 Bjelica 团队 [60] 提出一种高质量量子点激光器生长技术，结合传统 DFB 光栅耦合谐振腔结构，研制出激光线宽仅为 10kHz、输出功率为 12mW 的 QD-DFB 半导体激光器。2018 年，法国巴黎 – 萨克雷大学（Universite Paris-Saclay）[61] 报道了一种新型砷化铟 / 磷化铟（InAs/InP）量子点 DFB 半导体激光器。它具有反转因子小、线宽增强因子小等特性，可获得低温度敏感的窄线宽（160kHz）激光输出，同时采用双面覆涂减反膜设计，提高激光功率（4mW），并抑制空间烧孔现象。

## （二）增益耦合型 DFB 半导体激光器的研究进展

人们对于增益耦合型DFB半导体激光器的研究始于20世纪80年代末期。1989年，日本东京大学的研究人员[62]在靠近有源层的P面波导中制备了吸收层，在吸收层制备了布拉格光栅，成功研制了增益耦合型DFB半导体激光器，并发现增益耦合型DFB半导体激光器能够实现与腔面反射率无关的稳定单纵模激射；1990年，通过采用抵消折射率耦合效应的结构，成功研制了纯增益耦合型DFB半导体激光器，实现了低阈值、高稳定性单纵模的激射[63]；1992年，又成功研制了具有吸收型倒置光栅的增益耦合型DFB半导体激光器[64]。1992～1994年，日本东京工业大学的研究人员[65,66]研究了复增益耦合型DFB半导体激光器的线宽因子的影响因素，为进一步提高增益耦合型DFB半导体激光器的光谱特性提供了理论基础。

1991年，比利时根特大学的研究人员[67]建立了增益耦合型DFB半导体激光器的理论模型，对其模式增益及耦合系数进行了讨论，并成功研制了单纵模窄线宽的1.55μm增益耦合型DFB半导体激光器[68]。

1992～1995年，加拿大贝尔北方研究所（Bell-Northern Research）的研究人员[69-73]研制了应变多量子阱结构的复增益耦合型或部分增益耦合型DFB半导体激光器，并对其原理、特性等进行了分析和讨论。2003年，加拿大蒙特利尔大学的研究人员[74]成功研制了多电极的复耦合型DFB半导体激光器，通过调制电流分配有效抑制了纵向空间烧孔现象。

1993年，英国剑桥大学的研究人员[75]增强了增益耦合型DFB半导体激光器的振幅调制响应和频率调制响应。

1993年，美国奥特尔（Ortel）公司的研究人员[76]成功研制了1.3μm高功率高速调制的应变多量子阱增益耦合型DFB半导体激光器。1995年，美国罗切斯特大学的研究人员[77]研制了负微分耦合的增益耦合型DFB半导体激光器，减少了普通复耦合型DFB半导体激光器存在的强噪声的缺点，有效地减小了器件的线宽。1996年，美国威斯康辛大学的研究人员[78]采用金属钛制备布拉格表面光栅，制成了增益耦合型DFB半导体激光器，实现了100mW的输出功率。

1995年，德国联邦电信公司（Deutsche Bundespost Telekom）的研究人员[79]在复耦合型DFB半导体激光器中采用取样光栅结构，实现较大的耦合强度。1996年，德国维尔茨堡大学[80]采用聚焦离子束注入技术成功研制了1.55μm增益耦合型DFB半导体激光器，并于1999年[81]采用表面金属损耗型光栅实现了低阈值高量子效率的侧向增益耦合型 DFB 半导体激光器。它的阈值电流约为 9mA，最大输出功率为 64mW。

2002 年，韩国电子通信研究院的研究人员 [82] 对增益耦合型 DFB 半导体激光器进行了理论研究，并于 2004 年采用损耗光栅制成增益耦合型 DFB 半导体激光器 [83]。在近 10 年间，韩国电子通信研究院对增益耦合型 DFB 半导体激光器的特性进行了全面的模拟分析，并采用多种方式对器件的性能进行全面优化 [84]。

### （三）DBR 半导体激光器

DBR 半导体激光器的谐振腔通常由集成于端面的反射光栅结构和增益区构成，其与法布里-珀罗（F-P）腔类似，在增益区的一端或两端构建无源布拉格光栅代替 F-P 激光器的一端或两端腔面反射镜，光栅结构仅起到反射镜的作用。由于光栅结构对满足布拉格条件的光模式具有极强的反射作用，因此可以通过对光栅区的耦合系数进行优化，获得理想的最大反射率和反射谱宽度，实现 DBR 半导体激光器的单纵模、窄线宽工作。

2010 年，德国 FBH 研究所的研究人员 [85] 采用 6 阶表面布拉格光栅研制了4μm 条宽、4mm 腔长的 1064nm 波段 DBR 半导体激光器，实现了线宽为 180kHz@180mW、固有线宽为 2kHz、阈值电流为 65mA@25℃、斜率效率为 0.41W/A@25℃。美国伊利诺伊大学（University of Illinois）的 Coleman 等 [86] 在宽条（40μm）波导表面刻蚀光栅，研制出腔长 1.5mm 的 974.8nm DBR 半导体激光器，实现激光功率 500mW、激光线宽 350kHz、SMSR 大于 40dB 的高功率输出。随后，德国 FBH 研究所的研究人员 [87] 采用普通紫外光刻和反应等离子体刻蚀技术制备出 80 阶表面光栅 DBR 半导体激光器，在 970nm 波段实现激光功率 6W、电光转化率高于 50%，光参量积小于 1.8mm•mrad、激光线宽为 0.41nm（130.7GHz），适用于泵浦光纤激光器。德国 FBH 研究所的研究人员 [88] 提出一种 633nm 波段的窄线宽 DBR 半导体激光器，激光器谐振腔总长 2mm，其中脊形增益区为 1.5mm，光栅区为 0.5mm，激光功率为 10mW@150mA，光谱线宽小于 1MHz 的输出，工作寿命 1700h@14mW。该研究所的 Paschke 等 [89] 报道了一种脊型波导 DBR 半导体激光器，通过步进光刻和反应离子刻蚀在激光结构中引入光栅，研制出波长为 626.5nm 的 DBR 半导体激光器。它的输出功率大于 50mW@ 0℃，激光线宽小于 1MHz@150mA，SMSR 大于 20dB。该技术可以替代传统全固态激光器作为量子信息实验光源。通过降低光源模块体积，该技术可以有效提升量子信息系统的微型化程度。黄光产生主要是采用 1180nm 波段高功率半导体激光器倍频的方案。芬兰坦佩雷理工大学的研究人员[90]提出一种宽调谐 DBR 激光器，采用三阶表面梯形光栅结合脊形波导结构设计，实现了激光线宽小于 250kHz、功率大于 500mW、SMSR 超过 50dB、持续工作 2000h 无退化的高性能激光输出。

合理设计光栅的结构参数，可以获得理想的光栅反射率、反射率半宽和光栅中光波相位变化等光电特性，实现窄线宽输出的 DBR 半导体激光器。与传统的多次外延 DBR 半导体激光器相比，这种表面 DBR 激光器避免了不同区位波导间耦合效率低下的问题，降低了制备工艺复杂程度，提高了 DBR 半导体激光器的应用价值。

在半导体技术和工艺的不断发展下，我国信息光电子取得了重大进展：关键技术量子阱材料和量子阱器件的研制已取得决定性的突破。该项成果被评为 1996 年中国电子十大科技成果之一。掺铒光纤放大器，量子阱，分布反馈半导体激光器，高速光收发模块、大功率半导体激光器及其泵浦的绿光固体激光器和高亮度红、橙、黄发光二极管等一批重大重点课题取得重要成果，已进入产业化阶段。GaN 基蓝光、LED 和半导体激光器、分布反馈半导体激光器 EA 光子集成组件、GeSi/Si 材料和量子点器件，面发射激光器等致力于技术创新的课题取得显著进展。有些项目（如四方相 GaN 材料、LED 器件及分布反馈半导体激光器 EA 光子集成器件、应变量子阱半导体光放大器等）达到国际先进水平。这些成果（特别是量子阱技术的突破）给今后的发展创造了良好的条件。

## 四、高功率半导体激光器蓬勃发展

功率是衡量半导体激光器性能的重要指标之一。高功率半导体激光器通常指连续输出功率大于数十毫瓦的半导体激光器[91]。由于半导体激光器具有较高的电光转换效率，因此可以作为实现高功率激射的半导体器件。高功率半导体激光器最早用于泵浦固体激光器及光纤放大器[92]，随着功率的不断提升，单管半导体激光器功率可达数十瓦，半导体激光一维列阵或二维叠阵功率可达千瓦至万瓦级，且性能更优、更稳定，高功率半导体激光器得到更多的直接应用[93]。在国际上，高功率半导体激光器件研究成果突出的团队主要有美国的 Alfalight 公司、nLIGHT 公司、JDSU 公司、Axcel Photonic 公司、QPC 公司等，德国的 FBI 研究所、DILAS 公司、欧司朗公司、JenOptik 公司等[92]。

在泵浦固体激光器等应用的推动下，高功率半导体激光器在20世纪90年代取得了突破性进展，其标志是半导体激光器的输出功率显著增加，国外千瓦级的高功率半导体激光器已经实现商品化。从激光波段的扩展来看，8××～9××nm红外半导体激光器、670nm红光半导体激光器陆续大量进入应用，波长为650nm、635nm的红光半导体激光器问世，蓝绿光、蓝光半导体激光器也相继研制成功，10mW量级的紫光乃至紫外光半导体激光器也在加紧研制中。为适应各种应用而发展起来的半导体激光器还有可调谐半导体激光器、电子束激励半导体激光器以及作为“集成光路”的最好光源的DFB半导体激光器、分布式布拉格反射激光器和集成双波导激光器。另外还有高功率无铝激光器（从半导体激光器中除去铝以获得更高输出功率、更长寿命和更低造价的管子）、中红外半导体激光器和量子级联激光器等。其中，可调谐半导体激光器通过外加的电场、磁场、温度、压力、掺杂盆等改变激光的波长，可以很方便地对输出光束进行调制。DFB半导体激光器是伴随光纤通信和集成光学回路的发展而出现的，于1991年研制成功。DFB半导体激光器完全实现了单纵模运作，在相干技术领域中又开辟了巨大的应用前景。它是一种无腔行波激光器，激光振荡是由周期结构（或衍射光栅）形成光耦合提供的，不再由解理面构成的谐振腔来提供反馈，优点是易于获得单模单频输出，容易与纤维光缆、调制器等耦合，特别适合作为集成光路的光源。

## 五、面向激光雷达应用的半导体激光器

### （一）激光雷达

作为一种新兴的遥感技术，激光雷达涉及地形测量、数字城市、海洋、林业和交通等多个领域，具有快速、动态、实时、高密度及高精度的特点。20世纪60年代，人类已经将激光应用于遥感设备。机载LiDAR测绘技术起源于1970年美国国家航空航天局（National Aeronautics and Space Administration，NASA）的技术研究。随着全球定位系统（global positioning system，GPS）和惯性导航系统（inertial navigation system，INS）技术的发展，使精确即时定位及姿态确定成为可能。与此同时，地面雷达扫描技术也得到发展并在考古、工业、地形探测及建筑等领域得到广泛应用，但上述的机载及地面扫描系统是不能移动的。20世纪初期，车载雷达系统得到发展。该系统主要用于近距离数据采集，进而获取细致的物体立面信息，用于局部区域地理信息的获取及城市的三维重建。目前，车载雷达已经成为我国在

“数字中国”和“数字省市”建设的主要测绘方式。

无人驾驶技术为汽车产业带来了革命性的变化，汽车将不再仅是代步工具，而将逐渐演化为移动智能终端。作为无人驾驶技术的基础，高级驾驶辅助系统（advanced driving assistance system，ADAS）将大幅提升驾驶安全和舒适度，未来市场将迎来广阔的增量空间。2015 年，全球高级驾驶辅助系统的市场渗透率约为 5%，其中欧美地区的市场渗透率为 9.8%。随着汽车智能化趋势加速和安全需求的提升，未来全球高级驾驶辅助系统的市场渗透率将大幅提高。罗兰贝格（Roland Berger）公司的统计数据显示，从高级驾驶辅助系统各功能的渗透情况来看，2020 年，在 L1 级领域，自适应巡航控制系统、防撞（AEB）系统的渗透率相对较高，超过 50%；而在 L2/L2+ 领域，高级驾驶辅助系统各功能的渗透率均低于 10%。罗兰贝格公司的预测显示，预计到 2025 年，全球范围内 14% 的车辆无高级驾驶辅助系统功能，40% 的车辆具有 L1 级功能，36% 的车辆具有 L2 级功能，10% 的车辆具有 L3 级乃至更高级别的功能。

按有无机械旋转部件分类，激光雷达包括机械激光雷达和固态激光雷达。根据线束数量的多少，激光雷达又分为单线束激光雷达与多线束激光雷达。激光雷达的发展方向将从机械激光雷达走向固态激光雷达、从单线束激光雷达走向多线束激光雷达。这是由于与机械激光雷达比起来，固态激光雷达的尺寸较小、性价比高、测量精度高，可隐藏于汽车车体内，不会破坏汽车的外形美观。多线束激光雷达则比单线束激光雷达的视野范围更广。目前有三种降低激光雷达成本与价格的方式：①降维，即使用低线束、低成本激光雷达配合其他传感器；②用全固态激光雷达代替机械激光雷达；③通过规模效益降低激光雷达的单个成本。

国际上领先的生产激光雷达的厂商主要有 Velodyne 公司、Quanergy 公司、Ibeo 公司、西克（SICK）公司、北阳（Hokuyo）电机公司等。其中，西克公司和北阳电机公司的激光雷达是二维激光雷达，主要用于工业领域和安全防护领域，其他三家激光雷达厂商生产的激光雷达一般用于三维测距。Velodyne 公司、Quanergy 公司的激光雷达主要用于无人驾驶汽车，Ibeo 公司的激光雷达主要应用于高级驾驶辅助系统。这三家激光雷达厂商已经和一些无人驾驶汽车研究机构、车厂的汽车供应商建立了合作关系。Velodyne 公司和福特汽车公司建立了合作关系，并且谷歌无人车、百度无人车和一些高校的无人驾驶汽车研究团队使用了 Velodyne 公司的产品；Quanergy 公司和美国德尔福公司展开合作；Ibeo 公司也与法雷奥集团合作。

## （二）激光雷达对半导体激光器的技术要求

激光雷达工作原理不同，如机械式激光雷达和固态激光雷达，对应用于激光雷达的半导体激光器有不用的技术要求。

### 1. 应用于机械式激光雷达的半导体激光器

应用于机械式激光雷达中的半导体激光器为脉冲输出波长 905nm 或 1550nm 的半导体激光器。对于输出波长 905nm 的半导体激光器，满足激光雷达应用的主要技术指标包括：输出波长为 905nm±5nm、激光脉冲峰值功率≥ 25W、激光脉冲半高宽≤ 5ns、激光发射重频≥ 20kHz、工作电流≥ 10A、-40～120℃。为了实现一定距离内物体的三维成像，构成激光雷达模块的半导体激光器为 8 线、16 线、32 线等，而且这些半导体激光器要按一定的方式排布，在尽可能小的空间内完成发射模块的功能。

半导体激光器的斜率效率一般在 1.0～1.2W/A。为了降低功耗，激光雷达模块需要降低功耗以满足上车的需要。以 10A 工作的电流计算，一般的半导体激光器芯片仅能输出 10W 的功率。如果要输出高于 25W 的功率，则需要半导体激光器芯片的串联，而且是 3 个半导体激光器芯片的串联。简单的 3 个半导体激光器芯片串联即能满足输出功率的要求。但是，这种方式降低了激光器的输出功率密度；分立管芯叠层烧结工艺复杂，降低了器件的成品率和可靠性；简单的串联也会导致器件的电阻增加，致使效率降低。车载雷达模块对半导体激光器芯片的封装尺寸有很高要求，需要以尽可能小的体积封装，同时多路半导体激光器芯片间的距离也有很高的精度要求。因此，简单地将 3 个半导体激光器分立管芯串联无法满足激光雷达模块的要求，需要采用隧道结技术实现在 10A 电流下的高于 25W 的输出功率。

隧道结（多结）技术是在材料外延过程中直接将 2～3 个激光器的外延层串联，可以在更小的空间内集成多个激光器。这种激光器被称为隧道结激光器。隧道结激光器不仅可以提高激光器的效率，还可以有效地提高半导体激光器单位面积的光输出功率。在隧道结窄脉冲半导体激光器的研制方面，Laser Components公司的905nm三个结的半导体激光器的斜率效率为2.6W/A，100ns 脉冲宽度、11A 注入电流时输出功率为 25W，工作温度为 -45～85℃。德国欧司朗公司研制的两隧道结半导体激光器（发光区 200μm×10μm）在 1μs 脉冲宽度、1000Hz 重复频率、30A 注入电流时，输出功率为 75 W、最高工作温度达到 120℃。国内在大功率窄脉冲隧道结半导体激光器方面的研究起步较晚，开展研究工作的主要单位有中国电子科技集团公司第十三研究所、深圳瑞波光电子有限公司、中国科学院长春光学精密机械与物理研究所等单位。研制的隧道结双叠层脉冲半导体激光器在 20ns 脉冲宽度、8A 注入电流、重频 5kHz 时，最大输出峰值功率达到 23.9W、工作温度为 -20～60℃。国内的半导体激光器产品的工作温度与国外的半导体激光器产品的工作温度还有差距。

### 2. 应用于固态激光雷达（光学相控阵）中的半导体激光器

宽带可调谐半导体激光器是光学相控阵激光雷达的主要光源。激光雷达使用的波段在近红外范围内，其发射光主要有 905nm 和 1550nm 两种波长。同时，它们在三维传感、全景扫描、光谱探测等领域也有重要应用。目前国际上可以实现可调谐半导体激光器的技术方案包括：可调谐 DFB 半导体激光器、可调谐 DBR 半导体激光器、可调谐 V 型腔半导体激光器、可调谐外腔半导体激光器。下面针对 4 种类型的半导体激光器分别进行介绍。

1）可调谐 DFB 半导体激光器

可调谐 DFB 半导体激光器是将布拉格置于谐振腔中来参与激光的谐振并且利用光栅结构来进行分布反馈，起到模式选择作用，并且能够得到很好的单纵模输出效果。光栅位置有掩埋型光栅和表面光栅，光栅结构主要分为传统矩形光栅和侧向光栅结构。其中最常见的是掩埋型光栅，并且已经具有一定的商用化市场份额，在后续研究中开发出多段式 DFB 半导体激光器的结构，来扩展 DFB 半导体激光器的波长可调谐范围。

1989 年，Kotaki Y 等研制出腔长为 1.2mm 的多段式可调谐 DFB 半导体激光器，成功在 1540nm 波长附近实现了 2nm 左右的波长调谐范围，连续输出功率在 20mW 以上，线宽为 900kHz [94]。1992 年，Sakano S 等引入了条形薄膜加热器来制备可调谐 DFB 半导体激光器，利用条形加热器与热沉之间的热阻差来进行温度调节，实现激光器在 1550nm 波长附近的波长可调谐。波长对热薄膜层的功率敏感度为 3.2nm/W，在输出 20mW 的稳定状态下，利用温度可将波长调谐 4nm 以上，并且线宽小于 2.5MHz [95]。经过多年的发展，2013 年，Zhang C 等制备了集成钛薄膜条形加热器的可调谐 DFB 半导体激光器。在加热器施加 0～56mA 的电流时，可将激光器的激射波长从 1549.19nm 调谐到 1556.09nm，且 SMSR 保持在 40dB 左右，加热器的调谐效率是 8.17nm/W[96]。器件结构如图 2-1 所示。

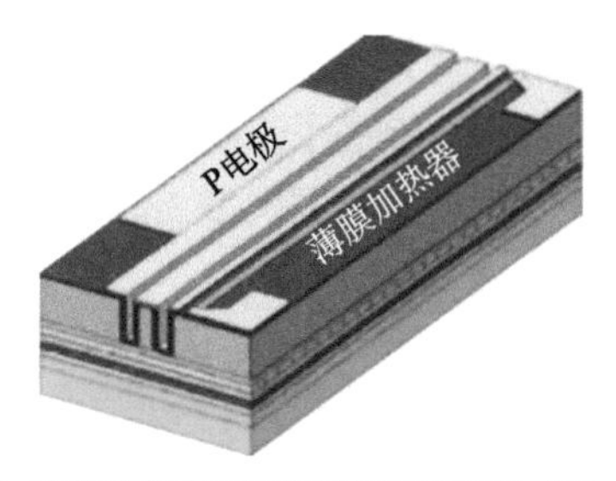

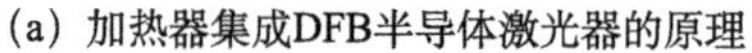

（a）加热器集成DFB半导体激光器的原理　（b）加热器集成DFB半导体激光器的俯视

图 2-1　加热器集成 DFB 半导体激光器

图（b）红色虚线内为钛薄膜条形加热器

图 2-2 是 2014 年南京大学团队采用重构等效啁啾（REC）技术制备的三段式结构的 DFB 半导体激光器，通过温度的调节实现了 9nm 的连续调谐范围。在调谐范围内，它的 SMSR 超过 42dB，波长和温度对激光器激射波长的漂移系数分别为 0.0124nm/mA 和 0.0875nm/℃ [97]。图 2-3 所示的是 2014 年由科学

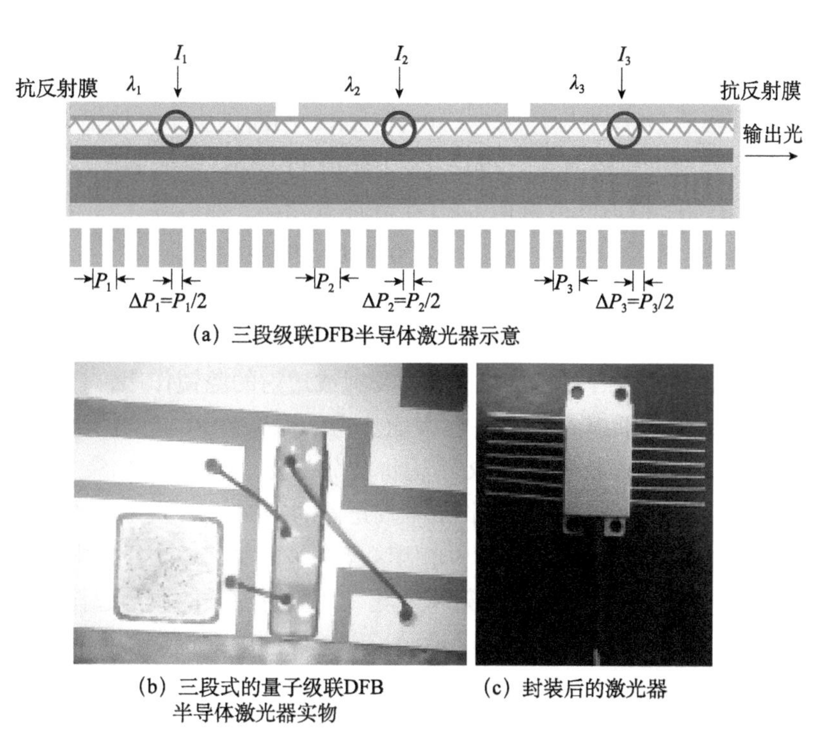


（a）三段级联DFB半导体激光器示意

（b）三段式的量子级联DFB半导体激光器实物　（c）封装后的激光器

图 2-2　三段级联 DFB 半导体激光器结构 [97]

$\lambda_1$、$\lambda_2$、$\lambda_3$ 代表波长 1，2，3；$I_1$、$I_2$、$I_3$ 代表注入电流 1，2，3；

$P_1$、$P_2$、$P_3$ 代表不同段的光栅周期

家 Kais Dridi 及其团队制备的 1560nm 侧向耦合光栅结构的可调谐 DFB 半导体激光器。利用步进式光刻技术在激光腔脊侧壁上制备了三阶表面光栅。在不同的注入电流范围内，SMSR 可超过 52dB，波长调谐范围大于 3nm，输出功率大于 6mW，并且实现了窄线小于 170kHz 的激光输出[98]。

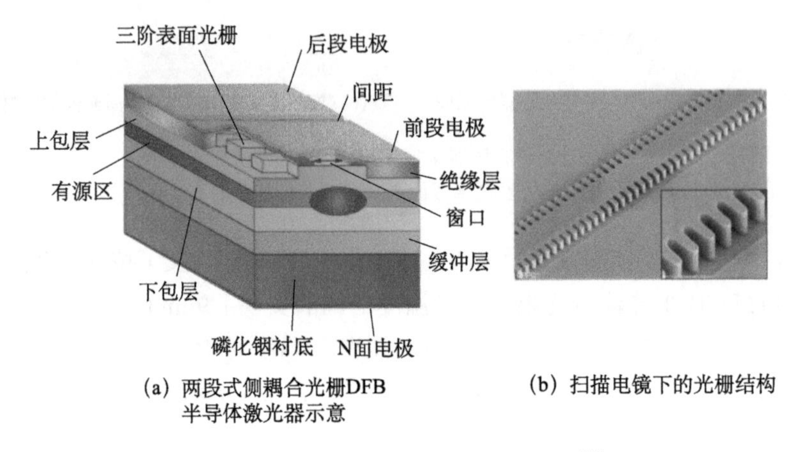


(a) 两段式侧耦合光栅DFB半导体激光器示意　　(b) 扫描电镜下的光栅结构

图 2-3　侧向耦合 DFB 半导体激光器[98]

随着可调谐 DFB 半导体激光器单管技术的不断进步，可调谐 DFB 半导体激光器的阵列也应运而生。2002 年，Bardia Pezeshki 等研制了激射波长在 1550nm 附近、12 信道的可调谐 DFB 半导体激光器，通过蝶式封装之后成功将多信道组合，波长可实现 1531.9～1564.68nm 的调谐[99]。

2）可调谐 DBR 半导体激光器

DBR 半导体激光器是在 F-P 腔半导体激光器的结构基础上，在器件的一端或两端引入了布拉格光栅结构，起到反射或透射的腔镜作用，且大多数的 DBR 半导体激光器将其光栅制备在表面。为了提高 DBR 结构的可调谐半导体激光器性能，也经常根据 DBR 结构将其分为几个区域来制备，每个区域实现不同的功能。多段式 DBR 半导体激光器的结构一般分为增益区、相位调节区、光栅区几个区域。其中，光栅区经常是无源区域，注入电流后，导致相位调节区和光栅区会产生折射率变化，对激射波长的调谐起作用。为了抑制在高注入电流情况下载流子的横向扩散造成的电串扰，在光栅区与增益区需要保持扩散长度以上的距离。

2014 年，中国科学院半导体研究所研制了一种高调制带宽两段式 DBR 半导体激光器，器件工作中心波长为 1530nm。在有源区与 DBR 光栅之间采用 InGaAsP 材料，激光器成功实现了 13.88nm 的波长调谐范围[100]。2018 年，

Xie 等设计了新型集成加热器的 DBR 半导体激光器，在钛薄膜加热层加载了激光器的布拉格光栅区，通过温度调节光栅区的有效折射率来实现波长调谐的效果，成功实现了 16nm 的调谐范围[101]。

2019 年，Su Hwan Oh 及其团队制备的多段式 DBR 半导体激光器（图 2-4）由增益区、相位调节区和 DBR 区组成。从图 2-4 可以看出，每个区域之间均有电隔离，即前述的防串扰区域，单管半导体激光器的阈值只有 10mA。图 2-4 中的腔长 560μm 的 DBR 半导体激光器进行了 16 个信道的单片集成后，其调谐范围大于 15nm，且每个信道之间的波长间隔为 0.8nm，单信道的输出光的 SMSR 超过 40dB[102]。

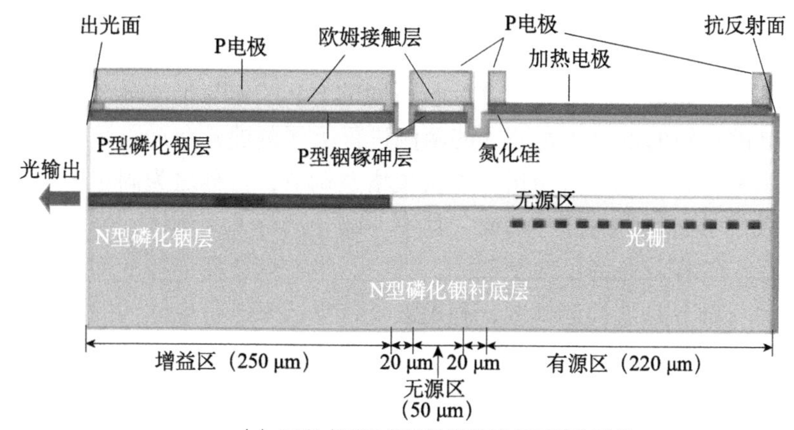


(a) 三段式DBR半导体激光器各层结构示意

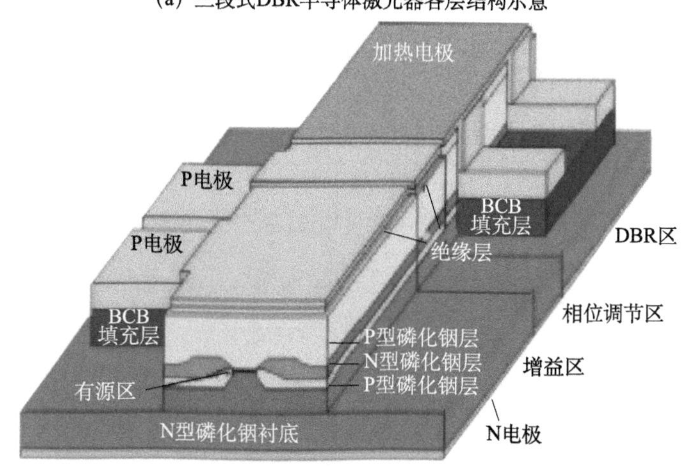


(b) 三段式DBR半导体激光器布局

图 2-4　三段式 DBR 半导体激光器[102]

图（a）中的阴影代表 DBR 光栅区

与可调谐 DFB 半导体激光器一样，随着 DBR 半导体激光器单管的性能不断提升，可调谐 DBR 半导体激光列阵的性能也在升级。2012 年，浙江大学团队用刻蚀周期性的狭缝工艺成功研制了激射波段在 1550nm 的 DBR 半导体激光器，单管 SMSR 可达 47dB，波长的可调谐范围达 50nm[103]。

3）可调谐 V 型腔半导体激光器

可调谐 V 型腔半导体激光器是利用两个长度不同的 F-P 腔结构和一个耦合相位为 180° 的半波耦合器来构成一个“V”形复合耦合腔。V 型腔半导体激光器不需要制备光栅结构就可以达到调谐效果。它是利用两个 F-P 腔分别选出不同的纵模，并利用纵模的不同产生游标效应，以达到拓宽调谐范围的目的。在工作过程中利用半波耦合器来调节两个 F-P 腔结构的耦合系数，能够在输出光中观测到很好的可调谐特性和很大的 SMSR[104]。V 型腔半导体激光器的右边是半波耦合器，两个腔长不同的 F-P 腔体与半波耦合器连接，上面是 F-P 腔较短的部分，光波导的两侧进行了深刻蚀，在这段波导上进行了金属化沉积来作为电注入通道，以实现增益调节，可称之为固定增益腔。另一端更长的 F-P 腔由两部分组成。其中一部分进行了深刻蚀，另一部分进行了浅刻蚀。这样就分为了两个部分，其中与半波耦合器连接的部分是提供增益区，另一部分是波长选择区，利用波长选择区来进行电注入的调节，进而对波长进行调节。V 型耦合腔半导体激光器是利用游标效应来实现宽调谐范围的，利用 F-P 腔结构所产生的梳状反射谱来进行波长切换，由游标效应筛选想要的波长，得到了期望峰值波长。图 2-5 是 2018 年由 K. Saravanan 团队研制的可调谐 V 型腔半导体激光器，采用半波耦合器来实现高 SMSR 和游标效应来实现更宽的波长调谐范围，调谐范围可以从 1529.55nm 扩大到 1566.31nm 的全 C 波段调谐，且 SMSR 大于 36dB。激光器没有引入二次外

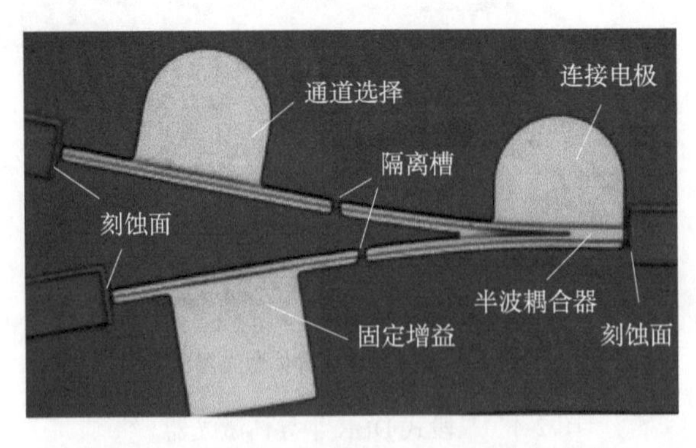


图 2-5　可调谐 V 型腔半导体激光器结构[105]

延且无光栅结构，电控制的算法比较简单，在调制响应上具有优势[105]。由此可见，V 型腔半导体激光器的优势在于制备工艺相对简单，并且较普通 DFB 半导体激光器和 DBR 半导体激光器，V 型腔半导体激光器能够实现超宽的调谐范围，但是其 SMSR 较小，并且在电光转换效率较低。

2019 年，Xia 等制备了适用于 5G 无线网络技术应用的可调谐 V 型腔半导体激光器。它的结构只需要两步刻蚀，一步深刻蚀制备反射端面和隔离沟槽，一步浅刻蚀制备脊型波导。在 22～40℃的温度区间内，波长调谐范围大于 40nm，SMSR 高达 51dB[106]。

半对称腔型 VCSEL 属于可变形介质膜结构的一种变形，其介质膜结构具有一定的弯曲弧度，在一定程度上限制了其在一些复杂调谐的 VCSEL 中的应用。

4）可调谐外腔半导体激光器

可调谐外腔半导体激光器通常是由增益芯片、准直镜和光反馈元件 3 个部分构成。外部光反馈元件作为选频单元，对增益芯片的输出光进行选模并实现光反馈，只有符合条件的光才会返回有源区与内部光场耦合作用，同时调制反馈元件改变反馈光选模条件，即可实现窄线宽及宽可调谐的光输出。根据光学反馈元件的差异，主要将外腔半导体激光器分为平面光栅外腔半导体激光器和布拉格光栅外腔半导体激光器两种。作为一种广泛使用的外腔镜，平面光栅具有很宽的波长调谐范围、高的光谱分辨，可以实现精细调谐。

基于平面反射式光栅结构的外腔半导体激光器具有两种典型的结构，分别为利特罗（Littrow）结构和利特曼（Littman）结构[107]。图 2-6 为两者的结构图。利特罗结构简单，准直光入射到光栅后，通过改变光栅相对于谐振腔的角度来实现可调谐，可以实现较宽的可调谐范围及较高的输出光功率。与利特罗结构相比，利特曼结构增加了反射镜，结构更复杂，反馈过程中损耗较大，输出功率较低，但具有更好的选模作用、更高的 SMSR 及更窄的线宽。利特曼结构通过改变反射镜的角度实现可调谐效果[108]。

2012 年，冯志庆等采用双透镜的方案研制了可调谐外腔半导体激光器，成功实现了 55nm 的波长调谐范围，波长区间在 1525～1580nm，覆盖了整个 C 波段，线宽可达 37.5kHz，且在 400mA 的电注入下可达 50mW 的输出功率，SMSR 大于 50dB[108]。2017 年，Kasai 等成功研制了波长可在 C 波段连续调谐的外腔半导体激光器，结构内置了滤波片，波长可在 1530～1570nm 实现连续调谐，线宽在 8kHz 以下[109]。

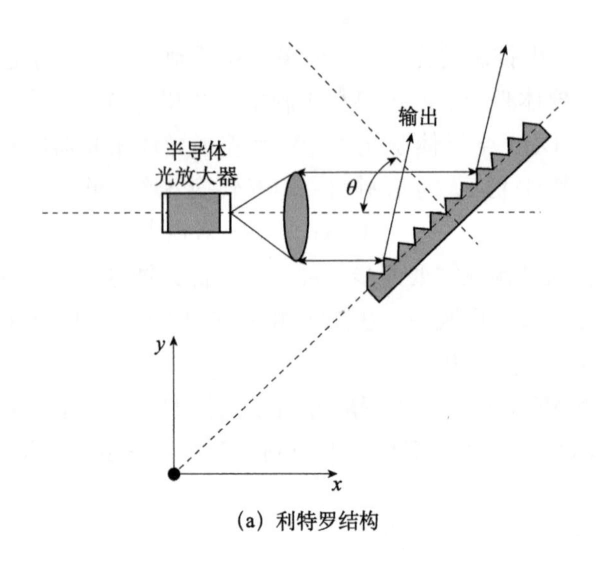


(a) 利特罗结构

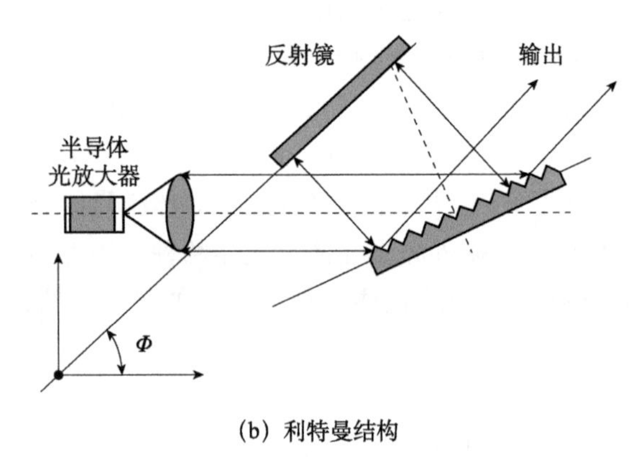


(b) 利特曼结构

图 2-6　两种基于体光栅结构的外腔可调谐系统 [107]

### 3. 应用于闪光式激光雷达的半导体激光器

闪光式激光雷达的市场非常大。以智能网联汽车车载激光雷达为例。智研咨询集团的《2016—2022 年中国激光雷达市场运行态势及投资战略研究报告》预测，中国国内车载激光雷达市场将超过 100 亿元；法国市场研究机构 Yole Développement 预测，到 2024 年，全球激光雷达产业规模将达 60 亿美元，其中 70% 的份额属于自动驾驶行业；美国市场调查与分析公司 ABI Research 预测，到 2025 年，全球自动驾驶汽车将达到 800 万辆，车载激光雷达市场将达到 72 亿美元，到 2027 年，激光雷达市场的价值将达到 130 亿美元。

闪光式激光雷达是实现全固态激光雷达的一种典型技术方案。近些年，随着高功率激光芯片技术的迅速发展和逐步成熟，闪光式激光雷达已经成为业内公认的全固态激光雷达的重要发展方向。根据法国市场研究机构 Yole Développement 预测，到 2022 年前后，闪光式激光雷达将在自动驾驶领域迎来全面爆发，继混合固态激光雷达之后，成为激光雷达固态化的重要发展趋势。目前，福特汽车公司下属的 Argo. AI 公司、德国大陆集团（Continental AG）、比利时艾迈斯（Ams）半导体公司和美国微软（Microsoft）公司正逐步收购从事闪光式激光雷达研发的企业。成熟的闪光式激光雷达有更远的作用距离（≥ 10m）、更高的探测精度（优于 3cm）、更大的视场范围（≥ 40°）和更高的分辨率（优于 0.5°），并且有更小的尺寸（≤ 10cm×9cm×4.5cm）、重量和功耗（＜ 15W）。

850nm、905nm 和 940nm 的半导体激光器是闪光式激光雷达的主动照明元件，其性能直接决定雷达系统的各项指标，如探测距离、帧频率、信噪比、功耗等。对于探测距离在 10m 范围的应用，所需的半导体激光器或者阵列的脉冲功率在瓦级，激光器的电感要很低，对激光器的设计和封装形式都有特殊要求，同时也要考虑散热问题。对于探测距离在 10m 以上的应用场景，激光器或者阵列的脉冲输出功率在 10W 级以上，对于 100m 的探测距离，激光器或阵列的脉冲输出功率也要在百瓦级以上甚至更高。850nm、905nm 和 940nm 的半导体激光器类型可以是边发射半导体激光器，也可以是垂直腔表面发射半导体激光器。

高脉冲功率 VCSEL 芯片具有高的集成度、面阵出光特性及优越的光斑均匀性等优点，是新一代全固态激光雷达技术的理想光源。目前国际上主流的激光雷达用 VCSEL 芯片公司（如 Trilumina 公司等）的 VCSEL 列阵的激光功率水平在百瓦量级。随着近年来 VCSEL 芯片在手机 face ID 上的应用，国内 VCSEL 公司不断涌现，如华芯半导体科技有限公司、苏州长光华芯光电技术股份有限公司、太平洋（聊城）光电科技有限公司等，主攻产品方向为 2W 功率水平的 VCSEL 列阵。国内进行高功率 VCSEL 研究的单位主要有中国科学院长春光学精密机械与物理研究所、中国科学院半导体研究所、中国科学院苏州纳米技术与纳米仿生研究所等。中国科学院长春光学精密机械与物理研究所在国际上首次突破瓦级功率输出 VCSEL 技术，并逐步突破百瓦级 VCSEL 单管及列阵技术。中国科学院长春光学精密机械与物理研究所已经成功开发出激光波长 910nm、脉冲功率 100W，激光波长 980nm、脉冲功率 210W 的 VCSEL 阵列芯片，研究水平与国际实现“并跑”，但尚未开展产业化攻关。

当前欧美大型 VCSEL 厂商虽然可以提供部分高脉冲、窄脉宽器件，但是高端器件，尤其是激光雷达用高功率（> 100W）的 VCSEL 列阵器件，在产业方面仍然处于空白状态。国内研究水平“并跑”国际，国际上从事高脉冲功率 VCSEL 器件的主要研究机构及企业有美国 Princeton Optronics 公司、Trilumina 公司、滨松光子学公司等，器件性能指标如表 2-1 所示。

**表 2-1　国内外主要研究机构及企业的高脉冲功率 VCSEL 芯片对比**

| 研制单位 | 脉冲功率 /W | 激光波长 /nm | 模块尺寸 |
|---|---|---|---|
| Princeton Optronics 公司 | 150 | 980 | 5mm×5mm |
| Trilumina 公司 | 200 | 940 | 2mm×2mm |
| 滨松光子学公司 | 40 | 980 | < 1mm×1mm |
| 中国科学院长春光学精密机械与物理研究所 | 100 | 910 | 2.2mm×2.2mm |
| | 210 | 980 | 2.2mm×2.2mm |

目前国内外高峰值功率 VCSEL 芯片处于产业爆发前期，国外正开展大规模商业并购以确保对这类新型 VCSEL 芯片的自主权，如比利时艾迈斯半导体公司收购高功率 VCSEL 厂商 Princeton Optronics 公司、德国通快（Trumpf）集团收购 Philips Photonics 公司等。国内百瓦级高峰值功率 VCSEL 芯片仍处于研究水平，产业化速度大幅落后，尤其是亟需突破百瓦级 VCSEL 芯片列阵的均匀性、列阵制备良率及可靠性控制等产业化相关的关键技术，为我国智能感知固态雷达技术提供核心光源。

4. 应用于 MEMS 激光雷达的半导体泵浦光纤激光器

MEMS 激光雷达在原理上对激光器模式没有要求，但是由于需要对出射光做光束整形，所以光模式尽可能是单模的，MEMS 激光雷达大多采用 1550nm 光纤激光器。窄脉宽、高重频激光器是车规级 MEMS 固体激光雷达系统的光源，其功能和稳定性直接决定雷达系统的探测距离和探测精度。

20 世纪 70 年代，具有低损耗性质的光纤和可用于实际生产的半导体激光器相继问世，为光纤通信技术的发展奠定了坚实基础。随着互联网的兴起及通信业务增加，原来光 / 电 / 光的中继方式已经严重阻碍光通信的发展，因此人们开始研究适用于光纤通信系统的光放大器，以实现对光信号的直接放大。1985 年，英国南安普敦大学的 D. Payne 等发明了掺铒光纤放大器（EDFA），用以实现对光信号的放大。这一重大发明很快就得到广泛推广。1988 年，世界上第一条越洋电话光缆开始投入运营。20 世纪 90 年代初，人们利用 EDFA 进行了 5Gb/s 通信速率传输 9000km 的试验，到 90 年代中期，几乎所有长距离光通信都采用了EDFA，光放大器的市场份额几乎全部被EDFA占有。同时，EDFA的发明也促进了全光网技术、有线电视（CATV）尤其是波分复用技术（WDM）的极大发展。

在激光雷达系统中，可以使用脉冲工作的掺铒光纤激光器或窄线宽光纤激光器作为光源。铒激光工作在1550nm波段，对人眼安全，在激光雷达领域得到广泛关注。掺铒光纤激光器及放大器以掺铒光纤作为增益介质，通常可以在光纤的两个低损耗波段进行工作。这两个波段分别为波长处于1530～1560nm的C波段和波长处于1560～1610nm的L波段，使用980nm附近波长的激光器或者1480nm附近波长的激光器进行泵浦可以对这两个波段的信号进行相应的光放大。石英基质光纤中的铒离子能级结构复杂，在高浓度掺杂下易出现结晶、浓度猝灭效应，且铒离子吸收截面相对较小。镱离子的共掺，能分散铒离子、减少离子聚集，从而降低高浓度铒掺杂时的浓度猝灭。同时，通过交叉弛豫过程，镱离子敏化铒离子，能够有效提升铒镱共掺光纤对泵浦光的吸收，在1550nm高功率光纤激光器及放大器中，通常采用大模场铒镱共掺光纤作为增益介质，以获得更高的输出功率。

1988年，*Optical Fiber Communication*报道了首台铒镱共掺光纤激光器（EYDFL）。由于增益光纤和泵浦源的限制，这台激光器的输出功率仅为1.5mW[110]。得益于Snitzer提出的双包层光纤结构，激光器的功率逐渐突破瓦级。2003年，Sahu等采用空间泵浦结构，通过975nm单端泵浦铒镱共掺双包层光纤，实现了1.57μm、103W连续激光输出。在高功率激光泵浦下，铒镱共掺光纤激光器实现百瓦量级功率输出。2007年，Jeong等报道了975nm单端泵浦光纤激光器，最大输出功率达297W。当激光输出功率高于210W时，产生了1.06μm的寄生激光，使激光器的斜率效率下降，斜率效率由43%降至19%。2014年，加拿大拉瓦尔大学的研究人员制备了17/125μm的铒镱共掺光纤。其中，该光纤为铝磷硅酸盐基质，通过调整铒镱共掺杂比例，实现了1585nm、264W激光输出，光转换效率达74%。国内对铒镱共掺光纤激光器的报道始于2003年。2013年，复旦大学沈德元团队基于975nm空间包层泵浦25/400μm铒镱共掺光纤实现了77W激光输出，斜率效率为37%。

在掺铒窄线宽光纤激光器的研究中，Iwatsuki等在1990年提出了一种可实现多波长调节的环形腔结构单频光纤激光器，在环形腔结构中连接一段15m长的掺铒光纤作为激光工作介质，并利用外差法用于激光线宽的测试，获得了当时最窄的1.4kHz激光线宽[111]。Zyskind等在铒掺杂增益光纤上直接写入一对布拉格光纤光栅，使激光谐振腔长度仅为2cm，实现了输出激光线宽小于6MHz[112]。Cheng等利用无源掺铒光纤作为饱和吸收体，采用环形腔结构，激光输出线宽小于950Hz，并测得1535nm波长处的激光输出功率为6.2mW[113]。1998年，Lee等提出一种多环形复合腔结构的光纤激光器，谐振腔结构中主要使用了三个长度不等的短环形子腔分别用于纵模抑制，测得在输出波长为1533nm处的最大激光输出功率为23mW，激光输出线宽为2kHz，SMSR为51dB[114]。2000年，Haber等报道了一种可调谐掺铒光纤激光器，其中波长可调谐范围为50nm、激光输出功率为7mW、激光输出消光比为45dB[115]。Song等报道了一种环形腔结构单频窄线宽掺铒光纤激光器，激光谐振腔中应用了一段4m长的铒光纤作为饱和吸收体，实现了在激光波长1522～1562nm的激光超窄线宽为750kHz[116]。Wan等提出了基于脉冲注入锁定腔控制增益的单纵模光纤激光器，产生的单纵模光谱的信噪比为38dB、线宽为70kHz[117]。Bai等提出了一种应用振荡功率放大器（MOPA）的全光纤铒镱共掺的单频光纤激光器，通过自外差方法测得其线宽为4.21kHz[118]。Zhang等研究的一种低噪声窄线宽单频光纤激光器，借助掺铒光纤放大器以及萨尼亚克（Sagnac）反馈腔，有效抑制了噪声和线宽，线宽可以远低于1.8kHz[119]。

# 第二节　半导体激光器的结构和应用现状

## 一、高功率半导体激光器的结构

高功率半导体激光器多采用有源区为量子阱结构的激光器。在结构上，主要通过增大有源区的面积实现输出功率的提高。目前有三种结构常用于实现高功率半导体激光器。

### （一）宽接触半导体激光器

采用侧向折射率导引结构的宽接触半导体激光器可以通过简单的结构实现高功率的激光输出[120]。例如，激射波长为808nm的InGaAsP/GaAs材料体系宽接触半导激光器常用于泵浦固体激光器，其较高的微分量子效率和接近100%的内量子效率使其获得较高的输出功率[121]。并且由于其热效率较低、腔面及有源区内的温升较小、位错等缺陷的产生和迁移概率较小，器件性能稳定、寿命较长[122]。

虽然宽接触半导体激光器可以通过简单的结构实现高功率激射，但过宽的有源层将会破坏器件的空间模式，出现多横模和非线性效应，导致出光腔面的光场分布不均匀[123]。过长的有源层将会破坏器件的纵模特性。因此，宽接触半导体激光器的功率增大到一定程度后，继续通过改变器件尺寸增加功率将会导致光束质量迅速恶化，加速器件的退化，甚至导致器件失效。

### （二）半导体激光一维线阵、二维叠阵

单个管芯激光器获得的输出功率为瓦级或十瓦量级，仅通过增加有源区宽度是无法实现百瓦、千瓦、万瓦级的功率需求的。因此，可以采取锁相列阵的结构在同一衬底上将多个具有相同结构的管芯激光器纵向并列排布集成半导体激光一维线阵，也可称为半导体激光巴条[124-126]，或进一步将半导体激光一维线阵沿垂直方向排布成为半导体激光二维叠阵，也可称为半导体激光堆栈[127,128]。一维线阵、二维叠阵都是在单个管芯半导体激光器的基础上发展起来的，通过增加有源区宽度、发光面积实现较高的输出功率。

虽然半导体激光一维线阵、二维叠阵能够实现较高的输出功率，但其光束质量及功率与单个管芯半导体激光器密切相关，且阵列结构器件在光束整形、光纤耦合及热管理方面仍具有一定的难度[129-131]。

### （三）锥形半导体激光器

锥形半导体激光器是单片集成的主控振荡功率放大器（master oscillator power amplifier，MOPA）[132]。锥形半导体激光器由脊形波导区和锥形增益区构成。脊形波导区可以产生基模输出的激光，当基模光耦合进入锥形增益区时，在维持其基模光束质量的同时可以实现功率放大输出。当脊形波导区为DFB 半导体激光器或 DBR 半导体激光器时，器件可以实现单纵模输出。由于宽接触半导体激光器受腔面功率密度及热效应的限制，因此功率仅能在一定程度上实现提升，且光束质量和模式特性在高功率下并不稳定。因此，具有简单结构的锥形半导体激光器是同时实现高功率和近衍射极限光束质量的优选方案。由锥形单管半导体激光器器件构成的半导体激光线阵和叠阵的性能也随之得到提升和改善。

## 二、高功率半导体激光器的应用现状

半导体激光器有体积小、重量轻、效率高等优点，从诞生起就是激光领域的关注焦点，广泛应用于工业、军事、医疗、通信等领域。但是由于自身量子阱波导结构的限制，半导体激光器的输出光束质量比固体激光器、二氧

化碳激光器等传统激光器的输出光束质量差，阻碍了其应用领域的拓展。

从 20 世纪 70 年代末开始，半导体激光器明显朝向两大类发展。一类是以传递信息为目的的信息型激光器，主要用于光纤通信、光存储、激光投影等。这类激光器对功率的要求并不高，一般为几毫瓦至十几毫瓦，具有良好的单色性和相干性，而且寿命长。另一类是以提高光功率为目的的功率型激光器，主要用于固体激光泵浦等方面。在泵浦固体激光器等应用的推动下，高功率半导体激光器取得了突破性进展，其标志是半导体激光器的输出功率显著增加。国外千瓦级的高功率半导体激光器已经商品化，国内样品器件输出已达到 1000W。未来，半导体激光器的发展主要是面向 5G/6G 高速通信系统、智能感知系统和智能制造等领域。半导体激光器以高速激光器、高亮度激光器、短波长激光器、中红外激光器和太赫兹激光器为主。

### （一）应用于材料加工的高效率高亮度半导体激光器

未来激光技术发展的主流方向已经发生改变，工业用大功率半导体激光器和以半导体激光器为基础的全光纤激光器已经进入工业应用和产业化的高速发展期，将带动激光业乃至整个制造业的高速发展。在不久的将来，以半导体激光技术为核心的激光材料加工技术将不断推动激光先进制造向高效率、低能耗、短流程、高性能、高智能、数字化方向发展。虽然光纤激光技术发展迅速，但是半导体激光技术发展得更快。光纤激光器离不开半导体激光器，因为光纤激光器需要半导体激光器做泵浦源；在材料直接加工领域，半导体激光器的光束质量难以超越光纤激光器。在薄板焊接、切割应用方面，半导体激光加工设备也能够胜任，并更具有成本优势，且随着光束质量的提高，越来越多的应用将选择半导体激光器。半导体激光器虽然体积小、成本低，但是仍有些应用是其无法实现的。

高功率半导体激光器在民用领域的应用主要是激光打标、激光切割、绿光泵浦、激光医疗和激光测距等，其中在激光打标和激光切割领域应用是通过半导体激光器泵浦固态激光器或泵浦光纤激光器实现的。随着半导体激光器亮度的不断提高，有望实现半导体激光器在激光打标和激光切割领域的直接应用，所以半导体激光器未来的发展方向是大幅度提高亮度。

半导体激光在技术上具有基础性研究与应用开发同步的特点，在产业上具有产业链长，多学科、多领域交叉融合的特点。同时，半导体激光器有巨大的市场和发展潜力，已经形成了美国、日本、德国为先进技术代表，韩国、中国分期直追的竞争格局。展望未来，激光在其应用领域将有更多的机遇，以及挑战和创新的空间。以半导体量子阱激光器和光的器件为基础的信息光电子技术将继续成为未来信息技术的重要基础。

### （二）面向医疗应用的半导体激光器

激光医疗与光子生物学的融合发展将推动人类早日攻克包括癌症在内的各种疾病。目前，激光美容已经成为激光应用的热点领域。810nm 半导体激光能够很好地被毛囊内的黑色素吸收，产生热效应，破坏毛囊。国际上的激光脱毛仪主要有美国科医人医疗激光公司（Lumenis）的 Lightsheer 脱毛仪、德国 Asclepion-meditec 激光技术公司的 MeDioStarX 系列、以色列 Alma 公司的 SoDranO Ⅺ系列脱毛仪等。半导体激光在美容领域的另一个重要应用是除皱、嫩肤。波长为 1450nm、脉宽 210ms、能量密度 8～25J/cm$^2$ 激光被胶原组织中的水分吸收，产生热效应，刺激胶原蛋白的再生和重塑，使皮肤变得光滑细嫩，恢复弹性。粉刺是常见的一种皮肤疾病，在青少年中的发病率很高。1450nm 半导体激光可以改善表皮下皮脂腺结构，对脸、背部粉刺等愈合瘢痕的治疗十分有效。

近年来，半导体激光器在弱激光治疗领域的医疗效果也得到越来越多的证实。半导体激光对人体组织的穿透较深，可以引起较深层组织的生物效应。用半导体激光照射患部可改善局部血液循环，增加局部营养物质和氧的交换，增强代谢，促进血管再生、受损神经组织恢复。在耳鼻喉科，用半导体激光对各种鼻炎照射治疗的疗效最好，过敏性鼻炎及慢性肥厚性鼻炎次之，萎缩性鼻炎的疗效稍差。眼科主要应用半导体激光用于光凝治疗。眼睛的不同组织对不同波长的吸收率差别较大，半导体激光的波长范围宽，因此应根据组织的不同而选择相应的波长。

总之，半导体激光的波长范围广，不同波长的半导体激光照射生物组织会产生不同的生物效应，对应不同的激光治疗方法，应用于不同科室疾病的治疗，具体如表 2-2 所示。

**表 2-2　医用半导体激光器的应用**

| 波段 | 波长/nm | 功率 | 工作模式 | 应用 |
| --- | --- | --- | --- | --- |
| 可见光 | 532 | 低功率 | 连续 | 常规眼底激光光凝术 |
| | 630 ～ 670 | 低功率 | 连续 | 癌症的光动力学治疗 |
| | 650 | 低功率 | 连续 | 各种急慢性鼻炎、穴位照射、活血化瘀、抗炎消肿、杀菌止疼等 |

续表

| 波段 | 波长/nm | 功率 | 工作模式 | 应用 |
|---|---|---|---|---|
| 红外光 | 789～910 | 低功率 | 连续 | 牙齿及口腔急慢性炎症、血管照射、针灸理疗等 |
| | 810～980 | 高功率 | 连续 | 外科手术中的汽化、激光手术刀 |
| | 810 | 中功率 | 微脉冲 | 经巩膜睫状体光凝术 |
| | 800、810 | 中功率 | 脉冲 | 脱毛 |
| | 980 | 中功率 | 脉冲 | 去皱 |
| | 1450 | 中功率 | 脉冲 | 去除粉刺、痤疮等，除皱 |
| | 1470 | 高功率 | 连续、脉冲 | 外科手术中的汽化、激光手术刀 |
| | 1540～1550 | 中功率 | 脉冲 | 去除粉刺和痤疮等、除皱 |

随着半导体激光技术的不断发展，激光波长范围的不断拓宽，一些新波长半导体激光必将会应用于临床，开拓新的医疗领域。而激光技术的其他未知领域的应用将有待人们去探索发现，从而使激光技术更好地服务人类。

### （三）面向光通信的高速调制半导体激光器[133-135]

单纵模的直接调制半导体激光器（DML）适用于调制速率10Gbps以上、覆盖范围超过2km的场合。目前，5G通信和数据中心的需求日益增长，DML成为重要的高速通信光源之一。工作在1.3μm波段的DML应用在中短距光传输系统，这是因为光纤在该波段的色散较小。目前，1.3μm波段的DML实现了25GBaud、10km以上光纤传输[133]。DML的优化主要从阻抗、结构和材料三个方面进行。阻抗的优化主要通过掺杂浓度、电极结构及选取小介电常数的绝缘材料实现。结构和材料层面的优化方法是提高光限制因子、提高微分增益、降低有源区体积等。典型的制备技术包括量子阱、波导层和限制层结构的生长，光栅的制备技术，通过外延生长技术和光栅制备技术的优化，提高激光器DML的输出特性。现有的DML最高调制带宽达55GHz。为满足400G以太网标准，常温下DML需要达到20GHz以上带宽才能满足单信道宽温50Gb/s（25-GBaud PAM-4）需求。单信道100Gb/s（50-GBaud PAM-4）需要30GHz以上的带宽。从实用化角度考虑，DML的设计制作和生产仍然面临巨大的挑战。

直接调制VCSEL也是高速通信系统的重要光源之一，广泛应用在数据中心和超级计算机中短距离的光互连。数据吞吐量的逐年增加导致数据中心及超级计算系统需要更高的调制带宽。同时，大量数据的产生、传输和处理消耗大量能源产生的热量，可以使 VCSEL 的工作环境温度达到 85℃。此外，能效（单位为 fJ/bit 或者 mW/Tbps）是 VCSEL 及其链路的一个重要指标，决定了数据中心和超级计算机的经济成本和生态成本。850nm 是多模光纤短距离光互联系统的标准波长。2013 年，美国的 IBM 公司和菲尼萨（Finisar）公司在发射端和接收端采用均衡器实现了 850nm VCSEL 光链路 56.1Gbps 的传输速率。2016 年，Feng 研究组在 850nm VCSEL 中减小了寄生效应，在 n 型 DBR 半导体激光器中引入二元系 AlAs 层实现高效散热，实现了 28.2GHz 的 3dB 带宽及 50Gbps 的无误码传输。除了 850nm 波段外，980nm、1060nm 和 1100nm 也是数据通信中重要的波段。在 980nm、1060nm 和 1100nm 波段，多模光纤的色散和传输损耗更小。这些波段的 VCSEL 一般采用应变 InGaAs 量子阱，微分增益更高，透明载流子密度更低，可以获得更高的转换效率、更低的阈值电流、更高的调制速率和更高的可靠性等[134]。

随着云计算、数据中心的发展，通信系统对短距离带宽传输的需求不断加大。例如，云计算流量将从 2015 年的 3.9ZB 上升到 2020 年的 14.1ZB，推动数据中心从 10G/25G 向 40G/100G 架构升级。2017 年底，电气与电子工程师协会（Institute of Electrical and Electronics Engineers，IEEE）以太网工作组批准了 802.3bs 的以太网定义标准。在这个标准中，调制速率分为 4×53.125GBaud、8×25.56GBaud、4×25.56GBaud 三种，传输距离分为 0.5km、2km 和 10km 三种[135]。直接调制激光器（DML）因其低成本而被广泛应用，电吸收调制激光器（EML）因其集成光源的高性能也成为重要的选择。EML 由 DFB 半导体激光器和电吸收（EA）调制器单片集成。EML 一般是对 DFB 半导体激光器有源层和 EA 调制器吸收层的量子阱结构分别进行外延。2011 年，日本电报电话公司（Nippon Telegraph & Telephone，NTT）的 Kanazawa 报道了 O 波段 4×25Gb/s EML 阵列芯片的单通道调制带宽达到 20GHz、4 通道阵列芯片实现了 100Gb/s 信号的 10km 单模光纤传输。2016 年，NTT 利用倒装焊解决了引线连接存在的寄生参数问题，实现了 59GHz 调制带宽和 107Gb/s 的调制速率。2017 年，德国 HHI 研究所与华为技术有限公司合作研制出双边 EML，由中间的 DFB 半导体激光器和两端的 EA 调制器构成。该器件在同一波长获得两路独立的输出信号，通过偏振复用可以使整个器件的调制速率达到 112Gb/s。清华大学研制出的 C 波段 EML 发射模块调制带宽大于 35GHz，调制速率达到 40Gb/s；O 波段实现 4×25Gb/s 信号的 20km 单模光纤传输。

### （四）原子传感领域迫切需要窄线宽高功率激光器

在钾、铷和铯等碱金属原子线超精细泵浦光源的研究方面，根据原子吸收谱线，泵浦的半导体激光器激射波长主要集中在700～900nm 波段，对半导体激光器的线宽、功率有较高的要求。目前国内大部分实验室水平可以做到与国际先进水平接近，但是尚无商用芯片，基本依赖进口。国外的主要供货商包括 ThorLab 公司、DILAS、baiNewport、美国相干（Coherent）激光公司等公司。

2008 年，法国 TRT 公司采用全息曝光和二次外延技术制备的 DFB 半导体激光器的脊型波导宽度为 4μm、DFB 光栅结构周期约为 250nm、占空比为 0.5，实现 852nm 波段激光输出，功率为 10mW，光谱线宽小于 2MHz，用于泵浦铯原子。2011 年，法国Ⅲ-Ⅴ实验室利用全息光刻技术制备出用于铷原子泵浦的 780nm 高功率 DFB 半导体激光器，输出功率达 180mW，线宽为 1.25MHz。2016 年，瑞士纳沙泰尔大学和法国Ⅲ-Ⅴ实验室联合研制了用于光泵浦铯原子 D2 线超精细跃迁的 894nm DFB 激光器二极管，腔长为 2.0mm、脊宽为 4.0μm 的 DFB 半导体激光器的工作温度为 67.5℃、输出功率为 40mW、线宽为 639kHz。上述 DFB/DBR 半导体激光器的波长控制精度均为纳米量级，极易与钾、铷和铯等碱金属超精细原子线吸收峰出现失配现象，降低激光泵浦效率；随着高精度原子泵浦技术的发展，对泵浦光源的功率和线宽需求将日益提高，研制更高功率（＞200mW）、更窄线宽（＜0.5MHz）、更小体积的泵浦器件具有重要意义。

### （五）太赫兹量子级联激光器[136,137]

太赫兹（THz）波是介于微波和红外之间的电磁波，频率范围为 0.1T～10THz，相应的波长范围是 30～3000μm。太赫兹波能够穿透纸张、塑料、陶瓷等材料，光子能量低，对生物体无辐射损害。很多生物大分子的振动和转动频率也在太赫兹波段。此外，太赫兹波作为载波时具有比微波更高的带宽。它在安检、成像、医学诊断、材料分析、高速无线通信等领域具有重要的应用[136]。在 1T～5THz 范围内，量子级联激光器（QCL）是产生太赫兹波最有效的电泵浦半导体辐射源。它是基于子带间跃迁的单极性器件，有源区由周期性的多量子阱级联而成，器件工作时只有电子参与。电子在导带中不同子带间跃迁辐射光子，光子频率由子带间能级差决定，不再由半导体禁带宽度决定。太赫兹 QCL 材料大多采用 GaAs/AlGaAs 材料体系，也有采用 InP 衬底晶格匹配的 InGaAs/InAlAs、InGaAs/GaAsSb 超晶格做有源区。GaN/AlGaN 材料具有比 GaAs 更高的纵光学声子能量，有望进一步提高太赫兹 QCL 的工作温度[136]。

经过 25 年的发展，QCL 已经实现了 3.4～17μm 的室温连续工作，在某些波段的功率达到瓦级，并将其应用于各类检测和遥感[137]。通过腔内差频技术，可以使大功率红外波段 QCL 实现室温下工作。从 QCL 发展过程看，电子有效质量是提高 QCL 性能的重要参数。在 InAs 衬底上生长 InAs/AlSb 材料体系的 QCL 的性能已经超越了 InP 衬底上 InGaAs/InAlAs 材料体系的 QCL。随着材料制备技术的不断进步，可以预见对电子有效质量小的 InAs 和 InSb 材料体系可能是未来具有广大前景的 QCL 材料体系。

### （六）半导体纳米线激光器[138,139]

半导体微纳米线是指横截面直径在数纳米到数十微米的线形半导体材料。自 20 世纪 90 年代以来，研究人员制备了多种材料，包括异质结、多层包覆或其他各种结构的半导体微纳米线。这为在介观尺度研究光的产生、传输、放大和调制等基础问题创造了条件，并且发展出各种微小器件广泛应用于光伏、生物传感器和固态照明等领域。研究人员通过对生长的微纳米线进行移动和再加工可以研制成激光器等器件；对加工好的激光器进行转移，就可以应用于光子集成、光电集成；在生命科学领域，操纵微纳米激光器可以在细胞尺度上提供精准的光刺激[138]。

与以半导体多层薄膜为结构的激光器相比，微纳米线激光器具有独特的优势，如结构简单、易于生长、侧壁平滑等。并且，由于尺寸小，微纳米线激光器易与现有的硅基芯片集成，可以不考虑热失配的影响。此外，在一些极性半导体材料中，采用核壳结构量子阱的微纳米线可以避免极性面生长量子阱带来的量子限制斯塔克效应。对于传统的半导体激光器来说，微纳米线的形状比平面生长的薄膜更利于光的出射，具有更高的萃取效率[138]。微纳米线激光器是一种光学微腔结构，不再具备灵活调整长度的外腔，也不可能在腔内插入光学元件，需要考虑新的波长调谐方法。集成光路等应用对微纳米线激光器的阈值和功耗提出了更高的要求。这些问题都需要人们不断探索新的原理和技术。微纳米激光器要走向光计算和光通信等应用领域还面临许多挑战。2013 年，浙江大学通过切割一根直径 402nm 的 CdSe 纳米线，在不改变激发强度和激发位置的情况下，实现了出射激光波长从 746nm 到 706nm 的改变。将 289μm 长的纳米线逐渐切短到 8μm 长，出射激光波长越来越短，波长变化显著。2013 年，南洋理工大学的研究人员使用 4 根直径约 250nm、长度不同的纳米线分别获得了 489～520nm 的激光出射。2014 年，浙江大学的 Yang 等通过切割单根组分渐变的硒硫化镉（CdSSe）纳米线实现了波长从 633nm 到 517nm 的变化。纳米柱直径约为 450nm，长为 435μm[138]。2017 年，浙江大学的研究人员基于一种增益介质和谐振腔解耦合的核壳结构微米柱，通过改变泵浦光的位置，在单根微米柱上获得了 372～408nm 的可调谐激光。

纳米线半导体激光器要实现单模激射，一般需要同时限制激光器的横模和纵模。利用纳米线本身的横向限制和模式竞争有时可以实现单横模输出。在直径较大（直径可以和波长比拟）的情况下，则需要利用复合腔或引入额外损耗等附加手段，实现对横模的模式选择。相对于横模，如何实现单纵模在近些年得到更广泛的研究。研究人员发现，通过增加纳米线激光器的自由光谱范围，可以提高主模的模式竞争优势，实现单纵模输出。其中最有效的方法是缩短激光器腔长来增加模式间隔，但减小腔长则意味着激光器增益被减小，会影响激光器的阈值。另一种方案是采用耦合腔结构在纳米线激光器中引入多个等效长度不同的谐振腔，利用游标效应增加谐振腔的自由光谱范围。2014 年，浙江大学的杨青等利用移动源化学气相沉积法制备得到 CdSSe 梯度带隙纳米线激光器。在保证端面相对平整的情况下，他们从前端和后端对纳米线进行裁剪，分别调控激光器发射波长和模式间隔，在 14μm 长纳米线中得到 SMSR 达 14dB 的单纵模输出。将纳米线激光器与光子晶体激光器结合，加利福尼亚大学洛杉矶分校的 Huffaker 和同事在 900nm 波段实现了以半导体纳米柱为单元结构和增益介质的光子晶体激光器。这种自底向上生长得到光子晶体谐振腔的 Q 值可达 2000，阈值峰值功率为 500μW，且通过改变光子晶体的几何参数可以对输出波长进行调谐[139]。

## 本章参考文献

[1] Schawlow A L. Infrared and optical masers. Naval Engineers Journal, 1961, 73(1): 45-50.

[2] Maiman T H. Simulated optical radiation in ruby. Nature, 1960, 187: 493-494.

[3] Bernard M G A, Duraffourg G. Laser conditions in semiconductors. Physica Status Solidi, 1961, 1(7): 699-703.

[4] Basov N G, Krokhin O N, Popov Y M. Production of negative-temperature states in p-n junctions of degenerate semiconductors. Soviet Physics JETP, 1961, 13(6): 1320-1321.

[5] Hall R H, Fenner G E, Kingsley J D, et al. Coherent light emission from GaAs junction. Physical Review Letters, 1962, 9 (9): 366-368.

[6] Marshall I N, William P D, Gerald B, et al. Stimulated emission of radiation from GaAs p-n junctions. Applied Physics Letters, 1962, 1 (3): 62-64.

[7] Holoyak N, Bevacqua S F. Coherent (visible) light emission from Ga ($As_{1-x}P_x$) junctions. Applied Physics Letters, 1962, 1 (4): 82-83.

[8] Quist T M, Rediker R H, Keyes R J, et al. Semiconductor Maser of GaAs. Applied Physics Letters, 1962, 1 (4): 91-92.

[9] Dupuis R D. The diode laser: the first 30 days, 40 years ago. Optics and Photonics News, 2004, 15 (4): 30-35.

[10] Alferov Z I, Kazarinov R F. Semiconductor laser with electrical pumping. Soviet Union Patent, 1963, N181737.

[11] H. Kroemer. A proposed class of heterojunction injection lasers. Proceedings of the IEEE, 1963, 51: 1782-1783.

[12] 江剑平 . 半导体激光器 . 北京 : 电子工业出版社 , 2000.

[13] Woodall J M, Rupprecht H, Reuter W. Liquid phase epitaxial growth of $Ga_{1-x}$ $Al_x$As. Journal of The Electrochemical Society, 1969, 116 (6): 899-903.

[14] Kressel H, Nelson H. Close-confinement gallium arsenide p-n junction lasers with reduced optical loss at room temperature. RCA Review, 1969, 30 (1): 106.

[15] Panish M B, Hayashi I, Sumski S. Double heterostructure injection with room-temperature thresholds as low as 2300 A/cm$^2$. Applied Physics Letters, 1970, 16 (8): 326-327.

[16] Alferov Z I, Andreev V M, Portnoi E L, et al. AlAs-GaAs heterojunction injection lasers with a low room-temperature threshold. Soviet Physics Semiconductors-USSR, 1970, 3 (9): 1107-1110.

[17] Panish M B, Hayashi I, Sμmski S. Double-heterostructure injection with room-temperature thresholds as low as 2300A/cm$^2$. Applied Physics Letters, 1970, 16: 326.

[18] Alferov Z I, Gurevich S A, Kazarino R F, et al. Semiconductor laser with extremely low divergence of radiation. Sov. Phys. Semiconductor. 1974, 8: 541-542.

[19] Toshihisa T. GaAs/$Ga_{1-x}Al_x$As buried-heterostructure injection lasers. Journal of Applied Physics, 1974, 45 (11): 4899-4906.

[20] Laidig W D, Caldwell P J, Lin Y F, et al. Strained-layer quantum-well injection laser. Applied Physics Letters, 1984, 44 (7): 653-655.

[21] Reinhart F K, Logan R A, Shank C V. GaAs-$Al_xGa_{1-x}$As injection lasers with distributed Bragg reflectors. Applied Physics Letters, 1975, 27 (1): 45-48.

[22] Streifer W, Burnham R D, Scifres D R. Room-temperature DFB GaAs diode lasers. Journal

of the Optical Society of America, 1975, 65 (10): 1221.

[23] Zinkiewicz L M, Roth T J, Mawst L J, et al. High-power vertical-cavity surface-emitting AlGaAs/GaAs diode lasers. Applied Physics Letters, 1989, 54 (20): 1959-1961.

[24] McDaniel D L, McInerney J G, Raja M Y A, et al. Vertical cavity surface-emitting semiconductor laser with CW injection laser pumping. IEEE Photonics Technology Letters, 1990, 2 (3): 156-158.

[25] Capasso F, Gmachl C, Sivco D L, et al. Quantum cascade lasers. Physics World, 1999, 12 (6): 27-33.

[26] Sirtori C, Collot P, Nagle J, et al. Quantum cascade lasers. Conference on Lasers & Electro-optics Europe, 2003, 46 (3): 226.

[27] Dutta N K, Cella T, Piccirilli A B, et al. Integrated external cavity laser. Applied Physics Letters, 1986, 49 (19): 1227-1229.

[28] Miles R, Dandridge A, Tveten A, et al. An external cavity diode laser sensor. Journal of Lightwave Technology, 1983, 1 (1): 81-93.

[29] Yamamoto Y, Bjork G. Lasers without inversion in microcavities. Japanese Journal of Applied Physics, 1991, 30 (12 A): 2039-2041.

[30] Koch S W, Jahnke F, Chow W W. Physics of semiconductor microcavity lasers. Semiconductor Science and Technology, 1995, 10 (6): 739-751.

[31] Taylor R J E, Williams D M, Childs D T D, et al. All-semiconductor photonic crystal surface-emitting lasers based on epitaxial regrowth. IEEE Journal of Selected Topics in Quantum Electronics, 2013, 19 (4): 4900407.

[32] Labachelerie M D, Cerez P. An 850nm semiconductor laser tunable over a 300Å range. Optics Communications, 1985, 55 (3): 174-178.

[33] Xu J M, Luryi S, Park Y S, et al. Frontiers in electronics. Frontiers in Electronics: From Materials to Systems, 2000: 1-426.

[34] Hilico L, Touahri D, Nez F, et al. Narrow-line, low-amplitude noise semiconductor laser oscillator in the 780nm range. Review of Scientific Instruments, 1994, 65 (12): 3628-3633.

[35] Max S, Kai L, Aline D, et al. High-power, micro-integrated diode laser modules at 767 and 780nm for portable quantum gas experiments. Applied Optics, 2015, 54 (17): 5332-5338.

[36] Wang J, Barry S, Xie X M, et al. High-efficiency diode lasers at high output power. Applied Physics Letters, 1999, 74 (11): 1525-1527.

[37] Li L, Liu G J, Li Z G, et al. High-efficiency 808nm InGaAlAs–AlGaAs double-quantum-well semiconductor lasers with asymmetric waveguide structures. IEEE Photonics Technology Letters, 2008, 20 (8): 566-568.

[38] Salet P, Gaelle L L, Roger G, et al. Spectral beam combining of a single-mode 980nm laser

array for pumping of erbium-doped fiber amplifiers. IEEE Photonics Technology Letters, 2005, 17 (4): 738-740.

[39] Kawasaki K, Shigihara K, Matsuoka H, et al. Suppression of lasing wavelength change of 980nm pump laser diodes for metro applications. Japanese Journal of Applied Pysics, 2004, 43 (4): 1969-1972.

[40] 陆彦文，陆启生．军用激光技术．北京：国防工业出版社，1999.

[41] Stickley C M, Filipkowski M E, Parra E, et al. Super high efficiency diode sources (SHEDS) and architecture for diode high energy laser systems (ADHELS): an overview. Advanced Solid-State Photonics, 2006 OSA/ASSP 2006: TuA1.

[42] Streifer W, Scifres D, Burnham R. Coupled wave analysis of DFB and DBR lasers. IEEE Journal of Quantum Electron, 1977, 13 (4): 134-141.

[43] Kogelnik H, Shank C V. Stimulated emission in a periodic structure. Applied Physics Letters, 1971, 18 (4): 152-154.

[44] Nakamura M, Aiki A, Umeda J, et al. CW operation of distributed-feedback GaAs-GaAlAs diode lasers at temperatures up to 300K. Applied Physics Letters, 1975, 27 (7): 403-405.

[45] Casey H C, Somekh J S, Ilegems M. Room-temperature operation of low threshold separate-confinement heterostructure injection laser with distributed feedback. Applied Physics Letters, 1975, 27 (3): 142-144.

[46] Scifres D, Burnham R, Streifer W. Distributed-feedback single heterojunction GaAs diode laser. Applied Physics Letters, 1974, 25 (4): 203-205.

[47] Müller A, Fricke J, Bugge F, et al. DBR tapered diode laser with 12.7W output power and nearly diffraction-limited, narrowband emission at 1030nm. Applied Physics, 2016, 122: 87-93.

[48] Wang S. Design considerations of the DBR injection laser and the waveguiding structure for integrated optics. IEEE Journal of Quantum Electronics, 1977, 13 (4): 176-186.

[49] Kogelnik H, Shank C V. Coupled-wave theory of distributed feedback lasers. Journal of Applied Physics, 1972, 43 (5): 2327-2335.

[50] Nakamura M, Yariv A, Yen H W, et al. Optically pumped GaAs surface laser with corrugation feedback. Applied Physics Letters, 1973, 22 (10): 515-516.

[51] Ishii H, Kondo Y, Kano F, et al. A tunable distributed amplification DFB laser diode (TDA-DFB-LD). IEEE Photonics Technology Letters, 1998, 10 (1): 30-32.

[52] Forouhar S, Briggs R M, Frez C, et al. High-power laterally coupled distributed-feedback GaSb-based diode lasers at 2μm wavelength. Applied Physics Letters, 2012, 100 (3): 031107 (1-4).

[53] Kim S, Chung Y, Oh S H, et al. Design and analysis of widely tunable sampled grating DFB

laser diode integrated with sampled grating distributed Bragg reflector. IEEE Photonics Technology Letters, 2004, 16 (1): 15-17.

[54] Witjaksono G, Li S, Lee J J, et al. Single-lobe, surface-normal beam surface emission from second-order distributed feedback lasers with half-wave grating phase shift. Applied Physics Letters, 2003, 83 (26): 5365-5367.

[55] Spießberger S, Schiemangk M, Wicht A, et al. Narrow linewidth DFB lasers emitting near a wavelength of 1064nm. Journal of Lightwave Technology, 2010, 28 (17): 2611-2616.

[56] Faugeron M, Tran M, Parillaud O, et al. High-power tunable dilute mode DFB laser with low RIN and narrow linewidth. IEEE Photon Technol Lett, 2013, 25 (1): 7-10.

[57] Dridi K, Benhsaien A, Akrout A, et al. Narrow-linewidth three-electrode regrowth-free semiconductor DFB lasers with uniform surface grating. Proceedings of Conference on Novel In-Plane Semiconductor Lasers Ⅻ, San Francisco, 2013: 864009.

[58] Dridi K, Benhsaien A, Zhang J, et al. Narrow linewidth 1550nm corrugated ridge waveguide DFB lasers. IEEE Photon Technol Lett, 2014, 26 (12): 1192-1195.

[59] Dridi K, Benhsaien A, Zhang J, et al. Narrow linewidth two-electrode 1560nm laterally coupled distributed feedback lasers with third-order surface etched gratings. Opt Express, 2014, 22(16): 19087-19097.

[60] Bjelica M, Witzigmann B. Optimization of 1.55μm quantum dot edge-emitting lasers for narrow spectral linewidth. Opt Quant Electron, 2016, 48: 110.

[61] Duan J N, Huang H M, Lu Z G, et al. Narrow spectral linewidth in InAs/InP quantum dot distributed feedback lasers. Applied Physics Letters, 2018, 112 (12): 121102.

[62] Nakano Y, Luo Y, Tada K. Facet reflection independent, single longitudinal mode oscillation in a GaAlAs/GaAs distributed feedback laser equipped with a gain-coupling mechanism. Applied Physics Letters, 1989, 55 (16): 1606-1608.

[63] Luo Y, Nakano Y, Tada K, et al. Purely gain-coupled distributed feedback semiconductor lasers. Applied Physics Letters, 1990, 56 (17): 1620-1622.

[64] Luo Y, Cao H L, Dobashi M, et al. Gain-coupled distributed feedback semiconductor lasers with an absorptive conduction-type inverted grating. IEEE Photonics Technology Letters, 1992, 4 (7): 692-695.

[65] Kudo K, Shim J I, Komori K, et al. Reduction of effective linewidth enhancement factor alpha of DFB lasers with complex coupling coefficients. IEEE Photonics Technology Letters, 1992, 4 (6): 531-534.

[66] Kudo K, Arai S, Shin K C. The optical gain coupling saturation effect on the linewidth property of complex coupled DFB lasers. IEEE Photonics Technology Letters, 1994, 6 (4): 482-485.

[67] David K, Buus J, Morthier G, et al. Coupling coefficients in gain-coupled DFB lasers: inherent compromise between coupling strength and loss. Photonics Technology Letters IEEE, 1991, 3 (5): 439-441.

[68] Borchert B, David K, Stegmuller B, et al. 1.55μm gain-coupled quantum-well distributed feedback lasers with high single-mode yield and narrow linewidth. IEEE Photonics Technology Letters, 1991, 3 (11): 955-957.

[69] Li G P, Makino T, Moore R, et al. 1.55μm index/gain coupled DFB lasers with strained layer multiquantum-well active grating. Electronics Letters, 1992, 28 (18): 1726-1727.

[70] Li G P, Makino T, Moore R, et al. Partially gaincoupled 1.55μm strained-layer multiquantum-well DFB lasers. IEEE Journal of Quantum Electron, 1993, 29: 1736-1742.

[71] Makino T. Threshold condition of DFB semiconductor lasers by the local-normal-mode transfer-matrix method: correspondence to the coupled-wave method. IEEE Journal of Lightwave Technology, 1994, 12 (12): 2092-2099.

[72] Lu H, Makino T, Li G P. Dynamic properties of partly gain-coupled 1.55μm DFB lasers. IEEE Journal of Quantum Electron, 1995, 31: 1443-1450.

[73] Lu H, Blaauw C, Benyon B, et al. High-power and high-speed performance of 1.3μm strained MQW gain-coupled DFB lasers. IEEE Journal of Quantum Electron, 1995, 1: 375-381.

[74] Michel L, Alain C, Romain M. Multi-electrode complex-coupled DFB lasers for reduced spatial hole burning. Proceedings of SPIE-The International Society for Optical Engineering, 2003, 5260: 483-492.

[75] Zhang L M, Carroll J E. Enhanced AM and FM modulation response of complex coupled DFB lasers. IEEE Photonics Technology Letters, 1993, 5 (5): 506-508.

[76] Lu H, Blaauw C, Benyon B, et al. High-power and high-speed performance of gain-coupled 1.3μm strained MQW gain-coupled DFB lasers. IEEE journal of selected topics in quantum electronics, 1995, 1 (2): 375-381.

[77] Kruschwitz B E, Brown T G. Complex-coupled distributed feedback laser with negative differential coupling. Applied Physics Letters, 1995, 67 (4): 461-463.

[78] Johannes T W, Rast A, Harth W, et al. Gain-coupled DFB lasers with a titanium surface Bragg grating. Electronics Letters, 2002, 31 (5): 370-371.

[79] Hansmann S, Hillmer H, Walter H, et al. Variation of coupling coefficients by sampled gratings in complex coupled distributed-feedback lasers. IEEE Journal of Selected Topics in Quantum Electronics, 1995, 1 (2): 341-345.

[80] Konig H, Reithmaier J P, Forchel A, et al. 1.55μm single-mode lasers with combined gain coupling and lateral carrier confinement by focused ion-beam implantation. Applied Physics

Letters, 1998, 73 (19): 2703-2705.

[81] Kamp M, Hofmann J, Forchel A, et al. Low-threshold high-quantum-efficiency laterally gain-coupled InGaAs/AlGaAs distributed feedback lasers. Applied Physics Letters, 1999, 74 (4): 483-485.

[82] Chen J, Champagne A, Maciejko R, et al. Improvement of single-mode gain margin in gain-coupled DFB lasers. IEEE Journal of Quantum Electronics, 2002, 33 (1): 33-40.

[83] Yee D S, Leem Y A, Kim S B, et al. Loss-coupled distributed-feedback lasers with amplified optical feedback for optical microwave generation. Optics Letters, 2004, 29 (19): 2243.

[84] Xi Y, Huang W P, Li X. A standing-wave model based on threshold hot-cavity modes for simulation of gain-coupled DFB lasers. Journal of Lightwave Technology, 2009, 27 (17): 3853-3860.

[85] Spießerger S, Schiemangk M, Wicht A, et al. DBR laser diodes emitting near 1064nm with a narrow intrinsic linewidth of 2kHz. Appl Phys B, 2011, 104: 813-818.

[86] Coleman J J, Dias N L, Reddy U, et al. Narrow spectral linewidth surface grating DBR diode lasers. Proceedings of the 23rd IEEE International Semiconductor Laser Conference (ISLC), San Diego, 2012: 173-174.

[87] Decker J, Crump P, Fricke J, et al. Narrow stripe broad area lasers with high order distributed feedback surface gratings. IEEE Photon Technol Lett, 2014, 26: 829-832.

[88] Feise D, Blume G, Pohl J, et al. Sub-MHz linewidth of 633nm diode lasers with internal surface DBR gratings. Proceedings of Conference on Novel In-Plane Semiconductor Lasers Ⅻ, San Francisco, 2013: 86400 A.

[89] Paschke K, Pohl J, Feise D, et al. Properties of 62×nm red-emitting single-mode diode lasers. Proceedings of Conference on Novel In-Plane Semiconductor Lasers Ⅷ, San Francisco, 2014: 90020 A.

[90] Virtanen H, Aho A T, Viheriala J, et al. Spectral characteristics of narrow-linewidth high-power 1180nm DBR laser with surface gratings. IEEE Photon Technol Lett, 2017, 29: 114-117.

[91] Diehl R. High-Power Diode Lasers. Berlin: Springer-Verlag, 2000: 1-409.

[92] Walpole J N. Semiconductor amplifiers and lasers with tapered gain regions. Optical and Quantum Electronics, 1996, 28 (6): 623-645.

[93] Borruel L, Esquivias L, Moreno P, et al. Clarinet laser: semiconductor laser design for high-brightness applications. Applied Physics Letters, 2005, 87 (10): 101104-1-101104-3.

[94] Kotaki Y, Ogita S. Tunable narrow-linewidth and high-power lambda /4-shifted DFB laser. Electronics Letters, 1989, 25 (15): 990-992.

[95] Sakano S , Tsuchiya T , Suzuki M , et al. Tunable DFB laser with a striped thin-film heater. IEEE Photonics Technology Letters, 1992, 4 (4): 321-323.

[96] Zhang C , Liang S , Zhu H , et al. Tunable DFB lasers integrated with Ti thin film heaters fabricated with a simple procedure. Optics & Laser Technology, 2013, 54: 148-150.
[97] Li L, Cao B, Chen X. Demonstration of a low-cost cascade tunable semiconductor DFB laser. 13th International Conference on Optical Communications and Networks (ICOCN), Suzhou, 2014: 1-4.
[98] Dridi K, Benhsaien A, Zhang J, et al. Narrow linewidth two-electrode 1560nm laterally coupled distributed feedback lasers with third-order surface etched gratings. Optics Express, 2014, 22 (16): 19087-19097.
[99] Pezeshki B, Vail E, Kubicky J, et al. 12 element multi-wavelength DFB arrays for widely tunable laser modules. Optical Fiber Communication Conference and Exhibit, Anaheim, CA, 2002: 711-712.
[100] Yu L, Wang H, Lu D, et al. A widely tunable directly modulated DBR laser with high linearity. IEEE Photonics Journal, 2014, 6 (4): 1-8.
[101] Xie X, Liu Y L, Tang Q, et al. Data transmission using a directly modulated widely tunable DBR laser with an integrated Ti thin film heater. IEEE Photonics Journal, 2018, 10 (2): 1-6.
[102] Oh S H , Kwon O K, Kim K S, et al. 13μm and 10Gbps tunable DBR-LD for low-cost application of WDM-based mobile front haul networks. Optics Express, 2019, 27 (20): 29241-29247.
[103] Zou L, Wang L, Yu T, et al. Wavelength tunable laser based on distributed reflectors with deep submicron slots. Photonics North 2012. International Society for Optics and Photonics, 2012: 841200-841200-6.
[104] Sato K , Kobayashi N, Namiwaka M, et al. Narrow linewidth and high output power silicon photonic hybrid ring-filter external cavity wavelength tunable lasers. レーザ・量子エレクトロニクス , 2014, 114 (378): 1-6.
[105] Saravanan K, Mathivanan V. Full C-band tunable V-cavity-laser based TOSA and SFP transceiver modules. Indonesian Journal of Electrical Engineering and Computer Science, 2018, 9 (2): 5.
[106] Xia Y M, Zhang S, Meng J J, et al. Electro-absorption modulated tunable V-cavity laser, Proc. SPIE 11182, 2019, Semiconductor Lasers and Applications Ⅸ , 1118202.
[107] Mroziewicz B. External cavity wavelength tunable semiconductor lasers–a review. Opto-Electronics Review, 2008, 16 (4): 347-366.
[108] Feng Z Q, Bai L, Wang W N, et al. Narrow-linewidth tunable semiconductor lasers based on dual-lens external-cavity structure. Chinese Journal of Luminescence, 2012, 33(10): 1138-1142.
[109] Kasai K, Nakazawa M, Tomomatsu Y, et al. 1.5μm, mode-hop-free full C-band wavelength

tunable laser diode with a linewidth of 8kHz and a RIN of −130dB/Hz and its extension to the L-band. Optics Express, 2017, 25 (18): 22113-22124.

[110] Snitzer E P, Hakimimi F, et al. Erbium fiber laser amplifier at 1.55μm with pump at 1.49μm and Yb sensitized Er oscillator. Optical Fiber Communication, Louisiana, OSA1988: PD2-1.

[111] Iwatsuki K, Okamura H, Saruwatari M. Wavelength-tunable single-frequency and single-polarisation Er-doped fibre ring-laser with 1.4kHz linewidth. Electronics Letters, 1990, 26 (24): 2033-2035.

[112] Zyskind J L, Mizrahi V, Digiovanni D J, et al. Short single frequency Er-doped fibre laser. Eletronics Letters, 1992, 28 (15): 1385-1387.

[113] Cheng Y, Kringlebotn J T, Loh W H, et al. Stable single-frequency traveling-wave fiber loop laser with integral saturable-absorber-based tracking narrow-band filter. Optics Letters, 1995, 20 (8): 875-877.

[114] Lee C C, Liaw S K, Chen Y K, et al. Single-longitudinal-mode fiber laser with a passive multiple-ring cavity and its application for video transmission. Optics Letters, 1998, 23 (5): 358-360.

[115] Haber T, Hsu K, Miller C, et al. Tunable erbium-doped fiber ring laser precisely locked to the 50GHz ITU frequency grid. IEEE Photonics Technology Letters, 2002, 12 (11): 1456-1458.

[116] Song Y W, Havstad S A, Starodubov D, et al. 40nm-wide tunable fiber ring laser with single-mode operation using a highly stretchable FBG. Photonics Technology Letters IEEE, 2001, 13 (11): 1167-1169.

[117] Wan H, Wu Z, Sun X. A pulsed single-longitudinal-mode fiber laser based on gain control of pulse-injection-locked cavity. Optics & Laser Technology, 2013, 48 (11): 167-170.

[118] Bai X, Sheng Q, Zhang H, et al. High-power all-fiber single-frequency Erbium-Ytterbium co-doped fiber master oscillator power amplifier. IEEE Photonics Journal, 2017, 7 (6): 1-6.

[119] Zhang Q, Hou Y, Qi S, et al. Low-noise single-frequency 1.5μm fiber laser with a complex optical-feedback loop. IEEE Photonics Technology Letters, 2017, 29 (2): 193-196.

[120] Lu Z, Wang L, Zhang Y, et al. High-power GaSb-based microstripe broad-area lasers. Applied Physics Express, 2018, 11 (3): 032702.

[121] Crump P, Wenzel H, Erbert G, et al. Progress in increasing the maximum achievable output power of broad area diode lasers. High-Power Diode Laser Technology and Applications X, 2012, 8241: 1-10.

[122] Brien S O, Schoenfelder A, Lang R J. 5W CW diffraction-limited InGaAs broad-area flared amplifier at 970nm. IEEE Photon Technological Letters, 1997, 9 (9): 1217-1219.

[123] Zeghuzi A, Radziunas M, Wünsche H J, et al. Influence of nonlinear effects on the

characteristics of pulsed high-power broad-area distributed Bragg reflector lasers. Optical and Quantum Electronics, 2018, 50 (2): 88.

[124] Lauer C, Bachmann A, Furitsch M, et al. Extra bright high power laser bars. Proceedings of the 2015 high power diode laers and systenms conference (HPD), 2015: 37-38.

[125] Bagaev T A, Ladugin M A, Andreev A Y, et al. High-power 808nm laser bars (5mm) with wall-plug efficiency more than 67%. Laser Optics, 2016: 3-31.

[126] Degtyareva N S, Kondakov S A, Mikayelyan G T, et al. High-power CW laser bars of the 750-790nm wavelength range. IEEE Journal of Quantum Electronics, 2013, 43 (6): 509-511.

[127] Cheng D, Wang L, Liu Y, et al. Solder with discontinuous melting point in semiconductor laser arrays and stacks. Optics and Laser Technology, 2003, 35 (1): 61-63.

[128] Kageyama N, Uchiyama T, Nagakura T, et al. Development of high-power quasi-CW laser bar stacks with enhanced assembly structure. IEEE Photonics Technology Letters, 2016, 28 (9): 983-985.

[129] Ghasemi S H, Hantehzadeh M R, Sabbaghzadeh J, et al. Beam shaping design for coupling high power diode laser stack to fiber. Applied Optics, 2011, 50 (18): 2927-2930.

[130] Wu D, Zah C E, Liu X. Three-dimensional thermal model of a high-power diode laser bar. Applied Optics, 2018, 57 (33): 9868-9876.

[131] Kim D S, Holloway C, Han B, et al. Method for predicting junction temperature distribution in a high-power laser diode bar. Applied Optics, 2016, 55 (27): 7487-7496.

[132] Cornwell, Mitchell D. Modulation characteristics of a high-power semiconductor master oscillator power amplifier (MOPA). NASA Technical Memorandum, 1992: 104577.

[133] 陆丹 , 杨秋露 , 王皓 , 等 . 通信波段半导体分布反馈激光器 . 中国激光 , 2020, 47 (7): 11-29.

[134] 刘安金 . 单模直调垂直腔面发射激光器研究进展 . 中国激光 , 2020, 47 (7): 63-78.

[135] 孙长征 , 杨舒涵 , 熊兵 , 等 . 高速电吸收调制激光器研究进展 . 中国激光 , 2020, 47 (7): 30-38.

[136] 万文坚 , 黎华 , 曹俊诚 . 太赫兹量子级联激光器研究进展 . 中国激光 , 2020, 47 (7): 106-118.

[137] 刘峰奇 , 张锦川 , 刘俊岐 , 等 . 量子级联激光器研究进展 . 中国激光 , 2020, 47(7): 79-91.

[138] 于果 , 李俊超 , 温培钧 , 等 . 半导体微纳米线激光器研究进展 . 中国激光 , 2020, 47 (7): 136-150.

[139] 片思杰 , Ullah S, 杨青 , 等 . 单模半导体纳米线激光器 . 中国激光 , 2020, 47 (7): 39-54.

# 第三章 高功率半导体激光的发展态势

## 第一节 国际上半导体激光产业的发展状况与趋势

近十年来，全球半导体激光器市场规模保持7%左右的增长率。2016～2021年全球半导体激光器市场规模如图3-1所示。2017年，全球半导体激光器市场规模达到64亿美元。广州恒州诚思信息咨询有限公司的报告显示，预计到2026年，全球半导体激光器市场规模将达到273亿元，年复合增长率（CAGR）为7.7%。绿光激光器、蓝光激光器和紫光激光器等新兴技术有望随着激光器输出功率和亮度的持续提高，而获得稳定的市场份额。高功率半导体激光器在半导体激光器市场中将获得更快的增长，在预测周期内的年复合增长率有望达到7.7%。通信领域是半导体激光器最大的应用领域，将占到全球半导体激光器市场营收的32.2%。

高功率半导体激光器成为全球激光器市场上增长最快的领域，半导体激光器已经广泛应用于光纤激光器泵浦，需要提升亮度和功率并实现降低加工成本。高功率半导体激光器的增长主要源于防卫、材料加工、消费电子和固体激光器泵浦。绿光激光器和蓝光激光器的销售额保持持续增长，并在光学存储、打印应用和消费电子制造领域取代红光激光器。

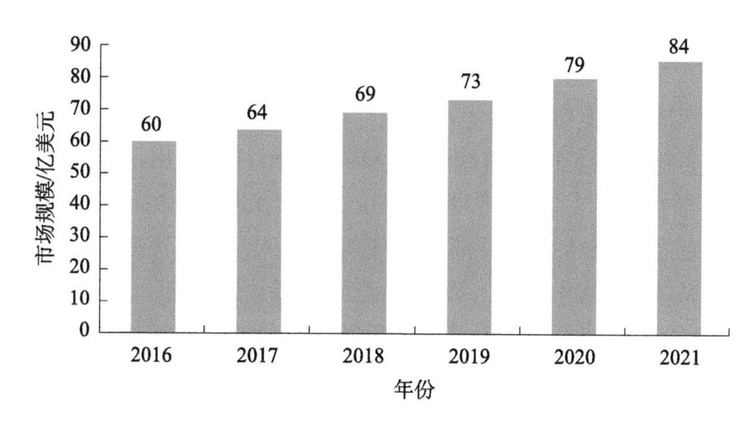


图 3-1　2016～2021 年全球半导体激光器市场规模

## 一、区域竞争分析

世界激光学科及产业的发展主要集中在以下区域：美国、欧洲、日本及太平洋地区。其中，美国约占全球市场份额的 55%，欧洲约占全球市场份额的 22%，日本及太平洋地区约占全球市场份额的 23%。美国、日本、德国 3 个国家激光产业的发展代表了当今世界激光产业发展的趋势。从激光技术研发实力来看，日本和美国的企业在光电子技术方面居前两位。各个国家的发展都与自己的工业基础有关。

全球比较知名、规模较大的激光公司有德国通快集团、德国罗芬（Rofin）集团、美国相干激光公司、美国光谱物理公司、美国阿帕奇公司及美国 GSI 集团等上市公司。美国相干激光公司是全球最大的激光器制造商，产品涉及科学研究、医疗手术、工业加工等多个领域；美国科医人医疗激光公司是世界上最大的医疗激光设备制造商，产品覆盖激光美容、激光眼科、外科激光医疗仪器等领域。

德国已广泛地将激光应用于汽车、钢铁、航天、电子、医疗等各个行业。激光与光学产品在全世界的销售额每年以 10%～20% 的速度增长。德国拥有全球最大的两家工业激光设备制造公司。德国通快集团是世界上最大的工业激光设备制造商，高功率二氧化碳激光器和固体激光器制造技术在全球具有领先地位；德国罗芬集团是仅次于德国通快集团的工业激光设备制造商，在高功率二氧化碳激光器、激光微加工系统、激光打标系统领域具有领先优势。

## 二、美国半导体激光产业的发展概况

美国是全球领先的激光器生产国家，在激光医疗方面处于世界领先地位。激光医疗设备不仅在美国国内获得广泛应用，而且大量出口。美国的激光医疗设备由美国食品药品监督管理局（Food and Drug Administration，FDA）统一管理，只有经过 FDA 批准注册方可使用和生产，以保证激光医疗设备产品的质量和可靠性、安全性。在半导体激光器领域，2014 年 12 月，半导体激光器生产商 TeraDiode 公司与位于日本大阪的松下公司的焊接系统部门达成最新合作。根据两家公司的协议，TeraDiode 公司将为松下公司的焊接提供 4kW 高亮度的激光光源。TeraDiode 公司推出的是名为 TeraBlade 的激光引擎。它将被整合到松下公司的 Lapriss 机器人焊接和切割系统。直接半导体激光器在工业中的日常应用比光纤激光器和碟片激光器更实惠、更可靠、更高效。2016 年，TeraDiode 公司利用可调谐波长的光束组合技术研制出 1030W 的 100μm 光纤输出的激光束，光电转换效率达 40%。由此不难看出，美国在半导体激光器领域的技术优势比较明显。

美国是世界上最早建立激光加工站的国家，许多加工站建立于 20 世纪 70 年代中期。1996 年，美国激光加工站的年收入已逾 60 亿美元，数量已超过 1800 家。这对于在美国推广激光加工技术起着重要作用。美国也是最早将高功率激光器引入汽车工业的国家。例如，美国汽车工业中心底特律地区就有 40 余家激光加工站，用于汽车钣金件的切割和齿轮的焊接，使汽车改型的周期从 5 年缩短至 2 年。在半导体激光医疗行业，美国有约 2100 家从事激光医疗保健的机构，其中大多数是在近十年建立的，为 2014 年的收入为 19.4 亿美元，2016 年为 36 亿美元。2019 年，全球激光医疗设备销售额约为 70 亿美元，年复合增长率约为 13%。其中，激光皮肤治疗应用占比接近 50%，年复合增长率约 14%；中国市场销售占比约 15%，整体规模接近 75 亿元，年复合增长率超过 18%。

美国比较著名的半导体激光公司有美国相干激光公司、nLIGHT 公司、阿帕奇公司、理波光电公司（Newport）、Ⅱ-Ⅵ公司、科医人医疗激光公司、美国激光技术公司和美国 Laser Operations LLC 公司等。

## 三、日本半导体激光产业的发展概况

日本是激光与光电产业技术强国，在消费光电子和光伏发电研究及应用领域处于世界领先地位。日本激光与光电产业保持领先优势的主要原因有：

①日本政府对光电技术研究及产业的大力支持；②光电产业技术振兴协会的推动，引导企业技术发展，加强交流协作和推广；③企业重视原创性技术研发和应用。

美国光电子工业发展协会认为，日本在显示器、光存储、光通信及硬拷贝组成的光电子产业中已经超过美国和欧洲，在世界上占据了1/3的市场规模。在日本的光电子设备产业中，光存储占53%，光传输设备占39%，光传感占4%，激光加工设备占2%。日本的激光加工设备及医疗设备占比极小。20世纪80年代初，激光加工设备曾占日本光电子产业总产值的37%，后来由于光存储、光通信、显示器及半导体激光器的迅速发展，产业格局发生了很大变化[1]。

日本大力发展半导体激光技术。2015年，半导体激光器的值占日本激光器的值总值的近1/3，在日本激光器市场上居统治地位。日本半导体激光器主要应用在民用领域，特别是激光打印机、数字视盘放映机、显示器及投影仪等。日本主要的半导体激光企业有日本的电报电话公司、夏普公司、滨松光子学公司、东芝公司等。

## 四、德国半导体激光产业的发展概况

在过去20年里，德国政府对于激光技术的加速发展政策和规划，促使德国的激光产业迅速发展，使之成为欧洲地区激光产业发展最快的国家，在激光材料加工方面处于世界领先地位。联邦科学技术部①设立了激光技术专项基金，以用来“提高德国激光技术的实力，奠定工业应用的坚实基础，并为激光技术的工业推广提供良好的框架条件”。这一基金资助了大量的激光加工技术的科研项目，对德国激光技术的发展起到不可估量的作用。

目前，德国的各个城市遍布着大大小小的激光加工站，为各行各业服务。此外，德国还建立了光学技术网，在7个城市设立网站，在网站下再建网点，并通过网站对中小企业进行协调和培训，促使他们尽早使用光学技术的成果。激光制造技术的应用领域正在迅速扩大。德国比较知名的半导体激光企业有通快集团、罗芬集团、DILAS公司等。

德国罗芬集团等国际激光公司的固体激光器主要面向高端市场，采用半导体端面泵浦固体激光器，主要应用领域包括激光打标、激光调组、激光划片、激光打孔等。德国激光技术产品广泛应用于汽车工程、飞机制造和造船、电子工程，半导体生产、纺织工业、包装或塑料技术领域，以及医学工程、珠宝业和牙科实验室。

① 后改组为联邦教育研究部。

## 五、国际上半导体激光产业的发展分析

国际上半导体激光产业包括金属加工、激光显示、激光医疗等领域[2]。

### (一)金属加工

用二氧化碳激光器作为加工设备光源的占比最大(67%),用直接半导体激光器作为加工设备光源的增速最高(26%)。据新加坡集成学习系统公司(Integrated Learning System,ILS)统计,金属材料加工占激光总收益的比例最大,主要体现在具有更高收益的高功率半导体激光器用来加工10mm以上的各种厚度的金属。在激光器方面,二氧化碳激光器占据了全世界材料加工总收益的47%,在激光整体收益中的占比为36%;光纤激光器在2015年增长24%。据估计,高功率光纤激光器已经渗透钣金切割市场(高达35%),直接半导体激光器的收益增长了26%[3]。

### (二)激光显示

显示技术历经20世纪30年代的黑白显示、20世纪50年代的彩色显示及21世纪初的数字显示。数字显示可以接受、处理数字信号和模拟信号,解决显示的清晰度(噪声)问题。目前的激光显示是第四代,要解决双高清、大色域的问题,到第五代显示技术才能解决真三维的问题。从1965年美国德州仪器公司(Texas Instruments)发表单色激光扫描显示研究报告至今,全球激光显示走过了49年的研发历程。当前,全世界都在开展激光显示产业化开发,索尼(Sony)公司、LG公司等纷纷推出激光显示系列产品,如加拿大科视公司50 000lm激光电影放映机。在国内,不少单位也在加紧激光显示的产业化进程。例如,中国科学院研制成功大屏幕激光三维数字电影放映机。这些研究成果均展示了激光显示产业化的美好前景。随着产业化关键技术的逐步攻克,激光显示有望在大屏幕/超大屏幕、电视/家庭影院、计算机/游戏机显示、微型投影/手机投影/个性化头盔显示、真三维等五大优势市场引领下,达到千亿美元/年的市场规模,成为全球显示市场的主流产品之一,掀起一场视觉革命。

### (三)激光医疗

激光技术的发展不仅为生命科学开辟了新的研究途径,而且为临床诊断治疗提供了全新的手段,开辟了一门新兴学科——激光医学。激光医疗作为

激光应用的一个重要领域，发展非常迅速，逐步走向成熟。因其具有体积小、重量轻、寿命长、功耗低、波长覆盖范围广等特点，半导体激光器特别适合用于制造医疗设备。ILS、Strategies Unlimited的数据统计显示，2014年，外科、眼科和美容激光器的销售额分别较上年增长13%、9%、8%，医用和美容激光器的市场销售额为7.45亿美元，2015年又增长9%，市场销售额超过8.15亿美元[3]。

目前，半导体激光医疗设备的研制主要集中在美国、欧洲、日本等发达国家和地区，仪器研发向小型化、集成化、多功能、智能化方向发展。我国半导体激光医疗还处在初始阶段，整体水平与国际先进国家还有很大差距，国内医疗机构的设备主要依靠进口。但是，我国已成为仅次美国、日本的世界第三大激光医疗市场，具有很大的发展潜力。随着我国半导体激光技术的不断发展以及各学科工作者的不懈努力，我国高端半导体激光医疗设备的研制水平必将有新的提高，我国的整体激光医疗水平也将迈上新的台阶。

## 第二节　高功率半导体激光学科的学术地位

高功率半导体激光学科的学术地位，主要是通过国际上发表的论文情况来体现[4]。

以ISI Web of Science科学引文索引数据库作为数据来源，对高功率半导体激光技术进行论文检索，检索高功率半导体激光技术领域SCI论文中的 article、proceedings paper、meeting abstract、news item letter、editorial material文献类型的论文有2972篇。检索的时间范围是2007～2020年。利用Thomson数据分析工具Thomson Data Analyzer（TDA）和VOSviewer可视化分析工具对检索到的论文进行文献计量分析。

### 一、论文发表时间分析

2007～2020年，高功率半导体激光技术领域发表的SCI article、proceedings paper、meeting abstract、news item letter、editorial material文献类型的论文共计2972篇。图3-2是论文发表数量的年度分布图。从图中可以看出，2007年高功率、高光束质量半导体激光技术领域发文最多，达到288篇，此后每年的发文数量总体呈现波动趋势。2019年的发文数量最少，仅有140篇。

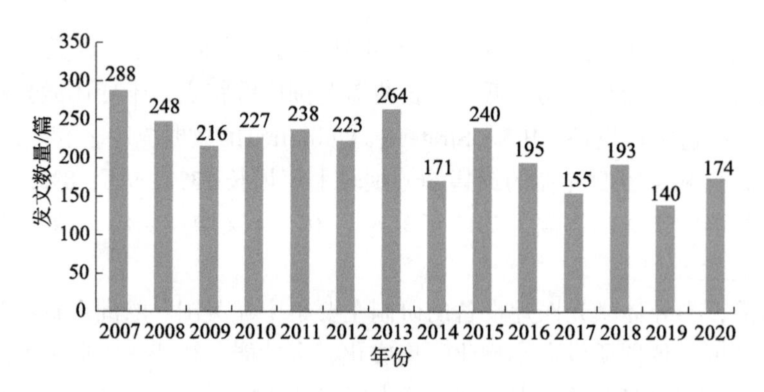


图 3-2　2007～2020 年发文数量

## 二、各个国家和地区论文发表数量分析

### （一）根据论文作者国籍分析

图 3-3 展示了 2007～2020 年论文发表数量排名前 10 位的国家的论文发表数量。其中，中国发表论文 783 篇，高居榜首，约占全球发表论文总量的 26.3%；排名第二的是德国，发表论文 389 篇；俄罗斯发表论文 77 篇，排名第三；美国发表论文 66 篇，排名第四。其后是英国（24 篇）、丹麦（21 篇）、加拿大（16 篇）、法国（13 篇）、澳大利亚（15 篇）和西班牙（14 篇）。其他地区发表论文 1554 篇。

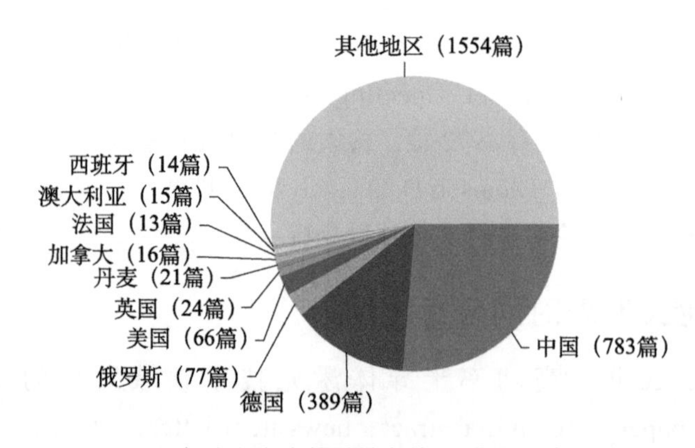


图 3-3　2007～2020 年论文发表数量排名前 10 位的国家的发表论文情况

### （二）根据论文通讯作者国籍分析

通常，对通讯作者而非所有作者的国家或机构进行分析，更能反映各个

国家和机构的真实科研能力。

对通讯作者国家于2007～2016年发表论文情况（图3-4）进行分析后发现，中国在该技术领域的通讯发文有740篇，排名第一，占该领域发文量的25.5%；德国的通讯发文有374篇，排名第二；日本的通讯发文有214篇，排名第三；俄罗斯的通讯发文有77篇，排名第四；美国的通讯发文有53篇，排名第五。其后是英国（24篇）、丹麦（19篇）、加拿大（14篇）、法国（13篇）、澳大利亚（11篇）和西班牙（10篇）。其他地区发文1138篇。

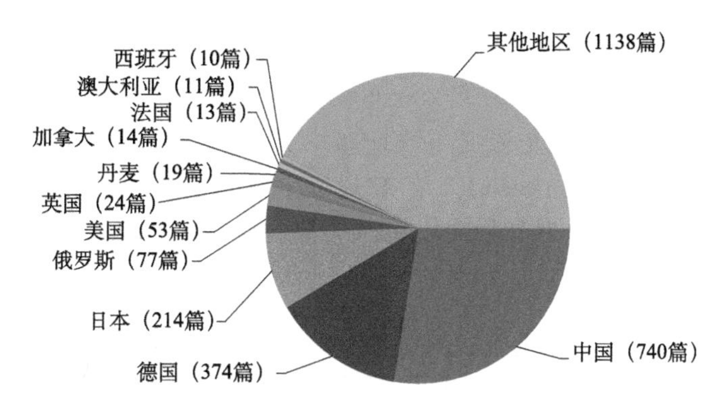


图3-4　2007～2016年论文的通讯作者国家分布

2007～2016年各主要通讯作者国家的发文数量趋势如图3-5所示。2013年之前，中国总体呈现上升趋势，2013年之后呈现波动态势。与图3-2比较发现，2013年之后，中国的年度发文趋势与全球的年度发文趋势相同。这说明，随着中国发文量的增加，中国对全球的发文数量影响较大。而2007～2016年，美国、德国和日本的发文量总体呈现波动下降的趋势，俄罗斯的发文量总体稳定。

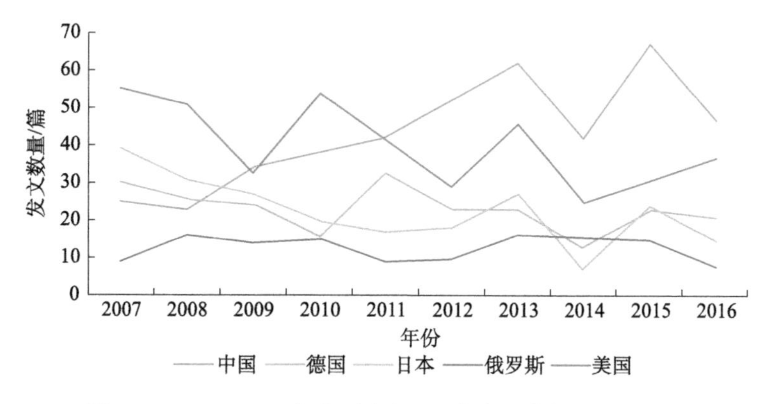


图3-5　2007～2016年主要论文通讯作者国家年度发文数量

## 三、国家-机构-主题词分析

表 3-1 列出了排名前 9 位的国家的主要研究机构和主要独有技术主题词。从表中可以看出，每个国家的主要研究机构、主要合作研究机构、每个国家独有的技术主题词。美国排名前三的研究机构是加州理工学院（California Institute of Technology）、中佛罗里达大学（University of Central Florida）和麻省理工学院（Massachusetts Institute of Technology，MIT）。中国的主要研究机构是中国科学院、哈尔滨工业大学和山东大学。日本的主要研究机构是日本电报电话公司（Nippon Telegraph & Telephone，NTT）、日本电气股份有限公司（NEC Corporation）和大阪大学（Osaka University）。德国的主要研究机构是费迪南德-布劳恩高频技术研究所（Ferdinand Braun Inst Hochstfrequenztech）、莱布尼茨高频技术研究所（Leibniz Inst Hochstfrequenztech）和联邦物理技术研究所（Phys Tech Bundesanstalt）。独有技术主题词以及其他排名前 9 名的国家的主要研究机构如表 3-1 所示。

**表 3-1　排名前 9 位的国家的主要研究机构和主要独有技术主题词**

| 排名 | 国家 | 记录数 | 研究机构 | 独有技术主题词 |
|---|---|---|---|---|
| 1 | 美国 | 329 | 加州理工学院（California Institute of Technology）；中佛罗里达大学（University of Central Florida）；麻省理工学院（Massachusetts Institute of Technology，MIT） | antiguided diode-lasers；limited-beam operation；modal-analysis；optical receivers；crosstalk；density；ND-$YVO_4$ microchip lasers；noise-figure；water；$BaF_2$；$CaF_2$；central grating phaseshift；CMOS analog integrated circuits；configuration；dynamic-range；electroabsorption；fiber nonlinearities；high-speed modulation；laser diode side pumping；noise characteristics；optical propagation in nonlinear media；single-lobed beam；spatial pump distribution；superposition architectures；transport；violet laser diode；well semiconductor-laser |
| 2 | 中国 | 313 | 中国科学院；哈尔滨工业大学；山东大学 | $YAlO_3$；emitting level；Ho: YAG；Q-switch operation；946nm；blue laser；chirp technology；diode-end-pumped；doped fiber laser；Nd: $GdVO_4$ crystal；Nd: $LuVO_4$ laser；Nd: $GdVO_4$ laser；optoelectronic feedback；Tm: YLF laser；$ZnGeP_2$；1.9μm monolithic micro-laser；1.9μm；1342nm；2μm laser；2044nm TM，Ho: $YAlO_3$ laser；absorption spectra；beam collimation；beam parameter product；ceramic lasers；chirp technique；concealment；energy pooling collision；equivalent-chirp technique；external injection seeding；FS；Ho-YAG laser；interferograms；iterative algorithm；OC；PRF；profilometry；pumped tmylf laser；reconstruction equivalent chirp；resonator length；sampled Bragg grating；single longitudinal mode operation；time-delay signature；Yb-doped fiber laser |

续表

| 排名 | 国家 | 记录数 | 研究机构 | 独有技术主题词 |
| --- | --- | --- | --- | --- |
| 3 | 日本 | 165 | 日本电报电话公司（Nippon Telegraph & Telephone，NTT）；日本电气股份有限公司（NEC Corporation）；大阪大学（Osaka University） | beam-expander；plastic packaging；interferometer；methane；time-division multiplexing；980nm pump laser；absorption efficiency；beam focus；connector；Cr-LiSAF laser；EA-modulator；electro-absorption modulator；finite element method；frequency scanning interferometry；Lloyd's mirror interference；$M^2$ factor；MBE；metals；multicore fiber laser；optical fiber connecting；pumped Cr-lisralf$_6$ laser；stadium；undersea system；wavelength-selectable light source（WSL） |
| 4 | 德国 |  | 费迪南德-布劳恩高频技术研究所（Ferdinand Braun Inst Hochstfrequenztech）；莱布尼茨高频技术研究所（Leibniz Inst Hochstfrequenztech）；联邦物理技术研究所（Phys Tech Bundesanstalt） | interconnects；tapered diode laser；delayed feedback；DVD；flared amplifier；GaInAsSb；gas sensing；mid-infrared diode lasers；noise-analysis；polymer optical fiber (POF) |
| 5 | 英国 | 99 | 剑桥大学（University of Cambridge）；南安普敦大学（University of Southampton）；阿斯顿大学（Aston University）；格拉斯哥大学（University of Glasgow） | depth；pressure |
| 6 | 法国 | 92 | 法国国家科学研究中心（Centre National de La Recherche Scientifique，CNRS）；巴黎第十一大学（Université Paris-Sud）；Observ Paris；雷恩第一大学（Universite Rennes 1） | coherent transfer；drift；$Er^{3+}$: YAG laser；$HNO_3$；$NO_2$；particle image velocimetry |
| 7 | 俄罗斯 | 57 | 俄罗斯科学院（Russian Academy of Sciences）；俄罗斯科学院特罗伊茨克科学中心（Troitsk Research Center of the Russian Academy of Science）；OJSC MF Stelmakh Polyus Res Inst | cesium frequency standards；coherent population trapping；dark resonances |

续表

| 排名 | 国家 | 记录数 | 研究机构 | 独有技术主题词 |
| --- | --- | --- | --- | --- |
| 8 | 韩国 | 57 | 韩国科学技术院（Korea Advanced Institute of Science and Technology）；韩国标准科学研究院（Korea Res Inst Stand & Sci）；光州科学技术院（Gwangju Institute of Science and Technology）；韩国电子通信研究院（Elec & Telecommun Res Inst） | wavelength-locked Fabry-Perot laser diode（F-P LD）；integrated optical devices；laser beam characterization；microarray light-sources；sampled grating laser；side mode suppression ratio；THz radiation；time-division-multiplexing passive optical network（TDM-PON）；wavelength band combiner/splitter；wavelength-division-multiplexing passive optical network（WDM-PON） |
| 9 | 意大利 | 41 | 比萨大学（University of Pisa）；帕维亚大学（Università degli Studi di Pavia）；意大利国家科学研究院（CNRS）；博洛尼亚大学（University of Bologna）；Ist Nazl Fis Nucl | regenerative amplifier；sulfur-dioxide |

## 四、国家合作分析

利用 TDA 的聚类功能得到图 3-6 的高功率、高光束质量半导体激光技术领域国家间的合作关系图，图中展示了发文量排名前 9 位的国家间的合作情况。

发文量排名第一的美国（477 篇）的 118 篇文章是与其他排名前 9 位的国家合作的，占比约 24.7%，其中合作文章数量最多的国家为中国和日本（24 篇），其次是德国（21 篇）和韩国（16 篇）。发文量排名第二的中国（475 篇）的 50 篇文章是与其他排名前 9 位的国家合作的，占比约 10.5%，其中合作文章数量最多的国家为美国（24 篇），其次是德国（7 篇）和日本（5 篇）。发文量排名第三的德国（312 篇）的 83 篇文章是与其他排名前 9 位的国家合作的，占比 26.6%，其中合作文章数量最多的国家为美国（21 篇）、波兰（18 篇）、英国和法国（16 篇）。发文量排名第四的日本（269 篇）的 42 篇文章是与其他排名前 9 位的国家合作的，约占 15.6%，其中和美国合作 24 篇，和中国合作 5 篇。发文量排名第五的俄罗斯（162 篇）的 37 篇文章是与其他排名前 9 位的国家合作的，约占 22.8%，合作最多的国家为德国 14 篇、美国 13 篇。发文量排名第六的英国（122 篇）的 43 篇文章是

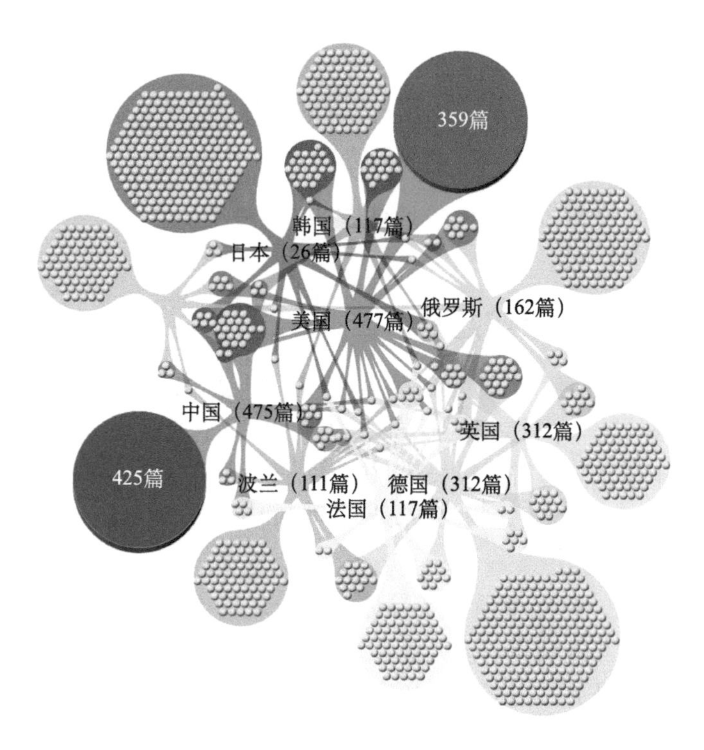


图 3-6 Top 9 国家合作关系图

括号里数字是论文发表的数量；美国独自发表论文 359 篇，中国独自发表论文 425 篇

与其他排名前 9 位的国家合作的，约占 35.2%，其中合作最多的国家为德国（16 篇）、美国（10 篇）。发文量排名第七的法国（117 篇）的 40 篇文章与其他排名前 9 位的国家合作的，约占 34.2%，合作最多的国家为德国（16 篇）、英国（9 篇）和美国（8 篇）。发文量同样排名第七的韩国（117 篇）的 26 篇文章是与其他排名前 9 位的国家合作的，约占 22.2%，合作最多的国家为美国（16 篇）。发文量排名第九的波兰（111 篇）的 34 篇文章是与其他排名前 9 位的国家合作的，占比约 30.6%，合作数量最多的国家为德国（18 篇）。

综合合作数据分析可见：英国的国际合作率最高，35.2% 的研究工作和其他排名前 9 位的国家合作完成；法国的国际合作率也高达 34.2%，波兰的国际合作率达到 30.6%，排名第三位，美国是排名前 9 位的国家主要的科研合作国家，合作发文数量高达 118 篇；中国的合作率最低，仅有 10.5%，中国的总体发文量虽然排名第二，但与其他排名前 9 位的国家的合作研究相对较少，主要是国内独立研究。

# 第三节　国际上高功率半导体激光技术的发展现状

高功率半导体激光技术在产业领域的应用情况，可以通过专利情况进行说明。

## 一、专利申请时间趋势

截至 2017 年 6 月，共检索到高功率、高光束质量半导体激光技术相关的专利家族 3598 个，专利家族最早优先权年的时间跨度为 2007～2017 年。考虑到专利从申请到公开需要最长达 30 个月（12 个月优先权期限＋ 18 个月公开期限）的时间，再考虑到数据库录入的时间延迟，近两年的专利申请量会出现失真。

分析高功率、高光束质量半导体激光技术的专利数量随时间的变化趋势，可以作为预测高功率、高光束质量半导体激光技术发展趋势的重要参考指标。图 3-7 展现了高功率、高光束质量半导体激光技术专利申请数量的年度分布情况。

图 3-7 显示，2007 年以来，高功率、高光束质量半导体激光技术的专利申请数量在每年 400 个左右。2009 年和 2010 年的专利申请数量略有下降，2011 年之后总体呈现稳中略升态势，2016 年开始申请数量迅速下降，主要是由于高功率半导体激光器开始进入产品应用阶段。

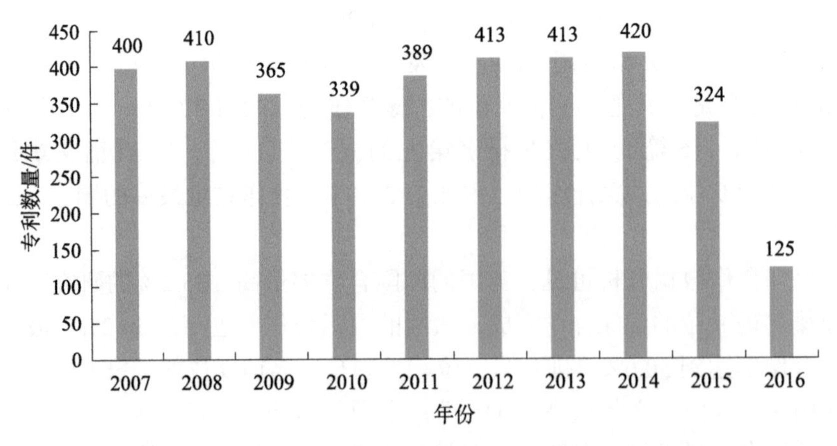


图 3-7　高功率、高光束质量半导体激光技术专利申请数量

## 二、专利申请国家/地区分布

### （一）主要技术来源国家/地区分析

专利最早优先权国家/地区在一定程度上反映了技术的来源地，如图 3-8 所示。中国是高功率、高光束质量半导体激光技术专利产出最多的国家/地区，占比 42.3%。其次是日本，占比 26.1%。美国占比 19.3%，排名第三位。韩国排名第四位，占比 3.86%。德国排名第五位，占比 3.63%。

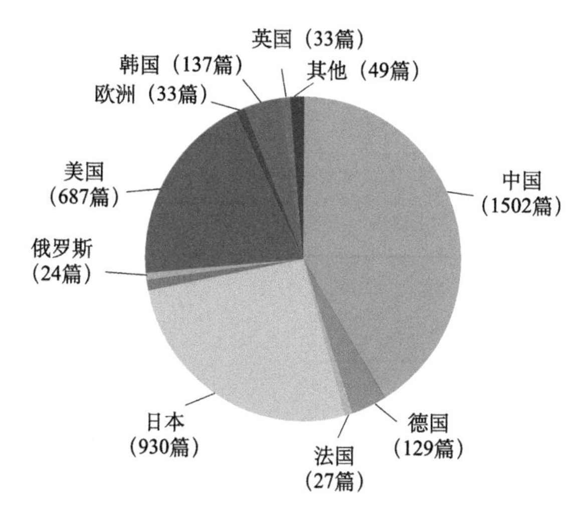


图 3-8　高功率、高光束质量半导体激光技术技术来源国家 / 地区专利数量分布

### （二）主要技术来源国家 / 地区的年度产出分析

对最早优先权排名前 10 位的国家 / 地区年度产出专利数量进行分析后发现：2007～2016 年，中国的年度专利产出数量呈现稳定增长的趋势；日本的年度专利产出数量总体呈现递减的趋势，美国的年度专利产出数量也呈现递减的趋势，但是变化比日本缓和；韩国的年度专利产出数量总体呈现稳定波动的趋势，德国的年度专利产出数量总体呈现缓慢递减的趋势。主要技术来源国家 / 地区的年度专利产出情况详见表 3-2 和图 3-9。

表 3-2 主要技术来源国家 / 地区的年度专利数量 单位：件

| 最早优先权国家 / 地区 | 2007 年 | 2008 年 | 2009 年 | 2010 年 | 2011 年 | 2012 年 | 2013 年 | 2014 年 | 2015 年 | 2016 年 |
|---|---|---|---|---|---|---|---|---|---|---|
| 中国 | 109 | 76 | 92 | 115 | 153 | 180 | 195 | 238 | 222 | 122 |
| 日本 | 156 | 168 | 150 | 96 | 86 | 74 | 81 | 67 | 52 | 0 |
| 美国 | 68 | 100 | 81 | 77 | 91 | 93 | 84 | 63 | 30 | 0 |
| 韩国 | 22 | 17 | 12 | 17 | 18 | 20 | 16 | 11 | 3 | 1 |
| 德国 | 25 | 20 | 16 | 11 | 14 | 13 | 12 | 9 | 9 | 0 |
| 欧洲 | 7 | 4 | 2 | 2 | 5 | 3 | 3 | 6 | 1 | 0 |
| 英国 | 4 | 3 | 0 | 4 | 6 | 6 | 4 | 6 | 0 | 0 |
| 法国 | 2 | 5 | 3 | 6 | 3 | 1 | 2 | 3 | 2 | 0 |
| 俄罗斯 | 1 | 3 | 2 | 0 | 1 | 6 | 3 | 5 | 2 | 1 |

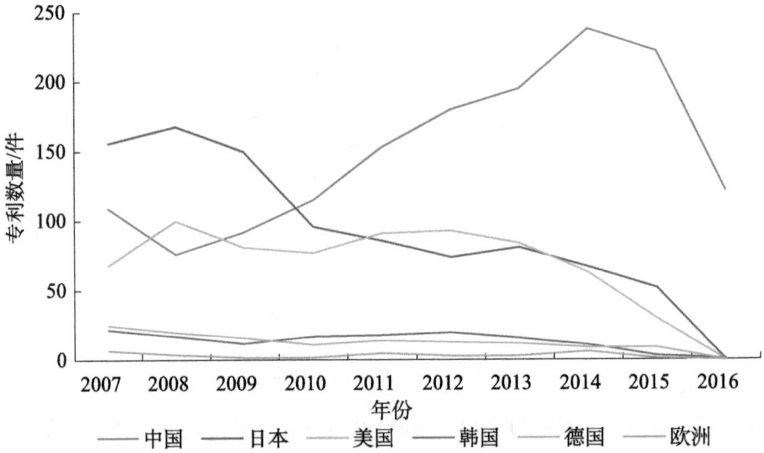

图 3-9 主要技术来源国家 / 地区的最早优先权国家 / 地区年度专利数量

## （三）主要技术专利家族分布国家分析

为使技术获得多国专利保护，不少专利申请者纷纷向多个国家/地区申请专利，形成一个专利家族。一般，一项重要的专利会在全球进行技术布局，专利权人不惜为此支付高额的专利申请与维护费用。因此，专利家族的国家分布情况在一定程度上也可以反映这些技术的目标市场和重要程度。

对高功率、高光束质量半导体激光技术领域的专利家族所在国家进行分析后发现：在中国申请的专利多达2117件，约占该技术领域专利数量的59%；约34%的专利（1240件）在美国进行了布局；约32%的专利（1138件）在日本进行了布局。主要专利布局国家/地区的情况如表3-3所示。

**表3-3　专利家族国家/地区对比**

| 国家/地区 | 专利家族数量/个 | 占比/% |
|---|---|---|
| 中国 | 2117 | 59 |
| 美国 | 1240 | 34 |
| 日本 | 1138 | 32 |
| 欧洲 | 410 | 11 |
| 韩国 | 343 | 10 |
| 德国 | 180 | 5 |
| 加拿大 | 53 | 1 |
| 印度 | 43 | 1 |
| 俄罗斯 | 36 | 1 |
| 其他 | 141 | 4 |

对主要技术来源国家/地区的专利家族国家/地区布局情况（表3-4）进行分析发现：最早优先权国家/地区为中国的1464件专利中，有1463件专利在中国进行了布局，仅有17件在美国进行了布局，约占在中国布局的专利数量的1.1%，有9件在日本进行了布局，在本土以外申请的专利总计28件，约占在中国布局的专利数量的1.9%。这说明，中国的专利主要在国内进行布局，这对中国企业将来进军其他国家/地区十分不利。最早优先权国家/地区为日本的930件专利中，有183件在中国进行了布局，约占日本专利总数的19.7%，有330件专利在美国进行了布局，在日本本土以外布局的专利合计377件，约占日本专利总数的40.5%，这与中国的情况形成了鲜明的对比，说明日本企业十分重视中国、美国、韩国等市场。最早优先权国家/地区为美国的687件专利中，有156件在中国进行了布局，约占专利总数的22.7%，有135件专利在日本进行了布局，在美国本土以外布局的专利数量合计374件，约占专利总量的54.4%，说明美国的本土以外市场布局已经十分广泛。

表 3-4　主要技术来源国家的专利家族布局情况

| 专利家族国家/组织 \ 最早优先权国家 | 中国 | 日本 | 美国 | 韩国 | 德国 | 英国 | 法国 | 俄罗斯 |
|---|---|---|---|---|---|---|---|---|
| 中国 | 1463 | 183 | 156 | 13 | 28 | 11 | 10 | 1 |
| 美国 | 17 | 330 | 660 | 41 | 60 | 25 | 17 | 1 |
| 日本 | 9 | 895 | 135 | 14 | 27 | 13 | 10 | 1 |
| 世界知识产权组织 | 20 | 146 | 302 | 11 | 71 | 24 | 20 | 2 |
| 韩国 | 2 | 72 | 97 | 132 | 14 | 4 | 5 | 1 |
| 德国 | 3 | 18 | 17 | 4 | 127 | 1 | 3 | 0 |
| 加拿大 | 0 | 8 | 21 | 0 | 2 | 3 | 6 | 1 |
| 印度 | 0 | 5 | 18 | 0 | 3 | 2 | 5 | 1 |
| 俄罗斯 | 0 | 4 | 5 | 0 | 0 | 1 | 2 | 23 |
| 英国 | 0 | 2 | 7 | 0 | 0 | 24 | 0 | 0 |
| 法国 | 1 | 0 | 3 | 0 | 1 | 0 | 27 | 0 |
| 新加坡 | 0 | 0 | 21 | 0 | 0 | 0 | 5 | 1 |
| 澳大利亚 | 0 | 0 | 5 | 0 | 1 | 3 | 0 | 0 |
| 本土以外合计 | 28 | 377 | 374 | 45 | 97 | 27 | 24 | 2 |
| 全球合计 | 1464 | 930 | 687 | 137 | 129 | 33 | 27 | 24 |

在表 3-4 的基础上，以技术来源国的专利数量占全球该领域专利数量的比例为横坐标，以技术来源国在本土以外申请的专利数量占本国作为最早优先权国家申请的专利数量的比例作为纵坐标，以圆圈大小表示本国最早优先权专利的数量，绘制图 3-10，反映一个国家在该领域的技术原创性和市场布局情况。分析发现：从专利数量上来看，中国的技术原创性较突出，日本和美国在技术原创性和市场布局两个方面的表现十分突出，是该领域的佼佼者，法国、英国、德国的专利数量虽然不多，但是市场布局情况表现优良。

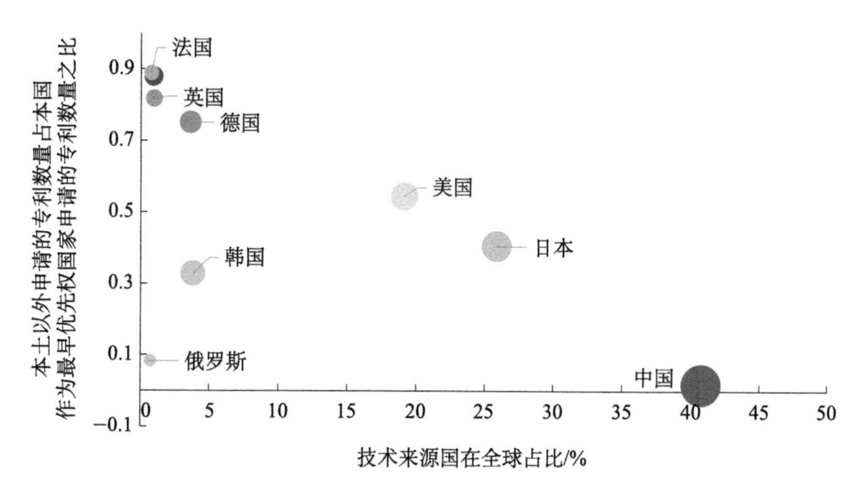


图 3-10　主要技术来源国专利占比与本土以外布局占比分析

## 三、专利申请技术构成分析

### （一）技术分类时间走势分析

技术时间走势分析主要是分析高功率、高光束质量半导体激光技术的技术手段随时间的变化情况，揭示高功率、高光束质量半导体激光技术的发展过程及最新的技术情况。本文使用德温特手工代码来体现技术分类。

2007 年以来，高功率、高光束质量半导体激光技术排名前 15 位的德温特手工代码相关专利的数量为：V08-A04A（电热元器件→激光和微波激射器→激光→激光类型→半导体激光器）是研究最多的一个技术分类，有 1952 件，约占涉及该技术分类专利数量的 54%；其次是 V08-A05（电热元器件→激光和微波激射器→激光→激光的冷却/加热方面），有 844 件，约占涉及该技术分类专利数量的 23%；U12-A01B（半导体和电子电路→分立器件→光电器件→发光或表面势垒结构→半导体激光器）有 675 件，约占涉及该技术分类专利数量的 19%。

进一步分析以上德温特手工代码相关专利数量随年度的变化趋势发现：V08-A04A（电热元器件→激光和微波激射器→激光→激光类型→半导体激光器）是研究最多的一个技术分类，从 2007 年起，申请量呈上升趋势，在 2014 年达到顶峰。V08-A05（电热元器件→激光和微波激射器→激光→激光的冷却/加热方面）与其发展趋势相似，U12-A01B（半导体和电子电路→

分立器件→光电器件→发光或表面势垒结构→半导体激光器）、V07-F01A1（电气组件→光纤光学和光控→光学元件→光导→光纤）与V08-A04A的发展趋势类似。

V07-F02A（电气组件→光纤光学和光控→光学元件→透镜、反射镜、其他光学元件→镜头、反射器、折射）的发展总体呈现增长趋势，2013年的专利数量略有下降。

L03-F［耐火材料、玻璃、陶瓷→电（无机）有机→受激发射器件］在2007～2009年申请的数量较多，近几年的申请数量明显下降，说明该方向可能进入研究“瓶颈”或者已经不是研发的重点方向。

L04-C01（耐火材料、玻璃、陶瓷→半导体［一般］→半导体加工［一般］→半导体层的外延生长）方向在2008年以后总体呈现申请数量下降趋势，说明该方向的技术趋向成熟。

## （二）专利申请人分析

### 1. 主要申请人专利数量分析

根据高功率、高光束质量半导体激光技术领域专利申请人的专利产出数量遴选出主要申请人作为后续多维组合分析、评价的基础。通过对筛选后的专利家族的专利申请人进行分析，可以了解在高功率、高光束质量半导体激光技术领域的主要研发机构。对专利家族数量进行统计分析后可以得出该领域排名前15位的申请人，如图3-11所示。

日本住友公司持有专利154件，占该领域专利总量的4.3%，西安炬光科技股份有限公司拥有专利143件，排名第二，占该领域专利总量的4.0%。三菱公司拥有专利84件，占该领域专利总量的2.3%；排名前15位的申请人共持有专利917件，占该领域专利总量的25.6%，以上数据显示，该技术没有集中在个别公司或机构中。

### 2. 主要申请人时间趋势

分析高功率、高光束质量半导体激光技术主要申请人历年专利数量的变化趋势，可以了解主要申请人投入高功率、高光束质量半导体激光技术的动态，深入了解申请人各年间的专利布局态势，观察高功率、高光束质量半导体激光技术的“新秀”或退出等信息。

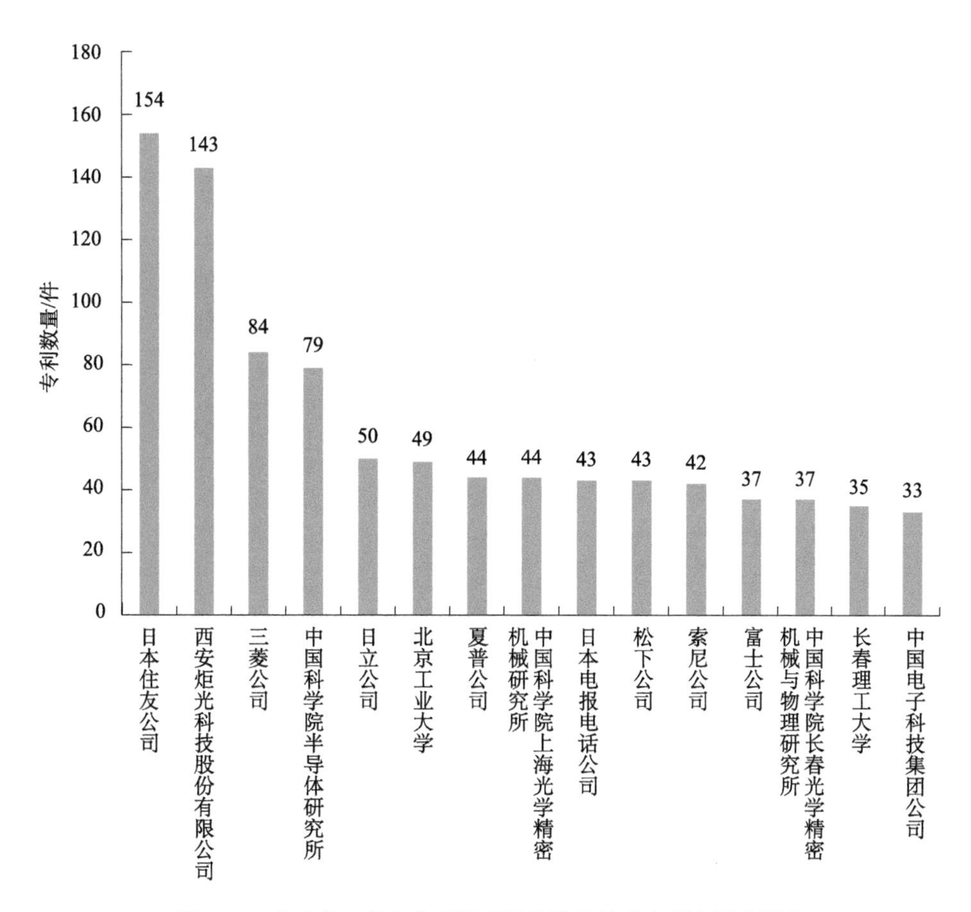


图 3-11　高功率、高光束质量半导体激光技术专利主要申请人

图 3-12 显示了高功率、高光束质量半导体激光技术的前 15 位专利权人历年申请的专利数量趋势。

专利数量排名第一的日本住友公司在 2007～2009 年的专利申请数量递增，2009～2013 年的专利申请数量递减，2014 年的申请数量略有增加。排名第二的西安炬光科技股份有限公司从 2009 年开始申请专利，此后各年的申请数量呈现显著增长趋势，2014 年的专利申请数量达到峰值（36 件）。专利数量排名第三位的三菱公司的专利申请数量总体呈现波动趋势，2008 年、2012 年和 2013 年申请的专利相对较多。排名第四位的中国科学院半导体研究所 2007～2012 年的专利申请数量逐渐减少，2013 年短暂增加后又再次减少。排名第五位的日立公司除了 2008 年申请 20 件专利外，2007～2014 年的其他年度申请了 1～6 件，2014 年以后没有申请专利，可能已经淡出该领域。

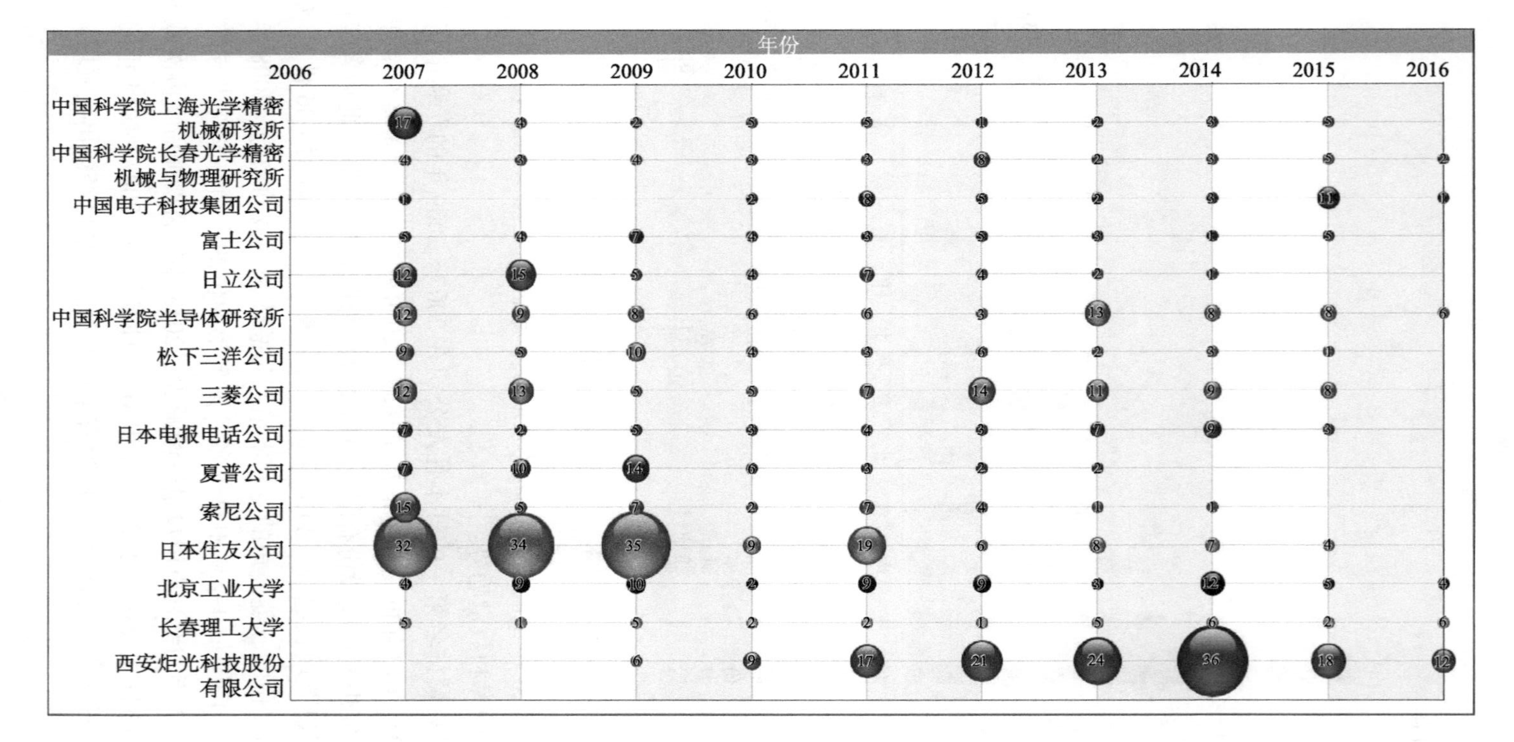


图 3-12　高功率、高光束质量半导体激光技术专利主要申请人申请时间趋势

中国科学院长春光学精密机械与物理研究所2007～2011年的专利申请维持在3～4件，2012年申请最多，达到8件，之后每年略有下降。

日本夏普公司2008～2013年的专利申请数量呈现明显下降趋势，2013年之后没有专利产出，可能已经退出该技术领域。

### 3. 主要申请人技术对比

主要申请人技术对比分析是对主要申请人申请专利所属的德温特手工代码进行对比分析，以了解各申请人的技术布局，从而分析各申请人的技术发展策略。分析显示，各个机构均在V08-A04A（电热元器件→激光和微波激射器→激光→激光类型→半导体激光器）技术上申请了大量的专利。

日本住友公司还在U11-C01J3A（半导体和电子电路→半导体材料和加工→基板处理半导体器件制造→活性物质的沉积（如半导体）→自然/结构/材料有源层/组合物→其他半导体层的沉积比硅→ⅢA-ⅤB化合物层的沉积）、L04-C01（耐火材料、玻璃、陶瓷→半导体[一般]→半导体加工[一般]→半导体层的外延生长）和L04-E03 B耐火材料、玻璃、陶瓷→半导体[一般]→半导体器件→发光器件→半导体激光器方向有较多的专利布局。

西安炬光科技股份有限公司还在V08-A05（电热元器件→激光和微波激射器→激光→激光的冷却/加热方面）和U12-A01 B1J（半导体和电子电路→分立器件→光电器件→发光连跳或表面屏障设备→半导体激光器→激光体的半导体细节→半导体激光器阵列）技术方面申请较多专利。

### 4. 主要申请人技术关联分析

基于技术分类等对申请人潜在关系进行分析可以发现申请人的技术关联、潜在合作或竞争关系等。图3-13所示为高功率、高光束质量半导体激光技术专利排名前50位的主要申请人（拥有13件以上专利）的技术关联图。从图中可以看到，技术切合度高的机构之间可能存在激烈竞争或密切合作，而独立的点代表该机构技术的相对独立。

从图中可以看出，该技术的竞争和合作关系以大网络为主，而且尤以国家内部的这些关系为主。中国的机构之间存在的技术相似性较高，西安炬光科技股份有限公司、中国科学院上海光学精密机械研究所、中国科学院长春光学精密机械与物理研究所等中国机构的技术相似性较高。山东大学的技术相对独立。

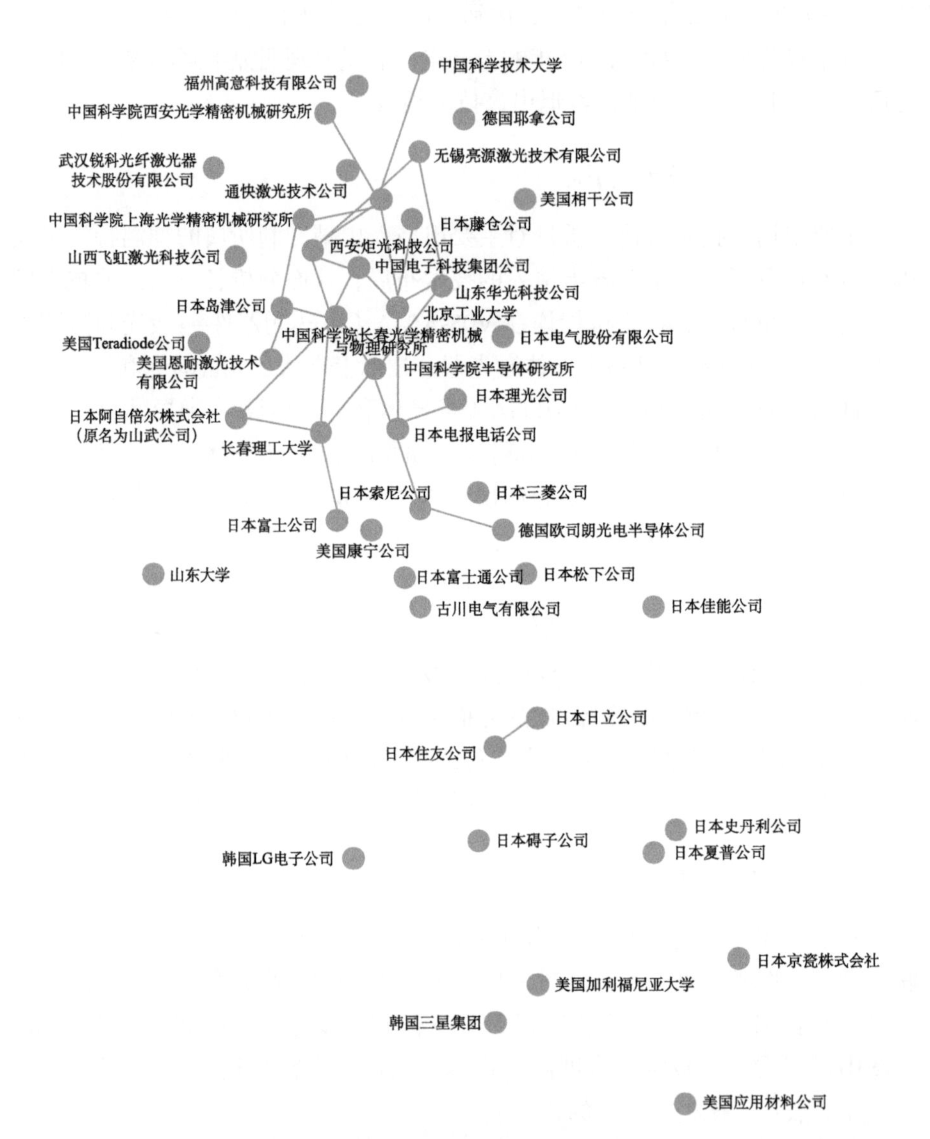


图 3-13　高功率、高光束质量半导体激光技术专利主要申请人技术关联情况

在日本的机构中，住友公司和日立公司两个机构存在技术相似性。LG公司、夏普公司、三星集团等知名企业的技术相对独立。

5. 主要申请人的市场布局

对主要申请人的专利家族分布（表3-5）进行分析后发现，日本住友公司在本土、美国、中国、欧洲、韩国布局了大量的专利，在德国、加拿大、印度和俄罗斯也有少量专利布局。西安炬光科技股份有限公司仅在美国、日本、欧洲和韩国布局了几件专利；日本三菱公司、日本日立公司、日本夏普公司、日本松下公司、日本索尼公司、日本富士通公司均在美国、中国、韩国和欧洲布局了较多专利，但是日本电信公司仅在日本本土进行了专利布局，中国科学院半导体研究所在美国布局了1件专利，北京工业大学、中国科学院上海光学精密机械研究所、中国科学院长春光学精密机械与物理研究所、长春理工大学、中国电子科技集团公司仅在中国布局了专利。由此可见，我国企业在本土以外市场的拓展可能会面临较大的技术壁垒。

**表3-5　主要申请人的专利市场布局情况分析**

| 主要申请人 | | 专利市场布局 | | | | | | | | | |
|---|---|---|---|---|---|---|---|---|---|---|---|
| 机构 | 数量/件 | 中国 | 美国 | 日本 | 欧洲 | 韩国 | 德国 | 加拿大 | 印度 | 俄罗斯 | 英国 |
| 日本住友公司 | 154 | 50 | 89 | 146 | 35 | 29 | 1 | 3 | 2 | 3 | 0 |
| 西安炬光科技股份有限公司 | 143 | 143 | 5 | 3 | 4 | 1 | 0 | 0 | 0 | 0 | 0 |
| 日本三菱公司 | 84 | 20 | 33 | 79 | 11 | 9 | 3 | 8 | 0 | 0 | 0 |
| 中国科学院半导体研究所 | 79 | 79 | 1 | 0 | 0 | 0 | 0 | 0 | 0 | 0 | 0 |
| 日本日立公司 | 50 | 6 | 11 | 48 | 1 | 1 | 0 | 0 | 0 | 0 | 0 |
| 北京工业大学 | 49 | 49 | 0 | 0 | 0 | 0 | 0 | 0 | 0 | 0 | 0 |
| 日本夏普公司 | 44 | 5 | 11 | 43 | 1 | 0 | 0 | 0 | 0 | 0 | 1 |
| 中国科学院上海光学精密机械研究所 | 44 | 44 | 0 | 0 | 0 | 0 | 0 | 0 | 0 | 0 | 0 |
| 日本电报电话公司 | 43 | 0 | 0 | 43 | 0 | 0 | 0 | 0 | 0 | 0 | 0 |
| 日本松下公司 | 43 | 11 | 21 | 41 | 6 | 1 | 0 | 0 | 2 | 0 | 0 |
| 日本索尼公司 | 42 | 18 | 27 | 38 | 8 | 3 | 0 | 0 | 0 | 0 | 0 |
| 日本富士通公司 | 37 | 6 | 21 | 35 | 3 | 1 | 1 | 0 | 0 | 0 | 1 |

续表

| 主要申请人 | | 专利市场布局 | | | | | | | | | |
|---|---|---|---|---|---|---|---|---|---|---|---|
| 机构 | 数量 / 件 | 中国 | 美国 | 日本 | 欧洲 | 韩国 | 德国 | 加拿大 | 印度 | 俄罗斯 | 英国 |
| 中国科学院长春光学精密机械与物理研究所 | 37 | 37 | 0 | 0 | 0 | 0 | 0 | 0 | 0 | 0 | 0 |
| 长春理工大学 | 35 | 35 | 0 | 0 | 0 | 0 | 0 | 0 | 0 | 0 | 0 |
| 中国电子科技集团公司 | 33 | 33 | 0 | 0 | 0 | 0 | 0 | 0 | 0 | 0 | 0 |

## 四、在中国申请专利情况分析

截至2017年初的公开数据，高功率、高光束质量半导体激光技术在中国共申请专利1904件，专利申请数量随时间变化趋势如图3-14所示。

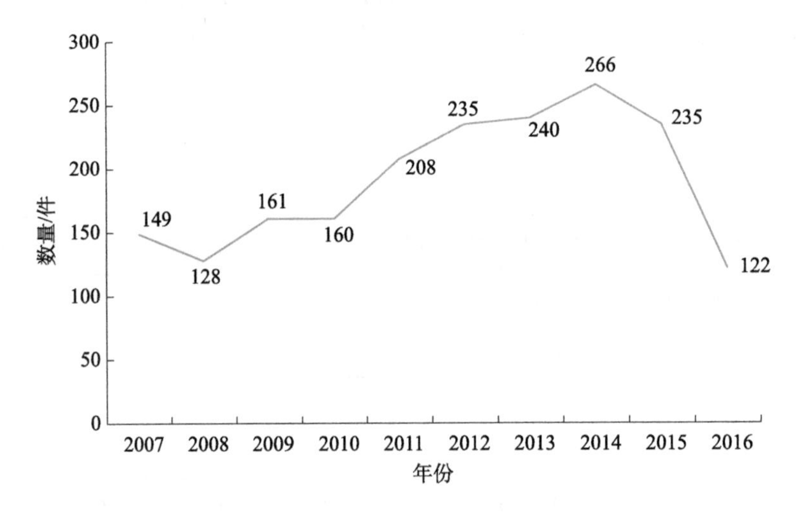


图3-14 高功率、高光束质量半导体激光技术在中国专利申请时间趋势

对各国在中国专利的年度申请量（图3-15）进行分析后发现，最早优先权国家为中国的专利自2008年以后猛增，到2014年达到高峰，最早优先权国家为日本的专利数量在2009年前呈现增加趋势，之后呈现递减趋势。

最早优先权国家为中国的专利有1466件专利，约占中国专利数量的77.0%，说明中国的专利申请主要以中国机构为主；最早优先权国家为日本的专利有183件，约占中国专利的9.6%，最早优先权国家为美国的专利有156件，约占中国专利的8.2%，中国、美国、日本三国合计申请了约94.8%的中国专利，申请国家情况如图3-16所示。

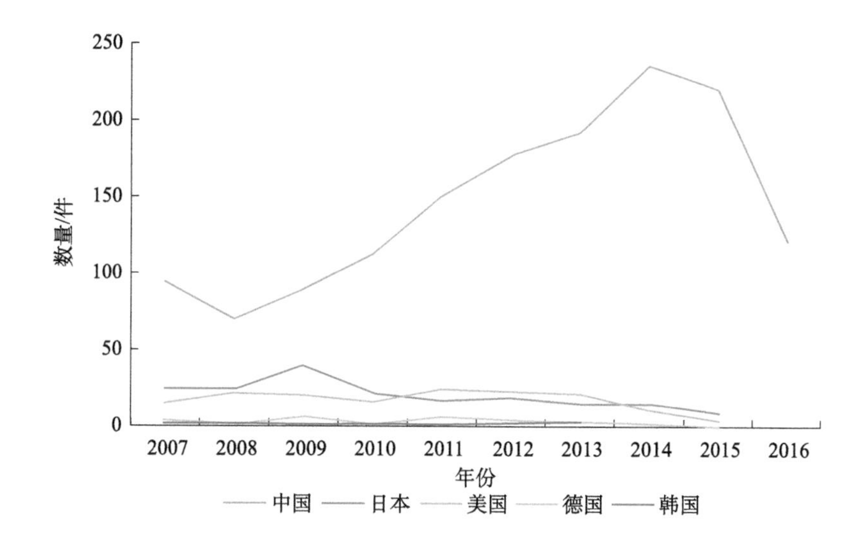


图 3-15　各国在中国专利的年度申请数量趋势

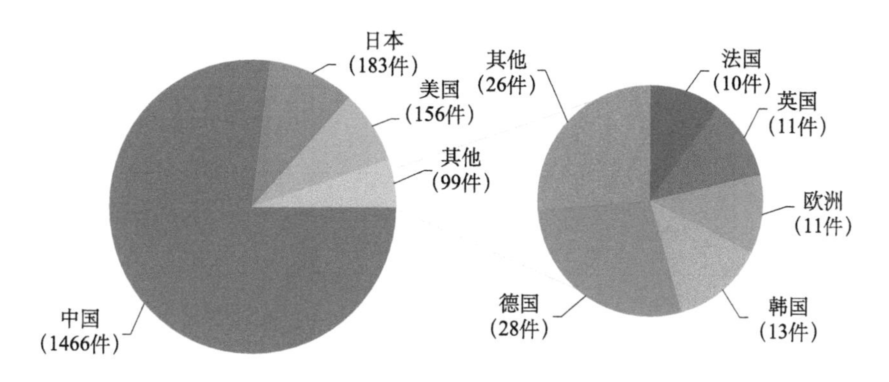


图 3-16　在中国专利申请来源地构成

在中国申请量前 15 位的机构（表 3-6）中，中国申请人占据 11 席。在中国申请人中，西安炬光科技股份有限公司在高功率、高光束质量半导体激光技术领域的专利申请数量遥遥领先。日本占据了三席（包括住友公司、三菱重工和索尼公司），美国占据一席。索尼公司和住友公司近 3 年在中国的专利产出比例非常低，不活跃，中国工程物理研究院应用电子学研究所近 3 年的专利产出比例非常高，十分活跃。

表 3-6 高功率、高光束质量半导体激光技术专利在中国专利申请重要机构

| 机构 | 专利数量/件 | 年度 | 近三年产出比 | 独有技术分类代码 |
|---|---|---|---|---|
| 西安炬光科技股份有限公司 | 143 | 2009～2016 | 46% | S05-A03A9、X27-F01、V04-Q02A7、V07-F01A1C、V04-Q01、V04-Q02A9、A12-V03D、A12-V04A |
| 中国科学院半导体研究所 | 79 | 2007～2016 | 28% | L04-C11、V07-F01A4、A12-P03、U11-D02、X25-L07 |
| 日本住友公司 | 50 | 2007～2014 | 4% | W02-C04A1、L04-A01B、L04-E05、X15-A02、L03-G10A、U14-G、L04-C02C、L04-E10、V06-V04G2 |
| 北京工业大学 | 49 | 2007～2016 | 31% | P81-A03、U11-E01C |
| 中国科学院上海光学精密机械研究所 | 44 | 2007～2015 | 18% | — |
| 中国科学院长春光学精密机械与物理研究所 | 37 | 2007～2016 | 27% | P53-C03、M22-H03C、M26-B03、P53-V03A、P53-V03C、P53-V10B、P53-V10C |
| 长春理工大学 | 35 | 2007～2016 | 40% | — |
| 中国电子科技集团公司 | 33 | 2007～2016 | 45% | Q75-T20、Q75-A02A、W01-A05A、Q75-T01 |
| 中国工程物理研究院应用电子学研究所 | 33 | 2012～2016 | 91% | Q75-A02H |
| 山东华光光电子股份有限公司 | 32 | 2008～2016 | 41% | P82-A15A、P81-A50E5 |
| 日本三菱重工 | 20 | 2007～2014 | 15% | T04-G04B |
| 日本索尼公司 | 18 | 2007～2013 | 0 | T03-B02B1 |
| 浙江大学 | 18 | 2009～2014 | 11% | V07-M |
| 美国应用材料公司 | 17 | 2007～2014 | 12% | L04-F03、L04-C13、L04-E15、V05-F04、U11-C15Q、X26-H03、A12-E07C1 |
| 中国科学院理化技术研究所 | 17 | 2008～2016 | 29% | W06-A06D1、S02-C06D1、S02-C06D3 |

## 五、五分之三局专利分析

世界知识产权组织统计的数据显示，中国国家知识产权局、美国专利及

商标局、日本专利局、韩国知识产权局和欧洲专利局五大专利局囊括了全球80%的专利申请。每年共有25万件专利申请“横跨”中国国家知识产权局、美国专利及商标局、日本专利局、韩国知识产权局和欧洲专利局五大专利局中的两个及以上。在五局中的任意三局均有分布的专利一般具有较高的价值，我们在后面将着重对这些专利进行分析。我们简称这些专利为“五分之三局专利”。筛选后共得到五分之三局专利469件（表3-7），占该领域所有专利的13%。

**表3-7　五分之三局专利来源国家/组织**

| 国家/组织 | 专利数量/件 | 占比 |
|---|---|---|
| 日本 | 194 | 41.4% |
| 美国 | 152 | 32.4% |
| 德国 | 31 | 6.6% |
| 韩国 | 20 | 4.3% |
| 世界知识产权组织 | 18 | 3.8% |
| 欧洲 | 16 | 3.4% |
| 法国 | 13 | 2.8% |
| 英国 | 13 | 2.8% |
| 中国 | 8 | 1.7% |
| 其他 | 4 | 0.9% |

### （一）主要技术来源国家/地区分析

对五分之三局专利的技术来源国进行分析后发现，日本持有的相关专利最多，达到194件，占所有五分之三局专利的41.4%，这在一定程度上说明日本的专利质量较高，具有在国际主要市场维持的重要意义；其次是美国，持有32.4%的五分之三局专利，德国持有6.6%的五分之三局专利；中国虽然有1466件专利，但仅有8件五分之三局专利，反差非常大。

### （二）主要市场分析

对五分之三局专利的专利家族（表3-8）进行分析后发现：美国是最重要

的目标市场，几乎所有的专利均在美国进行了布局，其次是日本，约 87.6% 的专利在日本进行了布局，约 82.3% 的专利在中国进行了布局。

**表 3-8　五分之三局专利布局分析**

| 国家/地区 | 专利数量/件 | 五分之三局专利分布比例 |
| --- | --- | --- |
| 美国 | 461 | 98.3% |
| 日本 | 411 | 87.6% |
| 中国 | 386 | 82.3% |
| 欧洲 | 312 | 66.5% |
| 韩国 | 224 | 47.8% |
| 德国 | 60 | 12.8% |
| 加拿大 | 39 | 8.3% |
| 印度 | 34 | 7.2% |
| 新加坡 | 27 | 5.8% |
| 法国 | 15 | 3.2% |
| 俄罗斯 | 14 | 3.0% |
| 澳大利亚 | 11 | 2.3% |
| 英国 | 9 | 1.9% |
| 意大利 | 6 | 1.3% |
| 巴西 | 3 | 0.6% |
| 西班牙 | 2 | 0.4% |

### （三）技术流向分析

对最早优先权为日本、美国、韩国、欧洲和中国的专利家族分布（表 3-9）进行分析，绘制五国/地区的技术输入、输出情况（图 3-17），分析五国/地区的技术流向。分析发现：日本的相关专利输出远远多于输入，是典型的技术输出国；美国除了对日本的技术输出多于技术输入，与其他三国/地区都是以技术输出为主，也是较典型的技术输出国；韩国对中国和欧洲以技术输出为主，对日本和美国以技术输入为主；欧洲除了对中国的技术输出稍多以外，对其他三国都是技术输入更多；中国是典型的技术输入国，对外技术输出十分稀少。

表 3-9　五局专利的市场分布

| 最早优先权国家/地区 | | 专利家族分布/个 | | | | |
|---|---|---|---|---|---|---|
| 专利数量/件 | 国家/地区 | 美国 | 日本 | 中国 | 欧洲 | 韩国 |
| 194 | 日本 | 191 | 193 | 176 | 99 | 70 |
| 152 | 美国 | 148 | 121 | 116 | 112 | 93 |
| 20 | 韩国 | 20 | 14 | 13 | 11 | 20 |
| 16 | 欧洲 | 16 | 14 | 11 | 16 | 6 |
| 8 | 中国 | 8 | 5 | 8 | 8 | 2 |

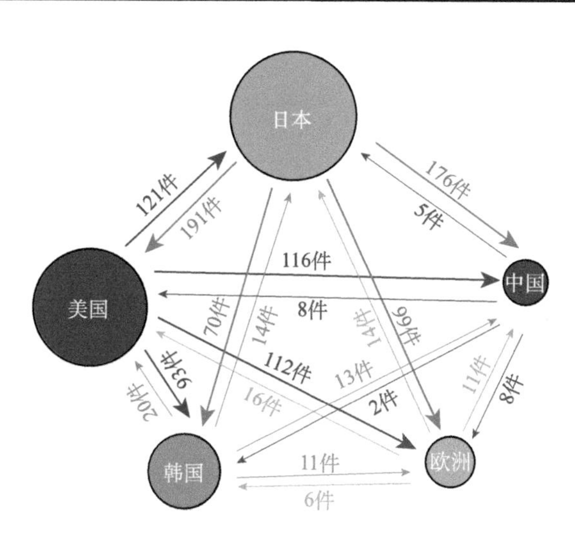


图 3-17　五国/地区的专利技术流向

## （四）技术来源国家/地区年度产出分析

2007～2009 年，日本持有的五分之三局专利数量逐年增加，2009 年之后，专利数量逐年减少；2008 年以后，美国五分之三局专利数量开始减少，到 2011 年，经历了短暂的增加后再次减少；德国呈现波动起伏状态，韩国 2010 年之前呈现减少趋势，2010 年之后再次增加，到 2013 年之后再无相关专利产出，欧洲总体呈下降趋势（图 3-18）。

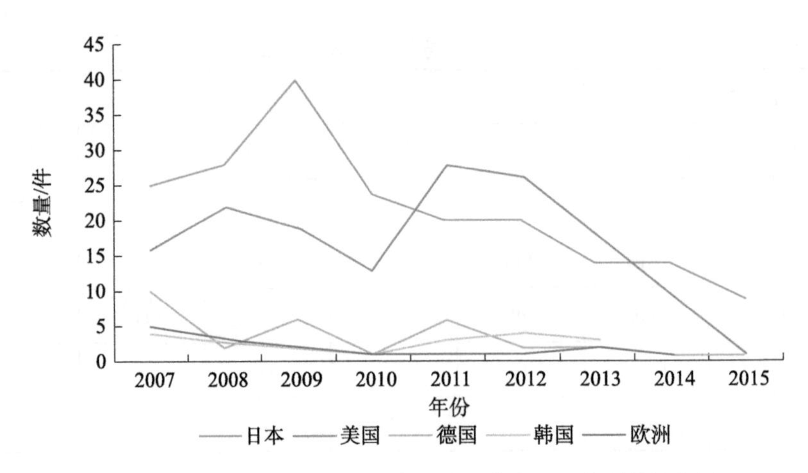


图 3-18　主要国家/地区年度产出的五分之三局专利数量分析

## 六、专利申请人分析

对五分之三局专利的主要申请人分析后发现：数量排名第一位的仍然是日本住友公司，持有 53 件专利，占五分之三局专利总数的 11.3%，排名第二位的是日本三菱重工，持有 21 件专利，占五分之三局专利总数的 4.5%，排名第三位的是索尼公司，持有 18 件专利，占比为 3.8%。排名前 20 位的主要申请人中有 10 个机构来自日本，说明日本的机构技术竞争力非常强，有 5 个机构来自美国，各有 2 个机构来自德国和韩国，有 1 个机构来自法国，如表 3-10 所示。

**表 3-10　五分之三局专利主要申请人**

| 序号 | 主要申请人 | 五分之三局专利数量/件 | 所在国家 |
|---|---|---|---|
| 1 | 日本住友公司 | 53 | 日本 |
| 2 | 三菱重工 | 21 | 日本 |
| 3 | 索尼公司 | 18 | 日本 |
| 4 | 美国应用材料公司 | 15 | 美国 |
| 5 | 德国欧司朗公司 | 12 | 德国 |
| 6 | 松下公司 | 11 | 日本 |
| 7 | 康宁公司 | 10 | 美国 |
| 8 | 藤仓公司 | 9 | 日本 |

续表

| 序号 | 主要申请人 | 五分之三局专利数量/件 | 所在国家 |
|---|---|---|---|
| 9 | 绝缘子有限公司 | 9 | 日本 |
| 10 | 三星集团 | 9 | 韩国 |
| 11 | 普拉耶提技术公司（SOITEC） | 8 | 法国 |
| 12 | 富士通公司 | 7 | 日本 |
| 13 | 荷兰皇家飞利浦电子公司 | 7 | 美国 |
| 14 | 日本日立公司 | 6 | 日本 |
| 15 | LG 公司 | 6 | 韩国 |
| 16 | 日本夏普公司 | 6 | 日本 |
| 17 | 德国通快集团 | 6 | 德国 |
| 18 | 法国科学研究中心 | 5 | 法国 |
| 19 | 西蒙半导体公司 | 5 | 美国 |
| 20 | DISCO KK | 5 | 日本 |

# 第四节 我国在高功率半导体激光器领域的学科和产业发展状况

## 一、优势学科

大功率半导体激光器的发展与其外延片结构的研究和设计紧密相关。近几年，国内在这方面取得了较大进展，主要有如下几点[1]。

### （一）应变量子阱结构被广泛采用

为了提高大功率量子阱激光器的光电性能，特别是降低器件的阈值电流密度和扩展 GaAs 基材料系的波长覆盖范围，应变效应得到广泛的应用。从激光器外延片结构设计的角度来看，量子阱晶格应变的引入成为新的大功率激光器结构设计参数和自由度。目前，国内各个研究组均有采用应变量子阱结构的研究报道。

### （二）采用无铝有源区提高端面光学灾变损伤光功率密度

端面光学灾变损伤是限制器件功率密度的主要因素之一。与含铝材料（如 AlGaAs）相比，无铝材料具有更大的端面光学灾变损伤密度和更高的可靠性。因此，采用无铝有源区可以提高器件的输出功率，并延长器件的使用寿命。中国科学院长春光学精密机械与物理研究所在国内率先开展了无铝大功率半导体激光器的研究，并获得了突破性进展。

### （三）宽波导大光腔结构

采用宽波导大光腔结构可以增加光束近场模式的尺寸，减小输出光功率密度，从而增加输出功率，延长器件寿命。同时，通过适当的波导结构设计，可以在保证基模工作的情况下，减小光束发散角，改善器件的光束质量。中国科学院半导体研究所、长春理工大学等单位都有相关的研究报道。

### （四）非对称波导结构

大功率半导体激光器的波导结构主要为对称波导结构。波导层外掺杂区域内的光吸收正比于掺杂浓度，降低掺杂浓度可以减小光损失，但是这样会导致串联电阻增大，最终导致电光转换效率降低。解决这个矛盾的方法之一是采用非对称波导结构。非对称波导结构的优点是基于 P 型材料的光吸收比 N 型材料强的特性，将光场从对称分布变为非对称分布，使光场适当偏向 N 型波导层和限制层，以减少光场模式分布与高掺杂的 P 限制层的交叠比例，在不降低掺杂浓度的条件下减小光吸收损耗。

## 二、产业状况

与半导体激光技术相关的产业现状主要包括芯片市场情况、激光产业规模、竞争格局和激光产业分布情况[1]。

### （一）光通信行业处于恢复期，半导体激光器芯片行业的未来需求大

中国光通信行业暂时处于恢复期。中国是一个正处于高速发展时期的国家，光通信的发展水平也是评定国家发展水平的标准之一，而国内的光通信行业较韩国等还有较大的差距，国内的光纤到户（fiber to the home，FTTH）普及率仍不够高，市场还有很大空间。未来，行业将由原来的集中于低端封

装制造业逐渐转型为拥有高端核心技术的领域。

半导体激光器芯片是中国光通信产业链的短板。加大行业研究开发，有利于产业的创造性在未来释放出来，有利于推动全行业的发展，未来，或将使国内由原来的依赖进口到国内厂家自已掌握核心技术。

## （二）半导体激光产业的市场规模

近十几年来，经过中国政府、技术专家和企业及广大从业人员的共同努力，中国半导体激光产业已获得超乎寻常的发展，并且初现中国半导体激光产业的雏形。在国内部分激光产品市场中，中国半导体激光产业又重新占据主导地位。随着国内经济的不断发展，我国激光产业获得了飞速的发展。国内半导体激光产业已初具规模，近年来更是加快了激光产业发展，各个地区在政府的领导和激光企业的配合下潜心科研、提升技术、开拓市场，并建设激光产业园，其中温州激光与光电产业集群、鞍山激光产业园是已经完成建设的产业园区。

2019 年全球的半导体激光器的市场为 73 亿美元，其中中国的半导体激光器市场规模比 2018 年增长了 7%。

## （三）半导体激光产业的竞争格局

国内外从事半导体激光器开发的企业很多，如德国 DILAS 公司、nLIGHT 公司等。西安炬光科技股份有限公司于 2012 年先后在日本、韩国、德国、法国等国签署代理协议。积极走出去的西安炬光科技股份有限公司势必将与国外的半导体激光公司形成竞争。它拥有高功率半导体激光器封装结构设计—封装工艺—测试表征—光学整形和耦合—系统集成完整的半导体激光器生产线，年产半导体激光器 10 万件，可为客户提供高功率、长寿命、大批量、OEM 设计的不同功率、不同波段、不同封装形式的高功率半导体激光器及其系统。西安炬光科技股份有限公司每年将销售额的 20% 投入研发工作。

### 1. 技术来源及应用开发

国内的激光技术主要源于华中科技大学等高校，以及位于长春、上海、西安和安徽的四大光机所。其中，华中科技大学主要侧重于工业激光，如激光加工技术应用和工艺研究；中国科学院长春光学精密机械与物理研究所侧重半导体激光应用研究，主要用于泵浦固体激光器和光纤激光器；中国科学院上海光学精密机械研究所专注于高功率大型激光器材料和应用研究；中国科学院西安光学精密机械研究所主要侧重基础光学研究，有光纤激光器和切割设备等产品；中国科学院安徽光学精密机械研究所侧重激光材料和军事激光研究，主要有晶体材料和激光雷达等产品及应用。在技术和成果转化及技术支撑当地激光企业发展方面来看，由华中科技大学激光技术转化的企业有近100家，其次为中国科学院长春光学精密机械与物理研究所，有约20余家。

2. 产业基地建设

近几年，各地纷纷积极结合地方产业发展推进激光技术应用和激光园区建设。在半导体激光产业方面，鞍山利用激光技术进行钢铁产品深加工，提升产业附加值和加工工艺水平，规划建设42 165亩辽宁（鞍山）激光科技产业园；温州将激光技术应用于服装行业，开发各种柔性材料标记设备，被科技部批准为建设国家创新型产业集群试点。在重点企业中，激光系统集成商占主导地位，有深圳市大族激光科技股份有限公司、深圳市光大激光科技股份有限公司、武汉团结激光股份有限公司、楚天激光等一批行业重点企业。深圳市大族激光科技股份有限公司的产值已超过40亿元，员工超过7500人，人均产值超过55万元/年，企业规模为国内最大，但主营业务毛利率不到20%。

### （四）激光产业区域分布较相对集中

我国激光加工产业可以分为珠江三角洲、长江三角洲、华中地区和环渤海地区4个比较大的产业带。这4个产业带的侧重点不同，其中珠江三角洲以中小功率激光加工机为主，长江三角洲以大功率激光切割焊接设备为主，环渤海地区以大功率激光熔覆和全固态激光为主，以武汉为首的华中地区则覆盖了大、中、小激光加工设备。

## 三、薄弱学科和产业

薄弱学科和产业主要体现在芯片技术的实力、关键材料和配件的自主研发能力、产业结构和高端人才等方面[1]。

### （一）芯片技术实力与国外差距较大

外延芯片结构的研究和设计对大功率半导体激光器的发展起到至关重要

的作用，是大功率半导体激光器技术研究中的重点。过去10年间，城镇化迅猛发展，新建小区中铺设的光纤到户数据通信技术也得到日益广泛的普及。现有的光纤到户的单通道传输速度在1G～2.5Gb/s，但为满足日益增长的互联网带宽应用需求，下一代光纤到户中需要采用10Gb/s传输光模块。在光纤到户网络架构中大量使用的光发收模块中，最核心的技术为高速半导体激光器芯片。长期以来，光通信用芯片核心制作技术一直被国外光器件供应商掌握在手中。他们占据着这类芯片全球90%以上的市场份额，处于绝对的技术领先甚至垄断地位。国内企业仅能提供批量1G～2.5Gb/s芯片，10Gb/s及以上速度的光模块的高速半导体激光器芯片主要依赖从美国和日本进口。国内从事10Gb/s及以上光模块产品生产的企业主要有海信集团有限公司、华为技术有限公司等，但是光模块的高速半导体激光器芯片主要依赖进口。垄断造成高速半导体激光器芯片的价格高昂，因此国内芯片技术的发展“瓶颈”带来了光器件成本高的市场态势。

作为固体激光器和光纤激光器的泵浦源，半导体激光器是高功率半导体激光器的主要应用方向。2017年，光纤激光器的全球市场超100亿元，其中中国市场为47亿元。其中，作为泵浦源的半导体激光器的成本占到光纤激光器成本的40%～50%。在高功率半导体激光器方面，国内除了苏州长光华芯光电技术股份有限公司拥有自主研发能力外，其他的光纤激光器企业均是采购国外的半导体激光器，而苏州长光华芯光电技术股份有限公司的半导体激光器芯片与国外的半导体激光器芯片在寿命和效率方面还有一定的差距，所占市场份额小。总体来看，国内高功率半导体激光器芯片主要依赖国外进口，如Ⅱ-Ⅵ公司、QPC公司、德国欧司朗公司、Jenoptics公司等国外知名半导体激光器生产商。

中国科学院半导体研究所在通信用半导体激光器件领域有二十余年的科研积累，特别是10Gb/s及以上光纤到户用的高性能半导体激光器的芯片技术水平在国内处于领先地位，该团队与河南仕佳科技有限公司合作研发基于DFB的高速半导体激光器，目前已经完成产品的试生产验证。

### （二）关键材料和配件不能自给，依赖进口

在半导体激光器的核心部件——半导体激光器芯片的研制和生产方面，我国一直受外延生长技术、腔面钝化处理技术及器件制作工艺水平的限制，国产半导体激光器件的功率、寿命方面较国外先进水平尚有较大差距。这导致国内实用化高功率、长寿命半导体激光器芯片主要依赖于进口，影响了大

功率半导体激光器在我国的推广应用，同时也限制了我国高功率光纤激光器的研制和开发。半导体激光器作为该领域中的核心部件，其国防经济建设需求明显增长，但是美国限制对华出口大功率半导体激光器严重影响该技术在我国的发展，迫切需要解决半导体激光器用半导体激光器芯片的国产化，为我国的半导体激光产业提供强有力的支持。

### （三）我国半导体激光器产业的产业结构还不是很合理

我国半导体激光器产业的中上游企业数量较少，产量和技术水平落后于欧洲、美国等地的企业；国内封装和应用产品产业发展迅速，成为世界半导体激光器应用的重要基地之一。外延和芯片产业是整个半导体激光器产业发展的最终支撑力量，也是技术含量和投资密度较大的产业，需要国家的大力支持和政策引导，突破核心技术的研发，形成自主知识产权，应对半导体激光器国际巨头的专利保护。近几年，国内有一定基础的半导体激光器外延和芯片制造厂家纷纷投资进行融资扩产，抢占产业和先机，关键技术研究有待进一步突破。

### （四）配套产业链不足，增加企业经营成本

半导体激光器处于激光产业链的中游，由于上游产业链中的部分材料还不能完全自主，以及下游产业强大需求的带动，部分激光企业的发展受到产品开发成本和技术创新程度不足的限制，增加了企业的运营成本。另外，半导体激光器芯片企业在初创期由于受资金、设备、核心技术成熟度的制约，初期需要大的投入，存在融资难题，企业的发展受到阻碍。

### （五）高端人才缺乏

半导体激光产业属于高新技术产业，我国“十三五”规划的实施为激光加工产业带来巨大的发展机遇。国家产业政策在未来 5 年内将对激光行业提供强有力的支持，我国正成为全球最大的激光加工应用市场。国内各地方政府都很重视激光产业的发展，如温州正在建设“中国激光产业集群”，辽宁省提出“倾全省之力，建辽宁鞍山激光产业园”，武汉将建设世界一流的“中国激光产业基地”。激光行业的迅速崛起，使得激光行业的人才缺口巨大。

### （六）应用研究相对滞后，阻碍整个行业向高端发展

一方面，我国激光产业应用研究相对滞后，使整个产业链不能形成正反

馈，阻碍了整个行业的发展；另一方面，国家对应用研究的投入力度不够，造成科研成果转化为生产力的能力较差，很多具有市场前景的成果仍停留在试验样机阶段。此外，激光技术应用推广宣传力度不够，缺乏实践。

### （七）核心专利有待加强

中国科学院长春光学精密机械与物理研究所委托深圳前瞻咨询股份有限公司于2016年以“高功率半导体激光器芯片”为关键词进行检索，得到中国半导体激光芯片行业技术的专利申请总量为86件，我国半导体激光器芯片行业的研发能力有待进一步提升。1999～2011年，我国半导体激光器芯片行业处于萌芽阶段，其间行业专利的申请数量较少。2011年之后，半导体激光器芯片行业技术在国家的大力支持下开始快速发展。2014年，我国半导体激光器芯片行业共申请专利16件，较2013年增加11件，为近期最大值。从我国半导体激光器芯片行业技术专利的申请人来看，北京工业大学的申请数量居首位，为7件；北京凯普林公司和日本夏普公司在中国的专利申请数量均为6件，排名第二位。排在前十位的专利申请人累计拥有44件技术专利，占总申请数量的51.16%。由此可见，我国半导体激光器芯片技术专利的集中度较高。

我国激光技术水平虽然有了一定的突破，激光产业的发展也卓有成效，但是激光专利技术的缺乏成为阻碍我国激光技术发展的一大软肋，因此研发出由中国创造的激光器是推动我国激光技术发展的重要一步，只有打破国际垄断，才能实现我国激光产业的腾飞，将国产激光器推向国际化道路。因此，加大研发力度、走产学研相结合的道路是我国半导体激光器芯片行业的必经之路。

目前，我国半导体激光产业研发取得了一定的进展，如苏州长光华芯光电技术股份有限公司推出国内首个高速25G VCSEL芯片；中国科学院10G及以上光纤到户用的高性能半导体激光器的芯片技术水平在国内处于全面领先地位，但如何以商业运作的模式推动半导体光子芯片产业化、填补国内关键产业空白、真正实现商业化，仍然需要其他相关企业的合力参与和政府的积极推动。

## 四、交叉学科发展情况

“十三五”期间，半导体激光产业发展迅速。“十三五”规划提出拓展产业发展空间，支持节能环保、生物技术、信息技术、智能制造、高端装备、新能源等战略性新兴产业发展，支持传统产业优化升级。半导体产业属于典型的节能环保产业，未来发展具有良好的政策背景。

此外，“十三五”规划还提出拓展网络经济空间，实施“互联网+”行动计划，发展物联网技术和应用，发展分享经济，促进互联网和经济社会融合发展，实施国家大数据战略，推进数据资源开放共享。半导体激光器芯片是光通信行业的基础硬件，因此随着互联网的推广，未来市场需求较大。半导体激光器芯片也是手机、AR/VR和激光雷达产业的核心器件，因此随着智慧城市的建设，其发展需求巨大。

2016年是中国“第十三个五年计划”的第一年。我国政府已经规划了智慧城市等相关计划。2019年，全球信息技术支出市场为3.76万亿，较2018年增长了3.2%，随着半导体激光产业的进一步发展，会推动其在信息支出市场的应用。例如，2018年，信息技术支出市场包括集成电路、分立器件、光电器件和传感器这四大类产品，市场规模分别为3933亿美元、241亿美元、380亿美元、134亿美元，其中光电器件市场规模继续保持增长，增速达到9.2%。这些研发计划和建设新型智慧城市的需求，将会带动半导体激光技术的快速发展。

## 第五节　总体经费投入与平台建设情况

### 一、国际上激光产业发展规划和经费投入情况

通过梳理美国、德国、日本等国家在激光产业方面的发展规划和经费投入情况，我们对国际激光产业的发展情况有了具体的了解和清晰的认识。

#### （一）美国

美国政府将光电子技术列入“美国国家关键技术”、“商务部新兴技术”和“国防部关键技术”的研究计划。1998年，美国在亚利桑那州南部的图森（Tucson）以亚利桑那大学为中心建立了“光谷”。“光谷”内约有企业150余家，主要从事精密电子零件、电子设计软件研发、定位系统、激光、电子资料传输与储存及大型光学镜片及零件的生产与服务，以进一步加大美国光电子产业的发展力度。按照计划，光电产业将以每年25%的速度不断增长，到

2020 年，光电能源能够在美国的全部能源消耗中占 15%。在“美国光电产业 21 世纪发展目标”中要完成四大任务：使美国光电产业在全球处于领先地位；在光电能源转换技术方面夺取竞争优势；光电产业市场占有率和产品增长率持续增长；使光电产业对投资者具有更大的吸引力。美国光电产业的发展特点有如下几点。

### 1. 集中于军事领域光电子研发

美国国防的需求是光电产业发展的一大动力。20 世纪 90 年代初期，美国对光电子产业技术研究的直接投入平均每年达到约 20 亿美元，主要集中在军事技术方面。在推出的“机载激光器”计划中，美国在 1996～2002 年投入 11 亿美元用于对大功率激光器的研究工作，而且这个投入力度在未来 30 年不会改变。在随后推出的“基于空间的激光器”研究计划中，政府每年也提供 1 亿美元的研究资金。

### 2. 光电子产业集中度高

美国光电产业的集中度高，大型厂商通过垂直整合形成庞大的生产体系，这类大厂占全美光电厂商的总数虽不及 10%，但占有超过 85% 的产值。其余超过 90% 的小型光电厂商的规模虽不大，但多有明确的产品定位，掌握关键技术，业绩不俗，造就了不少“小巨人”。

### 3. 协调大学与企业之间的分工与合作

美国企业层面的技术研发主要由中小企业来进行，它们更倾向短期的、满足市场需求的研发活动；大学主要进行一些长期的基础性研究，大学及其他科研机构的技术成果的产业化过程通常是通过科研人员将科研项目带出并成立新公司的方式来实现。

美国政府为协调大学与企业之间的分工与合作、解决光电子技术供给中的“瓶颈”问题做了很多的努力。例如，将相当一部分光电子相关研发中心分布在美国的大学，而这些研发中心每年可得到政府多于 2.7 亿美元的资金用于光电子技术的研究与开发。例如，美国的光电子技术中心是一个由光电子领域的企业及国内大学共同组成的研发机构，旨在加强大学与企业界合作的光电子研究的大型“康采恩”。研究人员主要由哥伦比亚大学与康奈尔大学的学者及学生组成。他们除进行跨学科的研究外，还参与光电子有关企业的实际研发工作。

4. 与国际广泛合作

美国在光电子领域具有较强的科研实力，但由于在一段时间里没有处理好光电子科学研究与技术转化之间的关系，未能获取20世纪光电子产业发展的先发优势。意识到这个问题以后，美国加强国际合作，寻求解决问题的办法，促进美国企业将已有的光电子技术优势转化为产业优势。在与日本合作方面，有旨在加强美国、日本企业技术、生产、市场的沟通与合作的联合光电子计划（JOP）。该计划更加强调光电子技术在民用领域的应用，鼓励在国际广泛开展企业与企业之间的合作，共同开发新的光电子技术及产品，制定新的行业标准。

2012年，美国国家研究委员会组织专家研讨并发布了一个名为“光学和光子学：美国不可或缺的关键技术”的报告，对美国发展光学和光子学技术提出了诸多建议。报告提到了发布《驾驭光：21世纪的光学与工程》报告后15年间的发展及之后出现的技术上的机遇、美国国内外的技术发展水平，提出了如何保持美国全球领先地位的建议。并且，报告希望可以有助于决策者和领导人决定一系列行动，推动美国经济的发展，为光学和光子学技术及未来应用的发展提出具有前瞻性的指引与支持，并确保美国在这些领域的领先地位。报告提出了面向通信、传感、医疗、能源和国防应用领域，如何完成芯片级的光学和光子学的集成，支持广域监视、目标确认与提高图像分辨率、高带宽自由空间通信，开发出新的光源和成像工具，以提高一个数量级乃至更高的光学分辨率等重大挑战性问题。

美国国家光子计划本质上是由光学与光子学有关科技学会牵头成立的光学技术行业联盟。联盟包含了美国光学与光子学领域产学研的各个层次，成员不仅包括重量级的光学与光子学技术领域的美国光学学会（The Optical Society of America，OSA）、国际光学工程学会（International Society for Optical Engineering，SPIE）、电气和电子工程师协会（Institute of Electrical and Electronics Engineers，IEEE）、美国激光研究所（Laser Institute of America，LIA）及美国物理学会激光科学分部（APS Division of Laser Science），还包括美国科技及制造业领域的巨头与新创企业，如通用电气公司、谷歌公司、葛兰素史克公司，微型显微镜系统初创企业Inscopix公司等。这个联盟呼吁美国加大对“光子与光学”类使能技术的重视，并将其影响力扩大到大数据、脑计划等多个近期美国科技战略。2015年7月28日，纽约州立大学研究基金会牵头创建了集成光子制造业创新研究所，投资总额超过6.1亿美元（其中1.1亿美元来自联邦资金，其余超过5亿美元来自非联邦资金），交由纽约州立大学研究基金会领导的124家公司、非营利组织、大学组成的联盟。国家光子计划先后启动了天基激光武器IFX、机载激光武器、LIFE激光计划等。美国国防部高级研究计划局（Defense Advanced Research Projects Agency，DARPA）启动“超高效二极管源计划”（Super High Efficiency Diode Sources，SHEDS），授予Alfalight 390万美元的研发资金。SHEDS计划将研究创新的方法，使半导体二极管激光棒效率产生革命性的进步；DAPRA启动了近距宽视场极端灵巧电子驱动光子发射器项目（Short-Range, Wide Field-of-View Extremely agile, Electronically Steered Photonic Emitter，SWEEPER），由麻省理工学院、加利福尼亚大学圣巴巴拉分校、加利福尼亚大学伯克利分校和休斯研究实验室（HRL）使用先进制造技术成功验证了光学相控阵技术，SWEEPER技术将通过美国国防部高级研究计划局的电子－光子多相集成（E-PHI）项目得到进一步发展，后者已经成功产生了功率足够的硅基激光。美国国防部高级研究计划局启动了超快激光科学与工程项目（Ultrafast laser science and engineering，PULSE），实现从无线电频率到X射线的电磁频谱同步、测量和通信应用。美国国防部高级研究计划局启动了战术有效的拉曼紫外激光光源项目（Tactical effective Raman ultraviolet laser source，LUSTER），开发出能够实现功率大于1W、壁插拔效率大于10%的高光束质量的紧凑型激光器，其线宽小于0.01nm，工作波长在220～240nm。美国国防部高级研究计划局的高能液体激光区域防御系统（High Energy Liquid Laser Advanced Defense System，ELLADS）项目开发150kW级的机载激光器。

## （二）德国

### 1. 德国的激光发展计划

欧洲地区激光产业发展最快的国家是德国，它在激光材料加工方面处于世界领先地位。德国Brilliant Diode Lasers（BRIOLAS）项目支持了半导体激光器的研究，半导体激光器芯片结构、外延生长和器件封装等技术均有了很大发展。

1986年，德国提出了1987～1992年“激光研究与激光技术”资助计划，5年间实际投资2亿6200万马克，资助重点与经费分配为：激光器与元件占36%、应用技术与系统集成占48.9%、激光测量与激光分析占12.2%、其他占

2.3%。也就是说，约72%的经费用于激光材料加工的课题（光源、元件、系统和方法）。承担课题的有夫琅禾费研究所、马克斯–普朗克学会（MPG）、德国科学基金会（DFG）的3个科研所、9个大的激光中心，高校研究所中的30个科研组的共约900名科研人员参加。在这期间建立的比较著名的研究所和中心有夫朗和费激光技术研究所、柏林固体激光研究所、汉诺威激光中心、斯图加特光束应用研究中心等。

在完成1987～1992年德国联邦教育及研究部（BMFT）的“激光研究与激光技术”资助计划后，德国于1993年又提出了“激光2000”新的资助计划。计划的目标是开创21世纪激光技术领域科学技术基础，支持革新激光技术，以保持和加强激光器生产与激光工业应用在国际上的竞争能力，消除激光应用中的科学技术障碍。

为了推广激光加工技术，德国除建立9个国家级激光中心外，还大量建立激光加工站，同时在大、中、小型企业积极建立激光加工生产线。例如，大众汽车设有齿轮激光加工生产线；奔驰汽车共有18个厂房，其中8个厂房安装了激光加工生产线；Thyssen钢铁公司设有轿车底板激光拼焊生产线；西门子公司建立了线包引线激光点焊生产线，接触器铁心、衔铁激光焊接生产线，集成电路激光微调生产线，半导体硅片激光毛化及退火生产线等。“激光2000”中特别提出在1994～1995年每年提供500万马克（25个项目），向批准有激光加工技术项目的中小厂的每个项目资助20万马克。

2010年7月，德国联邦政府正式通过了《思想·创新·增长——德国2020高技术战略》。这是继2006年德国第一个高技术战略国家总体规划之后，对德国未来新发展的探求。新战略指出，德国面临几十年来最严峻的经济与金融政策挑战，解决之道在于依靠研究、新技术、扩大创新，目标明确地去激发德国在科学和经济上的巨大潜力。为此，联邦和各州政府一致认为：至2015年，用于教育和科研投入占国家（或地区）生产总值的比重增至10%。而经济–科学研究联盟将始终伴随高技术战略的实施过程。新战略还提出以五大需求领域开辟未来的新市场，并重点推出11项“未来规划”，积极营造友好创新环境。

2011年，德国政府推出了新的光子研究行动计划“德国光子学研究——未来之光”。德国联邦教育及研究部国务秘书Schütte在慕尼黑“激光–光子世界”博览会上对该计划做了介绍。新计划基于德国产业与科技界300多名专家就光子学的机遇和挑战在一个共同议程中提出的建议，描述了未来10年德国的光子研究战略。以富有成果的科研项目为基础，德国政府与产业界将充分利用光子新市场来促进经济增长。

2011 年，德国 DILAS 公司全面启动国内高功率半导体激光器激光熔覆和激光硬化战略，通过与多家国内领导型激光熔覆和激光硬化企业合作，根据客户要求不断提升产品设计和功能。DILAS 公司的高功率半导体激光器系统产品结构、功能和性能已经完全达到国内复杂的应用环境要求，深受国内用户好评。

#### 2. 德国的激光研发投入

德国政府从 2012 年起拨款 4.1 亿欧元用于促进光技术的研发。作为 21 世纪的重点技术，德国为光技术提供了优越的投资条件。德国在光技术市场中的设计生产过程和新的高科技材料拥有很好的潜力。尤其在 LED 领域，德国是欧洲最大也是增长最快的市场之一。据 Frost & Sullivan 评估，到 2016 年德国 LED 市场营业额增长率将保持 26.6% 的年增长。

激光技术在德国的经济中发挥了重要作用，全球销售的 40% 光源和 20% 激光材料加工系统来自德国。对于用于制造业的激光器，德国企业更是走在前列。

为了维护并巩固激光的优势，德国联邦教育及研究部成立了数字光子生产（DPP）研究基地，并且每年提供 200 万欧元资助，连续资助 15 年。亚琛工业大学、夫琅禾费研究所联合其他企业合作的 Femto 光子产品联合研究项目为超快激光器应用于材料加工制造奠定了基础。DPP 研究基地和弗劳霍夫激光技术研究所及来自企业的 28 个合作伙伴之间建立了长期系统合作模式。合作的目标是面向应用的基础研究的资源共享。DPP 研究基地专注于利用激光器作为新工具的研究新方法和基本物理效果，特别是与未来主题相关的能源、健康、安全、信息和通信技术等方面的研究和发展。

### （三）日本

#### 1. 日本激光产业发展规划

日本是世界各国中最早认定“21 世纪是光的世纪”的国家。20 世纪 80 年代以来，光电子产业在日本的产业规模以平均每年 10%～20% 的速度递增，一跃成为世界光电子产业的头号大国。光电子产业首先在日本形成，源头是政府对光电子研究的支持，另外还有一个重要原因是日本企业注重生产技术和消费市场的开发。日本的一些大型公司，如 NEC 公司、日本电报电话公司等，都建立了自己的光电子基础研究实验室，面向市场形成了大规模、低成本的生产能力。

日本内阁于2016年1月22日审议通过了《第五期科学技术基本计划（2016—2020）》。该计划是日本政府自1995年颁布《科学技术基本法》、1996年发布《第一期科学技术基本计划》以来启动实施的第五个国家科技振兴综合计划，也是日本最高科技创新政策咨询机构——综合科学技术创新会议（CSTI）于2014年5月重组之后制定的首个基本计划。

计划肯定了过去20年日本政府研发投资、研究人员数量和科技论文发表数量均有所增加，研发环境显著改善，国际竞争力大幅提升，特别是在发光二极管等前沿科技领域取得的突破性研究成果。未来，日本将立足于国际视野，大力推行四大政策措施。其中以制造业为核心创造新价值和新服务中，日本政府将不断完善知识产权和国际标准化战略，围绕光量子等创造新价值的核心优势技术，设定富有挑战性的中长期发展目标并为之付出努力，从而提升日本的国际竞争力。

为促进给社会带来变革的颠覆性创新，支持具有挑战性、高风险性的创新活动，2016年4月，日本内阁府与科学技术振兴机构（JST）联合推出"日本颠覆性技术创新计划"（Impulsing Paradigm Change through Disruptive Technologies Program，ImPACT）。该计划的推行将对日本经济社会具有巨大的影响力，能够为未来产业生产、经济增长和社会发展带来根本性的转变。该计划中的各领域设有项目经理。他们作为研究项目负责人，与传统的研究者不同，主要负责本领域内研究人员和研发机构的任务分配及项目管理。

日本颠覆性技术创新计划始于2014年，是一个综合性科技创新计划。作为政府科技创新的"司令塔"，主要促进高风险、高冲击性的研发活动，以实现可持续发展的创新系统。最初该计划只有12个领域，在2016年1月颁布的"第五科学技术基本计划"后又新增加了4个领域。

2. 日本激光产业研发投入

激光加工是日本重要的基础制造技术之一，可直接加工的高功率蓝色半导体激光器是其优势产业。岛津公司开发出可用于直接加工用途的高功率蓝色半导体激光器。岛津公司发布的资料介绍，2010年全球加工用激光器市场的规模为2500亿日元，2020年增至5700亿日元。除了原来的二氧化碳气体激光器之外，半导体激光激励的固体激光器及光纤激光器也逐渐成为加工用激光器的主流产品。把这些激光器的激励源——半导体激光器用于直接激光加工用途的"直接二极管激光器"（Direct Diode Laser，DDL）不仅体积小、电光转换效率高，而且可以通过大量生产来降低成本，因此作为新一代激光加工光源而备受关注。

2014 年 9 月 16 日，日本航天政策委员会召开第 17 次会议，日本宇宙航空研究开发机构（Japan Aerospace Exploration Agency，JAXA）理事山本静夫和第一卫星应用任务本部先进技术卫星开发室主任中川敬三向参加会议的科学技术学术审议会、研究计划评价分会和航天开发应用部的专家们汇报了 JAXA 拟启动的"激光数据中继卫星"计划。2014 年 12 月，内阁府批准并将这一项目列入 2015 年 1 月 9 日公布的新版航天开发基本计划中，2015 财年的航天开发预算中给"激光数据中继卫星"下拨了 32.08 亿日元的启动经费。

2014 年日本内阁启动了政府资助的创新项目——高能激光计划，旨在将高能激光器用于实际用途。该项目由东芝公司原总工程师 Yuji Sano 领头，通过与大阪大学及日本理化研究所进行合作，共同开发高能激光器，为期五年，总成本达 25 亿日元。

日本赤崎勇教授由于开发了蓝色 LED 而获得 2014 年的诺贝尔物理学奖。他曾经领导研究组开展了超越 LED 性能的下一代蓝光激光器的研究。半导体激光器可以大幅度提升能效，应用于医疗激光及信息通信等诸多领域。目前，医疗应用已经部分实现，但由于效率及成本还没有达到预期，仅实现了部分普及。赤崎勇教授所在的日本名城大学通过应用与蓝光 LED 开发相关的氮化镓结晶技术，尝试实现可广泛普及的半导体激光器开发。赤崎勇教授的研究中心的总面积为 1500m$^2$，投入 1.2 亿日元构建新型结晶装置。除了无尘室、研究室、实验室外，研究中心还开设了与民间企业合作的产学合作基地，进行研发成果的宣传活动等。半导体激光器的研发广受关注，不仅是为了节能，而且可以广泛应用于医疗、工业加工、水净化等方面，其开发将大大改善社会现状。

日本大阪大学和岛津公司开发了两种新型 RGB 激光光源模块，主要使用了 RGB 可见光半导体激光器技术。其中一种激光模块具有世界最高的亮度，可用于高亮度激光显示设备和激光照明。在 2014 年由日本大阪大学成立的可见光半导体激光器应用联盟近期制定了系列相关标准，旨在为 RGB 激光光源的安全及可靠性提供指导，并为其应用奠定基础。未来，该联盟将进一步推广普及该技术，并推动相关国际标准的建立与发展。

### （四）欧洲

捷克、罗马尼亚和匈牙利三国共同建造世界最强激光器，输出功率达

10PW，将组成极端光线基础设施（ELI）——利用欧盟结构基金推进研究项目，投资3.56亿欧元。该项目于2015年实现部分激光器联机实验，于2017年全部建成。2017年后，法国加入，每年投入30亿欧元。ELI是一个国际性的研究机构，为科学家提供了更高能量、更高强度、更快速度的激光器实验，将在罗马尼亚建立默古雷莱“激光谷”。此外，该地区还计划建造另外一个较小的激光设施，以期培训科学家参与ELI。ELI建设的高强度激光器将探索核物理；加速粒子产生X射线和紫外线光源，用于探索分子结构和固体材料；在等离子体中激光发射异常快速脉冲激发电子，然后让这些电子释放能量，发射像激光一样的相干X射线。该项目在2019年3月20日达到一个重要的里程碑：由法国泰雷兹（Thales）开发的超高强度激光系统成功地产生了第一个峰值功率为10.9PW（10PW相当于1 016W）的脉冲：327J的脉冲能量，以每分钟一发的频率重复，精确到22.3fs的超短脉冲宽度，产生了高达10.9PW的峰值功率。

英国国防部启动了一项“激光定向能武器性能演示设备”的试验项目，合同金额达3000万英镑，由欧洲导弹集团英国分公司负责实施，原型设备已在2019年7月交付并用于开展相关测试。英国政府推出一个新的工业战略，给出了使英国在国内外的激光领域有最大经济增长机会的具体计划。与此同时，给35个研发项目提供了1800万英镑的资金支持。得到最多资金的项目之一是在布里斯托尔的OC机器人技术公司，它的“激光蛇”项目获得580万英镑的资金。该项目主要开发远距离蛇臂机器人和激光切割光学装置，可在空气中和水下使用。“激光蛇”机器人使用钢丝绳作为肌腱，所有的制动器都可控制机械手臂移动，柔韧性好，能够抵达其他机械装置无法抵达的区域。

## 二、中国激光产业发展规划与投入

### （一）中国激光产业发展规划与投入计划

国家在2015年5月提出了“中国制造2025”，战略性地描绘出未来我国制造业转型升级由初级、低端迈向中高端的发展规划。“激光装备制造计划”将智能制造作为主攻方向，推进制造过程智能化。在重点领域试点建设智能工厂/数字化车间，加快人机智能交互、工业机器人、智能物流管理、增材制造等技术和装备在生产过程中的应用，促进制造工艺的仿真优化、数字化控制、状态信息实时监测和自适应控制。

“激光装备制造计划”提出了九大战略任务、五大工程和若干重大政策举措，还前瞻部署了新一代信息技术产业、高档数控机床和机器人、航空航天装备、海洋工程装备及高技术船舶、先进轨道交通装备、节能与新能源汽车、电力装备、农机装备、新材料、生物医药及高性能医疗器械等重点突破的十大战略领域。

“工欲善其事，必先利其器”，从“中国制造”向“中国智造”迈进，离不开加工及制造手段的革新。激光技术自发明以来，已经在制造业中获得了广泛应用。作为高端加工机床的一种，激光加工设备已经应用到生活中的各个方面。中国工业领域普遍接受了激光加工的概念，中国激光产业蓬勃发展。预计在3～10年内，中国将步入“光制造”时代。在未来5年内，激光行业受益于政府对制造业的重视与扶持，平均年增长率约为10%～15%。这将是中国激光产业迈向成熟稳定发展的5年，其间有更多高新尖激光产品将出现在中国市场上。

《国家中长期科学和技术发展规划纲要（2006—2020年）》前沿技术板块中包括激光技术的发展计划。“十三五”期间，科技部部署了与激光相关的8个专项，主要包括激光与增材制造、先进电子材料、智能交通、量子调控与量子信息、重大科学仪器、纳米科技等，投入经费33亿元。

## （二）中国激光产业按区域划分的发展及投入情况

激光产业发展50多年来，已初具规模，主要涉及工业、医疗、军事和文化等方面。近年来，国内更是加快了激光产业发展，各个地区在政府的领导和激光企业的配合下潜心科研、提升技术、开拓市场，并建设激光产业园。

### 1. 湖北武汉激光产业代代传承稳步发展

湖北省的激光技术及产业化始于20世纪二三十年代出生的第一批老教授，已历经了三代人的奋斗。他们当年科研的目标是将技术成果变为产品。这样的目标奠定了湖北省激光技术及产业化的基本特点——面向市场需求。近几年，湖北省的激光产业稳步发展。2013年，中国首台万瓦级光纤激光器问世，标志着中国在高功率光纤激光器研制领域进入世界先进水平，中国成为继美国之后第二个掌握此项尖端技术的国家。2014年5月28日，武汉团结激光股份有限公司与中联控股集团总额25亿元的增资扩股及战略合作框架协议在武汉中国光谷团结国际激光产业园签订。此次武汉团结激光股份有限公司与中联控股集团强强联合，定位于武汉团结激光股份有限公司在中国率先成功构建“高功率激光器-高功率激光成套设备-全国激光加工连锁中心”

激光产业链基础上的第二次创业。2021 年 8 月，中联控股集团投资了 25 亿元资金用于武汉团结激光股份有限公司现有激光产业链项目扩建和武汉中国光谷团结国际激光产业园项目建设，全力支持武汉团结激光股份有限公司建设成为中国最大的高功率激光器、高功率激光加工成套设备的生产及出口基地以及中国最大的激光加工连锁企业。

武汉的激光产业发展形成“五大”片区：江岸区，为中小功率激光企业；光谷大道，是激光产业长廊；光谷庙山，是华工科技园区；青山区，为钢铁激光焊接片区；沌口开发区，为汽车激光焊接片区。武汉的激光企业数量众多，其中最大的企业当数华工科技产业股份有限公司，2021 年前三个季度的营业收入达 17 亿元，同比增长 40%。此外楚天激光、武汉团结激光股份有限公司、武汉锐科光纤激光技术股份有限公司等企业在科研技术业绩创收上也有突破。武汉激光产业在政府、高校、科研单位及众多激光企业的共同努力下处于稳步发展状态。

### 2. 广东深圳激光产业发展现状

近年来，广东地区的激光产业得到迅速发展，深圳已成为继武汉之后的国内第二大激光产业聚集地，出现了 200 多家激光企业，产业规模达 100 亿元。深圳的激光企业主要集中在南山、宝安、龙岗三个区，包括大族激光、深圳光韵达光电科技股份有限公司、深圳市联赢激光股份有限公司、深圳市光大激光科技股份有限公司、深圳市木森科技有限公司、深圳市创鑫激光股份有限公司、深圳瑞丰恒激光技术有限公司、深圳市奥瑞那技术有限公司、铭镭激光、民升激光、迪能激光等。

其中仅大族激光 2013 年的业绩就超过 43 亿元，占深圳激光产业的 40%多，2014 年前三个季度的总营收达 42.6 亿元，同比增长 31%。深圳地区一些较具实力的企业（如富士康、比亚迪、华为、中兴）及许多电子制造、钣金模具等领域的企业，纷纷采用了激光加工，为深圳打造先进制造业、推动高附加值产业发展做出了重要贡献。

一直以来，当地政府及企业都致力于深圳市激光产业的发展。2014 年 11 月，深圳市宝安区诞生了一个高新产业联盟。

### 3. 温州激光产业园

温州共有 80 余家激光与光电企业及一批相关应用企业，其中高新技术企业有 30 余家。全市激光与光电产业主要集中在市区及周边的瑞安、苍南、乐清、永嘉等地，2012年实现产值近300亿元。单就激光行业而言，温州市现有制造激光元器件、激光器及激光应用设备等生产企业20多家，2011年实现产值约10亿元。2020年，温州激光产业园实现销售收入600亿元，以激光、光电能源、半导体照明、光通信四大领域为重点。“十四五”期间，温州激光产业园将创建20家以上研发、转化、检测服务机构，30家以上省级技术研发中心，科技创新服务体系初步形成。

2013年，温州市出台了《温州市激光与光电产业发展三年行动计划（2014—2016年）》。温州激光集群的发展还处于起步阶段，集群企业还需加大创新、提升市场竞争力、解决产业结构良莠不齐等问题，政府实施三年行动规划，在2016年实现集群工业总产值及技工贸易营业总收入达到500亿元。

2012～2014年，温州市共安排激光与光电产业集群科技专项项目86项，经费4840万元，其中加工站6项、研究开发项目48项、应用示范项目32项。共争取国家级项目107项，获得补助8803万元，其中“火炬计划”项目7项、创新基金项目100项。共争取省级项目11项，获得补助659万元。政府加强了对关键共性技术的研发补助，引导企业加大了研发投入力度，起到政府资金“四两拨千斤”的作用。为加快新旧动能转换，构建现代产业体系，温州激光产业园区贯彻实施《中国（温州）激光与光电产业集群建设发展规划（2011—2020年）》（温政发〔2011〕73号）、《中国（温州）激光与光电产业集群激光应用专项规划（2012—2020年）》，加大培育和引进行业骨干企业、关键配套企业、科研机构、技术人才的力度，提升产业链和产业集群效应，将温州建设成为我国激光与光电产业发展的重要区域。

温州集群注重公共服务平台建设，以平台引人才、以平台引项目。已建成激光加工国家工程中心温州分中心、激光与光电技术创新服务平台、激光制造技术与装备重点实验室、激光与光电国际技术转移中心、激光技术应用示范推广中心、浙江工贸职业技术学院姚建铨院士工作站、省级激光与光电产品质量检验中心等一批创新服务平台，下一步还将重点推进激光与光电产业联合研究院等平台建设。借助这些平台，集群引进高层次人才28名，引进海外专家14名。温州大学、浙江工贸职业学院等本地院校开设激光与光电相关专业，培养造就管理人才和专业技术人才800余名，有效促进了科技资源的集聚，为集群企业发展提供强有力的技术人才支持。

#### 4. 辽宁鞍山激光产业园

2011年底，辽宁省委省政府确定鞍山高新区作为辽宁激光产业园建设的承接地。鞍山市将发展激光产业提升作为鞍山新兴产业的生长点，全面打响以千亿元激光产业集群为目标的攻坚战役。2016年，鞍山市委市政府就提出要在5年内引进300个激光项目、投资300亿元，到2020年打造完成年销售收入1000亿元的国家级激光产业基地。

### 5. 江苏省激光产业发展及规划

为深入实施创新驱动发展战略，加快推进苏南自主创新示范区建设，根据江苏省科技厅、南京市人民政府和南京新港高新技术工业园（简称新港高新园）三方共建江苏省激光与光电产业技术创新中心协议的要求，南京市科学技术委员会与新港高新园围绕“一区一战略”产业布局，在新港高新园内联合征集激光与光电领域产业发展专项计划，加速产业高端创新资源集聚，推动形成具有自主知识产权的核心技术，抢占产业技术竞争制高点，努力建成国内领先、具有世界影响力的激光与光电产业技术创新中心。该中心跟踪世界高技术发展趋势，面向新港高新园未来发展，瞄准高价值环节和关键节点，支持核心技术的研发，提高产业高端发展水平，示范带动相关产业转型升级。突出优势产业的创新与发展，以支撑苏南国家自主创新示范区创新发展为主要着力点，引导新港高新园加强激光与光电产业关键共性技术的研发，培育创新型产业集群，强化“一区一主导产业”的布局。

### 6. 山东激光产业

2013年9月5日，济南市科技局信息公示：山东华光电子有限公司山东省大功率半导体激光器工程实验室创新能力建设项目，获山东省预算内扶持资金110万元，这些扶持资金主要用于购置工程实验室的重点研发实验设施、分析检测设备和关键工程软件等。

山东省大功率半导体激光器工程实验室于2010年由山东省发展改革委批准建设，经过一年半的建设，新购置电子束蒸发台、激光划片机、激光裂片机等19台套研发设备，建成了国内一流的研发平台。项目建设期间，共承担“863计划”课题1项、企业自立课题13项；完成鉴定成果1项，达到国际先进水平；申报国家专利9项；在《半导体技术》等期刊发表学术论文3篇；攻克了大功率半导体激光器外延、芯片制备、光纤耦合等多个技术难题，完成新产品开发和成果转化10余项，实现新增产值3亿元以上。

浪潮华光承建的省级工程实验室项目顺利通过竣工验收，标志着公司建成了完善的半导体激光器外延材料生长、芯片制备、器件封装、可靠性验证的综合研究平台。在国内建成了具有一流水平的大功率半导体激光器产业研发和创新基地，巩固了山东省在半导体激光器领域的领先地位。

## 三、企业在激光产业方面的投入

近年来，随着激光应用的市场需求不断扩大，为了更好地适应市场，国内企业纷纷加大了科研力度，深圳前瞻咨询股份有限公司的技术报告[1]统计了我国主要激光企业的激光相关业务研发支出经费情况。

### （一）深圳市大族激光科技股份有限公司

2014年度，深圳市大族激光科技股份有限公司研发支出总额为37 371.75万元，占公司营业收入的6.71%，占公司归属于上市公司所有者权益的9.06%，较2013年同期增长7 363.08万元，增幅24.54%。

### （二）华工科技产业股份有限公司

2014年度，华工科技产业股份有限公司的研发支出总额为12 573.23万元，较2013年下降11.23%，研发支出占净资产的4.46%，较2013年下降0.87个百分点；研发支出占营业收入的5.34%，较2013年下降2.63%个百分点。

### （三）深圳光韵达光电科技股份有限公司

深圳光韵达光电科技股份有限公司在三维打印方面开展了三维打印与激光减成法工艺复合研究及三维打印金属、非金属材料研究，对公司完善三维打印业务的产业链有深远影响，并获得广东省前沿与关键技术创新专项项目资金支持。2015年，公司研发投入1051万元，占营业收入的4.66%。

### （四）武汉金运激光股份有限公司

武汉金运激光股份有限公司专注深挖中小功率柔性系列激光行业应用需求，研发和推出更能提升生产效率的激光设备，进一步加强二代金属射频激光器的开发和测试，以逐步取代进口射频激光器；加大研发金属激光系列设备的力度，扩大出口销售。另外，该公司在三维打印和互联网意造云平台方面投入大量的人力和物力，期望未来公司能成为三维打印行业的领军企业。2014年，公司研发投入498万元，占营业收入的7.03%。

# 本章参考文献

[1] 中国科学院武汉文献情报中心 . 2019 年中国激光产业发展报告 . 2019, 7: 7-19.

[2] 深圳前瞻咨询股份有限公司 . 2016—2021 年中国半导体激光产业市场前瞻与投资战略规划分析报告 ( 中国科学院长春光学精密机械与物理研究所专用版 ). 2016: 0-72, 119-120, 122-124, 130-131.

[3] 深圳前瞻咨询股份有限公司 . 2016—2021 年中国半导体激光产业市场前瞻与投资战略规划分析报告 .2016：70-72.

[4] 中国科学院文献情报中心 . 高功率、高光束质量半导体激光关键技术态势分析报告 . [2017-06-14].

# 第四章 高功率、高光束质量半导体激光的发展思路和方向

## 第一节　高功率半导体激光封装技术的发展现状

半导体激光器具有尺寸小、寿命长、电光转换效率高、可靠性好、波长覆盖范围广等优点。进入21世纪以来，随着半导体材料外延生长技术、腔面钝化处理技术、高可靠性封装技术及高效冷却技术的快速发展，大功率半导体激光器技术得到迅速发展，主要向着高功率、高效率、高光束质量、高光谱稳定性和多波长等方向发展。目前商品化的单巴条半导体激光器输出连续激光功率已达300W，脉冲激光功率已达1000W，电光转换效率为55%～65%。德国夫琅禾费研究所于2016年报道，在准连续（脉宽200μs、重频10Hz）驱动、200K（−73℃）热沉温度制冷下，940nm激光巴条输出峰值功率达到2000W[1]。在改善光束质量方面，采用窄条发光区结构（narrow-stripe emitting-area）、锥形二极管激光器结构（tapered diode lasers）、板条耦合光波导激光器结构（slab-coupled optical waveguide lasers，SCOWL）等方式，使半导体激光器输出激光的光束质量获得较大提高，实现了单管半导体激光器快、慢轴方向光束质量达到近衍射极限。另外，通过在芯片内部制作布拉格光栅或外腔体布拉格光栅反馈的方法进行输出激光光谱稳定控制，实现了半导体激光器巴条输出激光光谱宽度（FWHM）小于0.2nm、波长温度漂移系数小于0.01nm/℃。还根据需要开发出多种波长的高功率半导体激光器巴条，在短波方向实现了多于400nm，在长波方向实现了中红外及太赫兹（THz）波段激光输出。

封装技术、镀膜技术和可靠性分析技术是高功率半导体激光器器件研制过程中的关键环节之一，直接影响着器件主要性能指标，如输出激光功率、波长、偏振态、寿命等。同时，由于封装过程需要专业的设备和人员进行精细控制，因此封装成本（包括测试和质量控制）占到整个半导体激光器产品成本的 50% 以上。根据半导体激光器的应用领域（如通信、显示、工业加工）和芯片结构不同，半导体激光器的封装结构及封装技术是不同的。

半导体激光合束技术是实现高功率、高光束质量的有效措施，包括非相干合束技术和相干合束技术。其中，非相干合束技术主要包括空间合束技术、偏振合束技术、波长合束技术等。

## 一、高功率半导体激光器封装的一般特点

根据其输出激光的方向，半导体激光器可以分成边发射半导体激光器和垂直腔表面发射半导体激光器（VCSEL）两大类（图 4-1）。垂直腔表面发射半导体激光器器件每个单元出光区的直径通常是 4～20μm，输出激光功率通常是 1～30mW [2]。由于单个单元的功率很低，因此在高功率应用中，通常是把许多单元集成一个二维阵列作为一个基本芯片单元。例如，Philips GmbH Photonics 公司生产的 2mm×2mm 尺寸的 VCSEL 芯片单元集成了 2205 个单元，可输出连续激光功率为 8W（图 4-2）。边发射半导体激光器的出光截面厚度在快轴方向约为 1μm，在慢轴方向（条宽）通常为 100～200μm，芯片厚度约为 120μm，单元芯片通常可输出连续激光功率 5～15W。在高功率应用中，边发射半导体激光器芯片可以由 1 个或多个单元组成，芯片结构如图 4-3 所示。

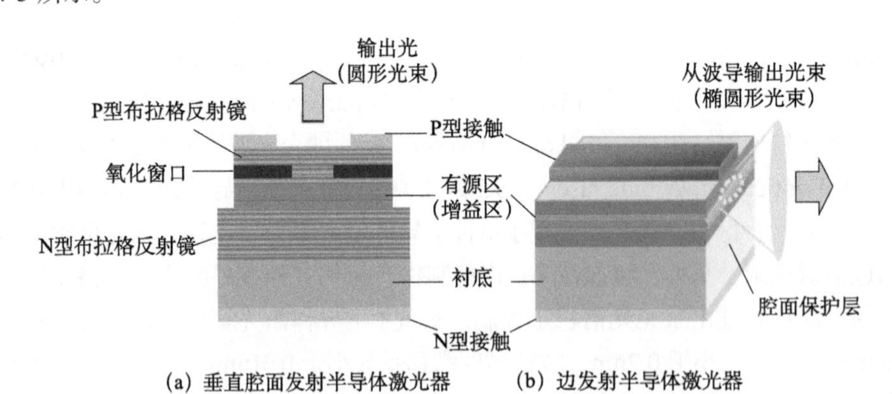


图 4-1 边发射半导体激光器和垂直腔表面发射半导体激光器的结构示意

(a) 安装好的器件　　(b) 器件放大图

图 4-2　垂直腔表面发射半导体激光器单元阵列芯片

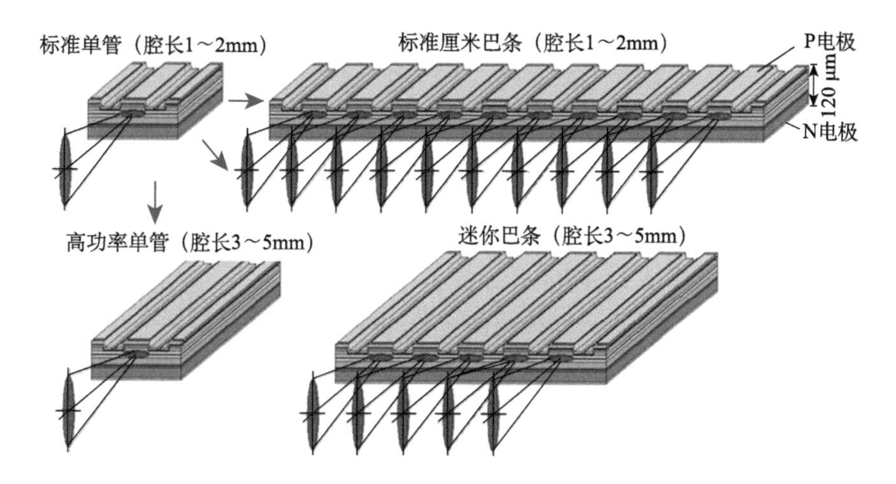


图 4-3　边发射半导体激光器的芯片结构示意图

半导体激光器裸芯片是无法工作的，要实现半导体激光器高功率、高可靠性、长寿命、高稳定性工作，需要在很大程度上依赖于封装技术。高功率半导体激光器封装是一个多学科技术，涉及物理、机械设计、热管理、力学、光学、材料科学、表面处理、制造工程、电学、可靠性工程、质量工程等。简单地说，高功率半导体激光器封装就是如何实现芯片精密安装定位、低应力固定、低电阻电连接、高效散热及保持长期稳定可靠。高功率半导体激光器芯片的封装有以下特点：①由于芯片发光区距离安装面仅有数微米，而输出激光在快轴方向（与安装面垂直的方向）的发散度约为 50°，为避免挡光和保证芯片散热，需要精密控制芯片腔面与热沉棱边的位置，要求达到微米量级的安装定位精度；②应力对芯片性能指标的影响较大，应尽可能减小封装加载到芯片上的应力，因此需要采用与芯片热膨胀系数匹配的材料或可释放应力的封装方式；③工作电流密度可达连续 1000A/cm$^2$ 和脉冲

5000A/cm$^2$，因此需要采用能承受大电流的稳定、可靠的电连接方式；④由于工作温度对半导体激光器芯片的输出激光功率、电光转换效率、可靠性等性能指标的影响大，通常要求工作温度低于60℃，而芯片的热流密度可达500W/cm$^2$，因此高平均功率半导体激光器的封装需要重点解决高效散热问题；⑤要实现高功率半导体激光器芯片长期稳定、可靠地工作，需要对大电流密度、大热流密度及高激光功率密度工作状态下的芯片及相关结构的失效机理与可靠性进行分析，并采用合适的测试及老化考核措施；⑥在半导体激光器高亮度输出的应用中，要用微光学元件对输出激光进行整形耦合，采用半导体激光器芯片与微光学元件的一体化封装设计，通常微光学元件的安装定位精度也要求达到微米量级。

## 二、高功率半导体激光器封装技术的发展

高功率半导体激光器技术的发展取决于两个方面：①半导体激光器芯片制造工艺取得突破；②封装技术的进步主要涉及封装结构设计、高效冷却器技术和芯片焊接组装工艺等方面。

为了满足高平均功率半导体激光器芯片散热冷却的苛刻要求，美国劳伦斯利弗莫尔国家实验室（Lawrence Livermore National Laboratory，LLNL）、美国汤普森·拉莫·伍尔德里奇公司（Thompson-Ramo-Wooldridge Inc，TRW）、SDL等先后研制了基于湍流原理的冲击式冷却器和层流原理的硅微通道冷却器[3,4]。随后，德国夫琅禾费应用研究促进协会（Fraunhofer-Gesellschaft）、DILAS公司、欧司朗公司、Jenoptic公司等又发展了铜微通道冷却器封装技术。由于铜的导热性能远优于硅的导热性能，因此用铜微通道冷却器替代硅微通道冷却器可以有效提高散热冷却效果，还可以克服硅微通道冷却器研制工艺复杂、成本高、运行维护困难的缺点，对降低半导体激光器成本及实用化有重要作用，高平均功率半导体激光器采用铜微通道冷却封装的方式得到普遍应用，并较好地实现了商品化。

随着高功率半导体激光器作为固体激光泵浦源及在工业、医疗等领域的直接应用越来越广泛，半导体激光器的寿命及可靠性成为半导体激光器封装需要重点考虑的问题。研究人员通过分析半导体激光器的失效机理，从改进芯片焊接材料在大电流密度、大热流循环下的疲劳特性，降低封装应力及避免铜微通道冷却器的腐蚀等方面进行了许多研究，使高功率半导体激光器产品的寿命大大延长，可靠性大幅提升。

近几年，随着光纤耦合输出半导体激光器技术及应用、光纤激光技术及

应用的快速发展，半导体激光器芯片与光束整形耦合的微光学元件集成一体化的封装技术得到高度重视及快速发展，重点是高度集成、元器件精密定位，降低模块的体积、重量，尽量减少耦合损失以提高电光转换效率，降低使用条件（如对冷却水的要求）以方便用户使用，以及“六性三化”（可靠性、维修性、保障性、测试性、安全性、环境适应性，通用化、系列化、模块化）设计，同时制造成本也是需要考虑的重要因素。

## 三、当前高功率半导体激光器的主要封装结构

### （一）基于单管半导体激光器的封装结构

由于单管半导体激光器的输出功率不高，因此一般采用传导冷却的方式散热，目前常用的封装结构有如下几种。

1.TO 封装

晶体管外形（transistor outline，TO）封装，即同轴封装，是光器件的常用封装形式，是一种插入式封装技术。TO 封装激光器的内部有激光器芯片半导体激光器、背光探测器芯片、L 形支架等。根据与外部的光学连接方式不同，TO 封装可以分为窗口式封装和带尾纤的全金属化耦合封装等形式，其中窗口式封装是 TO 封装的核心和基本形式（图 4-4）。

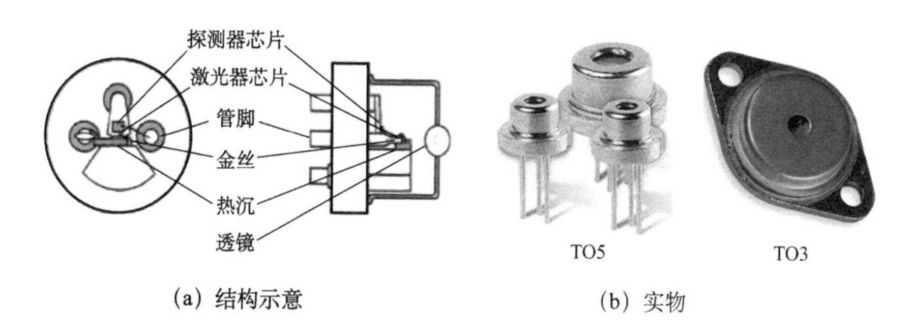


(a) 结构示意　　(b) 实物

图 4-4　TO 封装结构示意及实物
TO3 和 TO5 为封装管壳尺寸代码

2. 蝶形封装

为改进散热效果，尾纤输出的单管半导体激光器一般采用体积大一些的蝶形封装。这种管壳管脚的引线较多，使得其外形酷似蝴蝶，故被人们形象

地称为蝶形封装（图 4-5）。另外也可以采用其他形式管脚的封装结构。

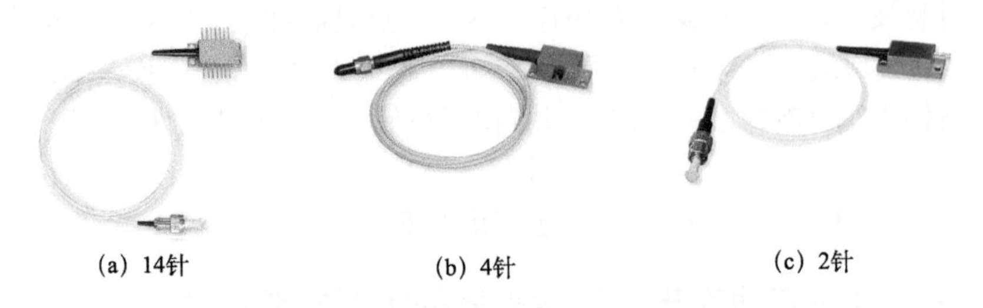

(a) 14针　　(b) 4针　　(c) 2针

图 4-5　14 针、4 针和 2 针的蝶形封装

3. C-mount 封装

铜热沉（C-mount）封装是一种常用的开放式封装结构，封装结构示意及铜热沉实物见图 4-6。为改进散热效果或根据安装需要，也有其他形式的开放式封装结构，如 CT-mount 封装（图 4-7）、F-mount 封装（图 4-8）等。

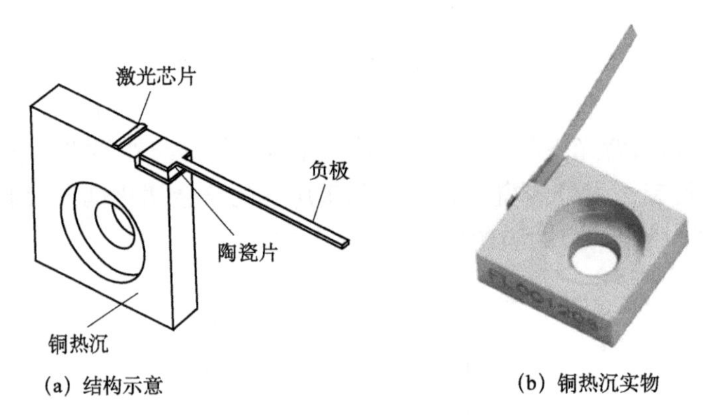


(a) 结构示意　　(b) 铜热沉实物

图 4-6　C-mount 封装半导体激光器结构示意及实物 [5]

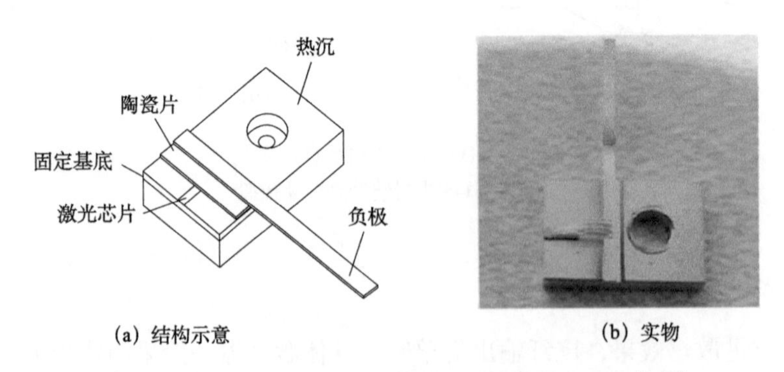


(a) 结构示意　　(b) 实物

图 4-7　CT-mount 封装半导体激光器结构示意及实物 [6,7]

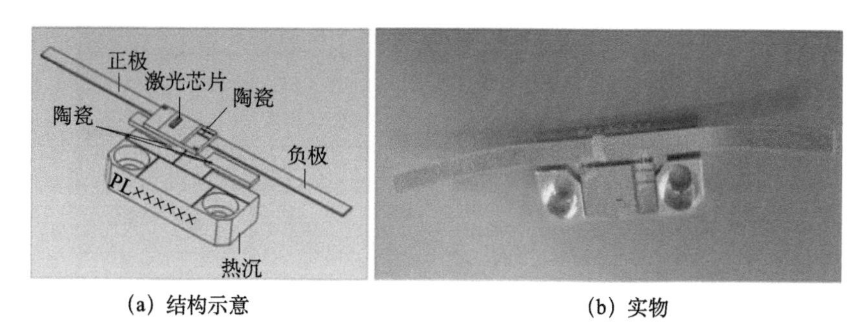


(a) 结构示意　　(b) 实物

图 4-8 F-mount 封装半导体激光器结构示意及实物[8]

4. COS 封装

COS（chip on submount，带衬底的芯片）封装（图 4-9）是为方便用户根据自己需要进行二次封装的一种次封装结构，通常半导体激光器公司将半导体激光器芯片焊接在金属化好的氮化铝陶瓷片上，并将芯片负极连到陶瓷片相应的金属化区，较大地降低了用户二次封装的难度。

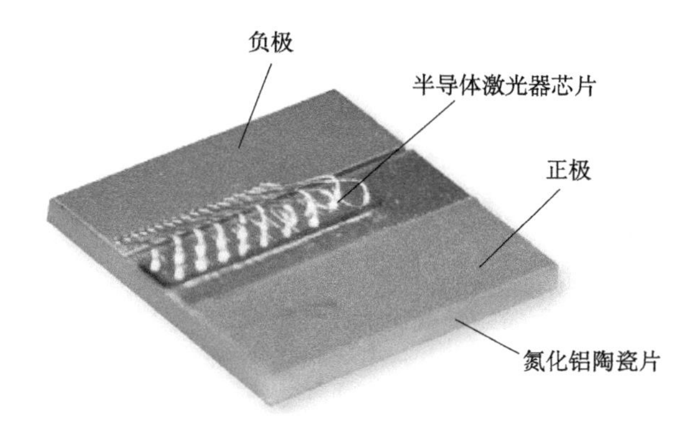


图 4-9 COS 封装半导体激光器实物

## （二）基于半导体激光器巴条的封装结构

1. CS 封装

CS（conduction cooling semiconductor，传导冷却半导体）封装是一种半导体激光器巴条常用的被动冷却封装结构，通常把半导体激光器巴条焊接在一块 25mm×25mm×8mm 的纯铜块热沉上，用户使用时把巴条安装在热电制冷片或其他冷却器上。封装结构示意及实物见图 4-10。

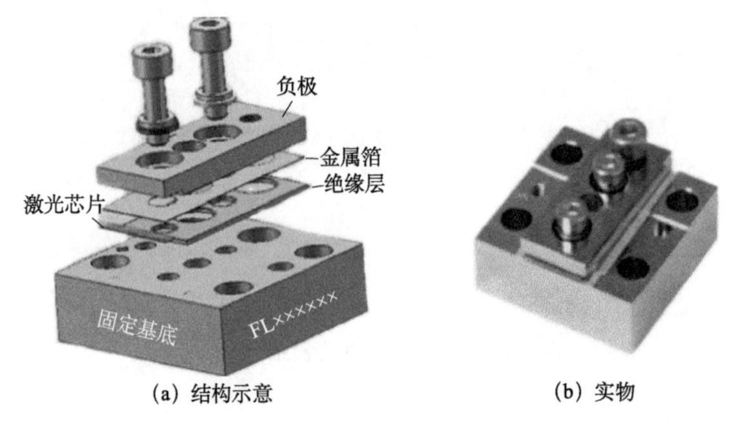


(a) 结构示意　　(b) 实物

图 4-10　CS 封装半导体激光器巴条结构示意及器件[9]

2. 微通道单巴条器件

大功率半导体激光器巴条为了获得较好的散热，一般采用微通道冷却器的封装结构，每个半导体激光器巴条封装在一个薄片形微通道冷却器上。图 4-11 是半导体激光器巴条封装结构示意及带通水座的半导体激光器巴条实物。

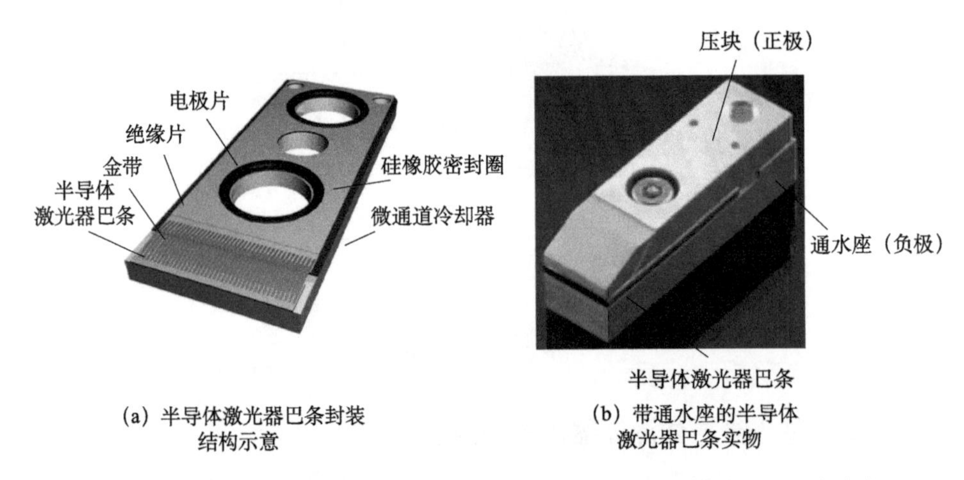


(a) 半导体激光器巴条封装结构示意　　(b) 带通水座的半导体激光器巴条实物

图 4-11　半导体激光器巴条封装结构示意及带通水座的半导体激光器巴条实物

3. 微通道线阵、叠阵

要获得大功率激光输出，可以把微通道冷却器封装的单管半导体激光器水平排列或垂直堆叠组合半导体激光器线阵、叠阵（图 4-12）。

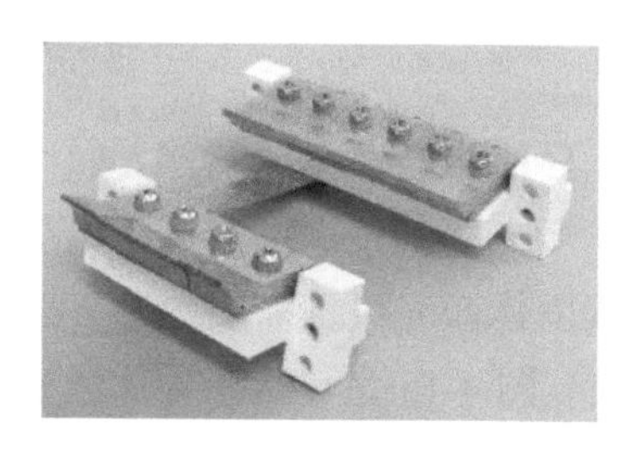

图 4-12　薄片型微通道冷却器封装的线阵、叠阵半导体激光器实物

## 4. 背冷式叠阵

背冷式叠阵结构是先将每个半导体激光器巴条安装在 1 个次热沉上，形成次封装，然后再将多个次封装安在 1 个大的冷却器或热沉上形成一个叠阵单元模块，高功率叠阵半导体激光器可用多个单元模块来堆叠组成。图 4-13 是一种背冷式叠阵半导体激光器的结构示意。图 4-14 所示是一些背冷式叠阵半导体激光器模块实物。

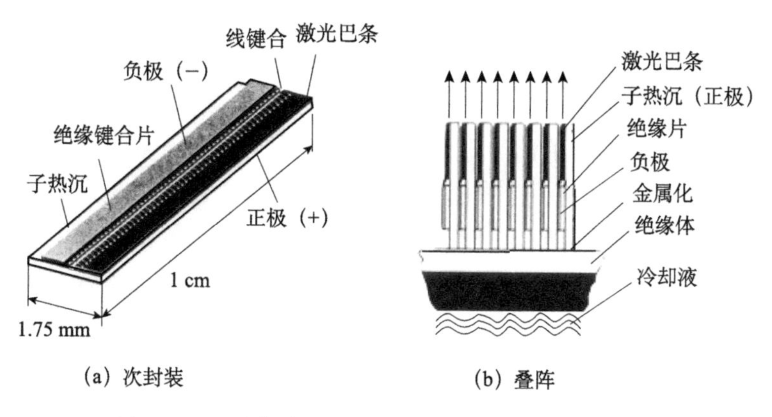


图 4-13　一种背冷式叠阵半导体激光器的结构示意 [10]

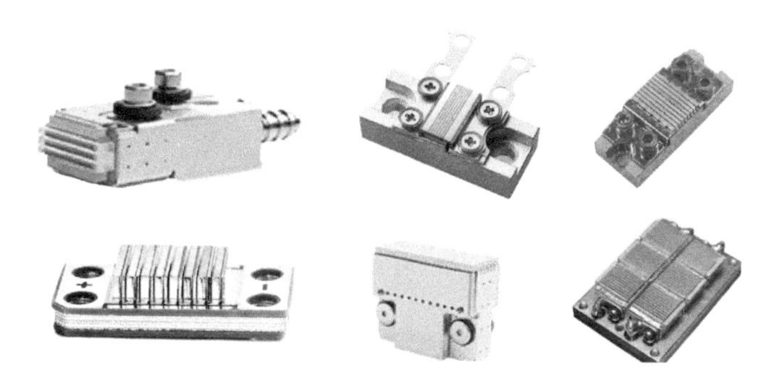

图 4-14　背冷式叠阵半导体激光器模块实物

5. 环形固体激光泵浦模块

针对用于圆棒状固体激光介质的半导体激光器泵浦源，人们设计了一种环形半导体激光器泵浦模块，将半导体激光器巴条焊接到一个正多边形的环形内腔中，形成一个单元泵浦环，根据固体激光设计需要串联 $n$ 个环，可组成结构紧凑的二极管泵浦估计激光模块。图 4-15 是单管半导体激光器泵浦环照片和固体激光泵浦模块结构示意。

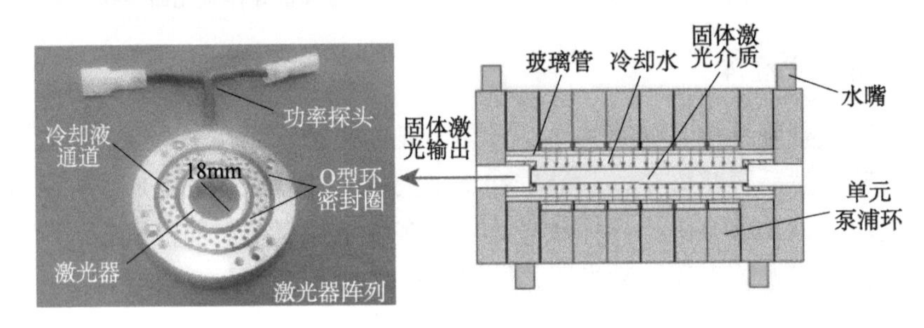


图 4-15　单管半导体激光器泵浦环照片和固体激光泵浦模块结构示意图

## （三）高功率光纤耦合半导体激光器模块

在高功率光纤耦合输出半导体激光器的封装设计需要根据光束耦合的光学设计把多个标准巴条、迷你巴条或单管半导体激光器与光束整形的微光学元件进行一体化的集成设计和封装，对各元件的安装精度提出了很高的要求。图 4-16 是一种常用的基于单管半导体激光器的光纤耦合封装结构示意 [11]，图 4-17 是一种基于单管半导体激光器的光谱锁定半导体激光器模块光纤耦合封装结构示意 [12]，图 4-18 是一种基于迷你巴条的光纤耦合封装结构示意 [13]。

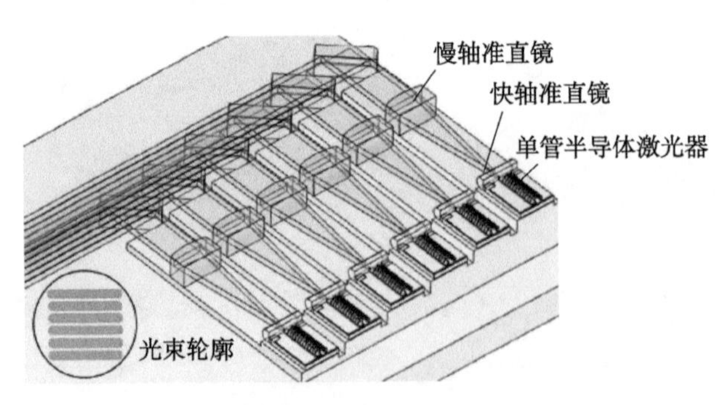


图 4-16　一种常用的基于单管半导体激光器的光纤耦合封装结构示意图

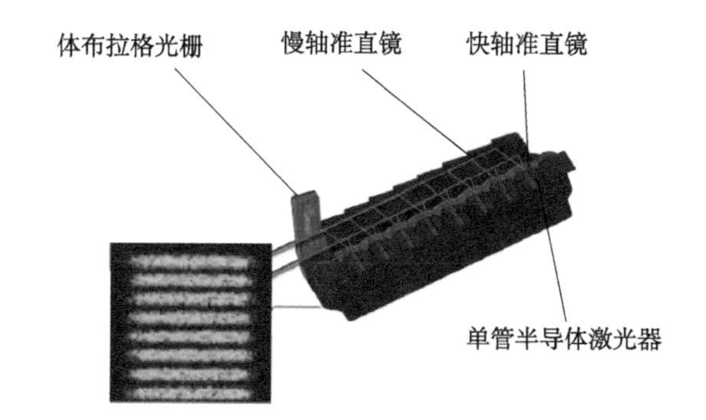


图 4-17　一种基于单管半导体激光器的光谱锁定半导体激光器模块光纤耦合封装结构示意图

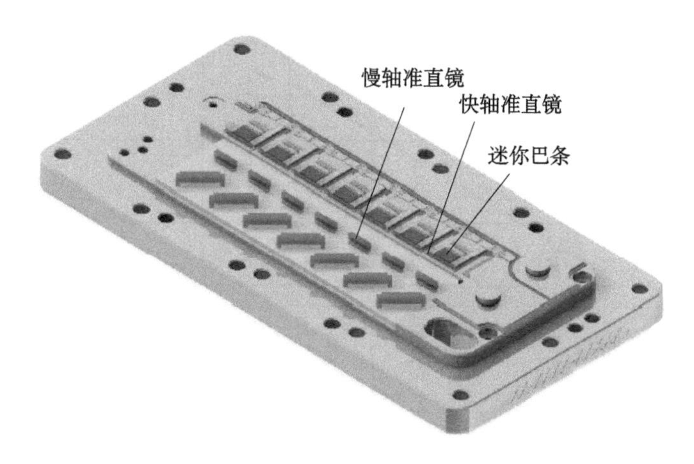


图 4-18　一种基于迷你巴条的光纤耦合封装结构示意图

## 四、高功率半导体激光涉及的封装技术

### （一）芯片焊接技术

高功率半导体激光器芯片焊接技术涉及热沉材料和焊接材料的选择、热沉表面金属化、焊料制备工艺、焊接工艺等方面。热沉材料的选择主要需要考虑材料的导电、导热特性、可加工性、热膨胀系数等，常用的热沉材料主要有无氧铜、AlN 陶瓷、BeO 陶瓷、W-Cu 复合材料等。表 4-1 是一些常用热沉材料的物理特性 [14]。焊接材料的选择需要考虑焊料的熔点、浸润特性、延展特性、与相关材料的合金化特性及在热循环和大电流密度下的疲劳特性等，常用的焊接材料主要有软焊料纯 In、In-Ag 合金、In-Sn 合金及硬焊料 Au-Sn 合金、Pb-Sn 合金等。表 4-2 中是一些常用焊料的物理特性 [15]。

表 4-1 一些常用热沉材料的物理特性

| 指标 | 元氧铜 | Al | AlSiC | 化学气相沉积法制的 SiC | BeO 陶瓷 | Cu-W 复合材料 | | AlN 陶瓷* | | 合成金刚石 | 化学气相沉积法制的金刚石* | | | 天然金刚石* | MONO CVDD* |
|---|---|---|---|---|---|---|---|---|---|---|---|---|---|---|---|
| | | | | | | 10/90 | 20/80 | 170W/mK | 200W/mK | | TM-100 | TM-150 | TM-180 | | |
| 热导（$T_c$）/（W/mK） | 397 | 239 | 180 | 300 | 260 | 157 | 180 | 170 | 200 | 600 | ＞1000 | ＞1500 | ＞1800 | ＞2000 | ＞2200 |
| CTE / (ppm/K) | 16.6 | 23.2 | 6.70 | 2.20 | 6.30 | 5.7 | 7.6 | 4.0 | 4.0 | 3.02 | 1.58 | 1.58 | 1.58 | 1.58 | 1.58 |
| 热扩散系数/($cm^2$/s) | 1.16 | 0.51 | | 1.46 | 0.9 | 0.61 | 0.65 | 0.8 | 0.94 | 3.2 | ＞5.5 | ＞8.3 | ＞10 | 11.3 | 12.1 |
| 比热/[J/(kg·K)] | 3.45 | 4.67 | | 2.04 | 2.94 | 2.56 | 2.78 | 2.38 | 2.38 | 1.9 | 1.815 | 1.815 | 1.815 | 1.815 | 1.815 |
| 密度/（$g/cm^3$） | 8.96 | 2.7 | 3.0 | 3.21 | 2.86 | 17.2 | 15.6 | 3.28 | 3.28 | 4.12 | 3.52 | 3.52 | 3.52 | 3.52 | 3.52 |
| 杨氏模量/GPa | 130 | 70 | | 466 | 340 | 256 | 243 | 310 | 310 | 841 | 1050 | 1050 | 1050 | | |
| 介电常数 | 不适用 | 不适用 | | | 6.7 | 不适用 | 不适用 | 8.8 | 8.8 | 不适用 | 5.7 | 5.7 | 5.7 | 5.7 | 5.7 |
| 电学特性 | 导体 | 导体 | 导体 | 导体 | 导体 | 导体 | 导体 | 绝缘体 | 绝缘体 | 导体 | 绝缘体 | 绝缘体 | 绝缘体 | 绝缘体 | 绝缘体 |

注：带＊的材料的 CTE 平均在 20℃和 26.85℃。

**表 4-2　一些常用焊料的物理特性**

| 焊料类型 | λ/ (W/mK) | 最大延伸率 | 屈服强度 / (N/mm²) | 液体温度 /℃ |
|---|---|---|---|---|
| InBi22 | — | 85 | 14.5 | 93 ～ 108 |
| PbSn40Bi20 | — | 120 ～ 150 | 25 ～ 35 | 95 ～ 156 |
| PbBi40Sn20 | — | 50 ～ 100 | 25 ～ 35 | 95 ～ 117 |
| InAg2 | — | 20 ～ 25 | 4 ～ 6 | 114 ～ 148 |
| InSn48 | — | 16 ～ 34 | 43 | 117 |
| InPb15Ag2 | — | — | — | 142 ～ 149 |
| SnPb29In17.5Zn0.5 | 25.5 | — | — | 149 |
| In | 71 ～ 87 | 41 | 0.4 ～ 2.4 | 156 |
| Sn70Pb18In12 | — | — | — | 164 |
| PbSn36Ag2 | 59 | 25 ～ 30 | 30 | 178 |
| PbIn50 | 22 | 14 ～ 18 | 40 ～ 45 | 178 ～ 210 |
| SnPb40 | 60 ～ 70 | 27 | 42 ～ 51 | 183 |
| PbSn40 | — | 30 | 30 | 183 ～ 235 |
| SnZn9In5 | — | — | 62 | 188 |
| AuSn90 | — | 6 | 77 | 217 |
| SnAg3.5 | 57 ～ 78 | 20 ～ 30 | 25 ～ 35 | 221 |
| SnCu1 | — | 8 ～ 15 | 28 ～ 32 | 227 |
| Sn | 63 | 28 | 10 ～ 15 | 232 |
| Bi | 9 | — | — | 271 |
| AuSn20 | 46 | 1 | 275 | 280 |
| PbSn5Ag2.5 | 44 | 20 ～ 30 | 25 ～ 35 | 280 |
| SnSb8 | — | 50 ～ 55 | 40 ～ 45 | 280 |
| PbIn5Ag2.5 | 42 | 28 ～ 34 | 35 ～ 40 | 307 |
| Pb | 37 ～ 42 | 17 | 21 ～ 36 | 327 |
| SnAu5 | — | — | — | 519 |

热沉表面金属化是为了使芯片的焊接界面在大电流密度、大热流密度工作条件下有较好的稳定性和可靠性，不同焊料、不同热沉材料表面需要进行不同的金属化处理。例如，用 In 焊料的 BeO 基片上通常用的金属化层为 Ti-Pt-Au，铜基片上的金属化层采用 Ni-Pt-Au；用 Au-Sn 焊料的 W-Cu 热沉表面金属化层采用 Ti-Pt-Au-Ti-TiN-Ti。金属化层通常用磁控溅射的方法沉积到热沉表面，Ti 或 Ni 作为黏结层，增强了焊接牢固度，Pt、TiN 作为阻扩散层，阻止焊料向基体扩散而破坏结合牢固度或形成高电阻率、高热阻的合金，Au

作为焊接层，可以与焊料很好地浸润。

为了获得较好的散热效果，高功率半导体激光器芯片均采用倒装焊接的方式（即外延层向下焊接于基座上）。由于发光区距离焊接面仅有约 2μm 的距离，而半导体激光器激光在快轴方向（与安装面垂直的方向）的发散度约有 60°，因此安装时不仅要求热沉有较好的棱边，而且要求芯片前腔面应突出热沉几微米，以避免挡光和焊料污染腔面，但若突出多了又会导致散热效果差。综上所述，芯片安装焊接时需要精确控制位置，控制好升温、降温曲线，既要使焊接面浸润良好，不能有空穴，又要尽量避免加热对芯片带来的不良影响，以及焊料凝固时晶粒粗大和侵蚀金属化层形成脆性合金等。芯片焊接对焊料的厚度和均匀性要求较高。通常焊料厚度控制在约 5μm，需要采用高真空热阻或电子束蒸镀的方法进行焊料沉积。由于焊接时不能使用液体、固体助焊剂（助焊剂会对芯片腔面造成污染），因此需要在还原性或防氧化的保护气氛下焊接。目前通常采用可编程控温，可充氮气和氢气、甲酸气的真空焊台焊接芯片，采用适当的工装夹具定位芯片（图 4-19）。此外还有全自动半导体激光器芯片焊接系统，如德国 Ficontec 公司生产的全自动半导体激光器芯片焊接系统，可自动把芯片安装在镀好焊料的热沉上，定位精度优于 1μm，并在甲酸气或氮氢混合气氛中完成芯片焊接。

图 4-19　一种半导体激光器芯片焊接装夹具 [15]

## （二）应力控制技术

半导体激光器芯片内部的应力会影响半导体材料的能带结构，从而影响半导体激光器的阈值电流、电光转换效率、激光波长、激光偏振态等。封装过程引入的应力主要由芯片与热沉的热膨胀系数、焊接材料厚度、焊接温度曲线决定。半导体激光器巴条封装应力的直观体现就是“smile（微笑）”效应，即芯片由于受到应力的影响而产生形变，使各个发光单元偏离了线性分布而发生弯曲（图 4-20）。封装应力过大甚至会使芯片焊接层脱开或芯片发生破裂。

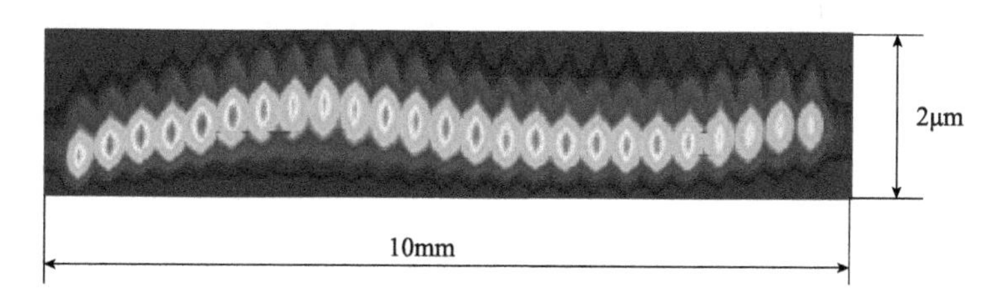


图 4-20　半导体激光器巴条出光面

降低封装应力的措施主要有：①采用可释放应力的软焊料，如纯 In。图 4-21 是用 Au80Sn20 焊料和纯 In 焊料封装半导体激光器巴条内部的应力情况。焊接完成后，焊接界面的剩余焊料厚度对应力释放的影响较大，软焊料厚度过薄或软焊料与金属化层合金化变成了硬合金，将无法释放应力。一般焊料的热导率不高，焊料层厚了不利于芯片散热，因此需要综合考虑选择设计合适的焊料厚度。②采用热膨胀系数与芯片材料匹配的热沉材料。常用的与 GaAs 芯片热膨胀系数接近的材料主要有 $Al_2O_3$ 陶瓷、BeO 陶瓷、可瓦（Kovar）合金、W-Cu 合金、Mo-Cu 合金、金刚石 -Cu 复合材料。③通过优化芯片焊接工艺参数来降低焊接应力。优化焊接温度曲线，焊料凝固后适当减小降温速度有利于释放应力；芯片焊接压力及压块热导率、热膨胀系数等参数会影响芯片焊接后的残余应力。

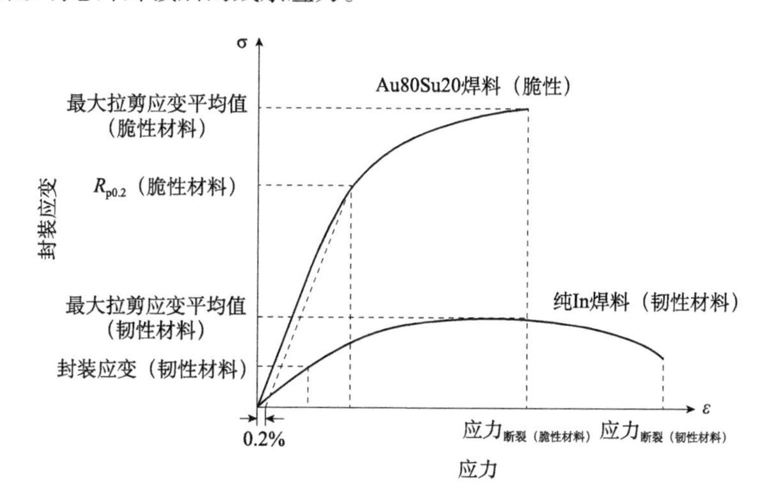


图 4-21　$Au_{80}Sn_{20}$ 焊料和纯 In 焊料封装的半导体激光器巴条内部应力示意 [15]

## （三）热管理技术

### 1. 工作温度对半导体激光器性能的影响

半导体激光器工作时芯片的 PN 结温度对其输出激光功率、电光转换效率、波长、寿命等参数的影响非常大。随着半导体激光器芯片功率的迅速提升，芯片的散热冷却已成为高功率半导体激光器封装需要解决的关键技术。输出功率（$P_{输出}$）与温度（$T$）的关系可用式（4-1）表示。其中，$\eta_{Ref}$ 是在参考温度（$T_{Ref}$）、参考工作电流（$I_{Ref}$）时的斜率效率，$T_0$、$T_1$ 是特征温度。能带宽度（$E_g$）（决定波长）与温度（$T$）的关系可用式（4-2）表示。其中，$E_g(0)$ 是半导体材料在温度为 0K 时的能带宽度，$\alpha$ 是经验常数，$\beta$ 是与德拜温度相关的系数。一般温度每升高 1K，输出激光中心的波长约变长 0.3nm。寿命与温度（$T$）的关系可用式（4-3）表示。其中，MTTF 是平均失效时间，$E_{A,i}$ 是与退化机理相关的激活能，$A_i$ 是与退化机理相关的常数，$k_B$ 是玻尔兹曼（Boltzmann）常量。图 4-22 是取不同激活能时半导体激光器寿命随工作温度变化的计算结果 [9]。

$$P_{输出} = \eta_{Ref} e^{-\left(\frac{T-T_{Ref}}{T_1}\right)} \left( I - I_{Ref} e^{\frac{T-T_{Ref}}{T_0}} \right) \tag{4-1}$$

$$E_g(T) = E_g(0) - \frac{\alpha T^2}{\beta + T} \tag{4-2}$$

$$\text{MTTF} = A_i \exp\left(\frac{E_{A,i}}{k_B T}\right) \tag{4-3}$$

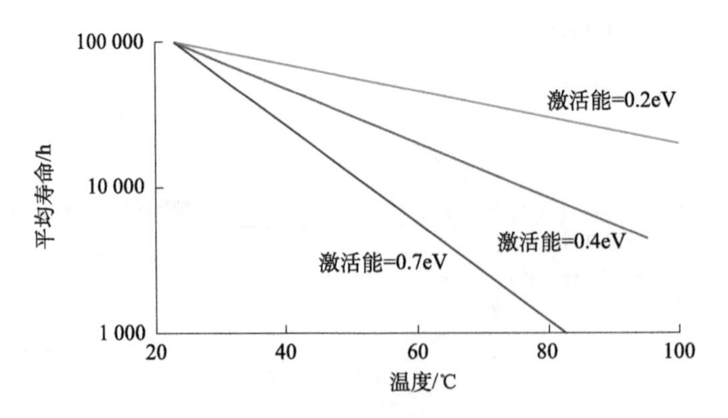


图 4-22　取不同激活能时半导体激光器寿命随工作温度变化的计算结果

## 2. 散热设计的一般原则

要让半导体激光器芯片获得好的散热冷却效果，通常需要从以下几个方面考虑。

（1）与散热相关的部分采用热导率尽可能高的材料。在选用热导率高的材料时，还需要考虑加工成本、材料稳定性、安全性等因素。化学气相沉积（chemical vapor deposition，CVD）金刚石、SiC 单晶、金刚石–银复合材料的热导率很高，但是加工成本也很高，因此在半导体激光器封装中使用得并不多。BeO 陶瓷的绝缘性、导热性都较好，但是粉尘有毒，一般也避免使用。目前使用得较多的材料主要有纯铜、W90Cu10 复合材料、AlN 陶瓷。

（2）尽量降低界面热阻。为了降低芯片到冷却器间传热界面的热阻，通常各个界面均采用焊接的连接方式，并且要求有较好的焊接质量，焊接界面不能有空洞，特别是如果芯片焊接界面上存在数十微米的空洞就会导致局部有明显升温。多个界面时，需要采用不同熔点的焊料进行多次焊接。

（3）缩短散热距离，增加散热路径。热阻与热传输距离成正比，因此封装设计时应考虑热源尽量靠近热沉。例如，目前采用芯片 P 面焊接热沉的方式，就是由于芯片激活区距 P 面表面只有数微米的距离。在封装结构和冷却器设计上也应考虑尽量减小热传输距离，从设计上让热从多个方向传输，有利于降低热阻。例如，芯片 P 面、N 面均焊接热沉的封装结构，可以进一步降低热阻；采用热沉倒角、芯片适当退离棱边的方式也有利于散热（图 4-23）。

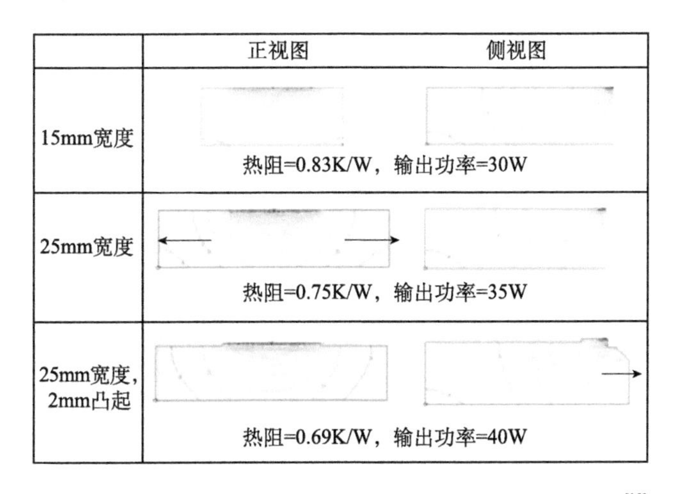


图 4-23　加宽热沉和芯片后退对散热效果影响的计算结果 [15]

（4）增加散热面积，以让热扩散开。芯片激活区的热功率密度非常高，如腔长 4mm、条宽 0.1mm、输出激光功率为 10W 的单元按 60% 的电光转换效率算，激活区的热功率密度达到约 1800W/cm$^2$。在芯片设计方面，可采用在 P 面镀上厚金层的方式进行热扩散；在封装设计方面，可采用先焊接在一片金刚石次热沉上进行热扩散，再焊接到冷却器上的封装结构。半导体激光器芯片直接焊接在冷却器上的封装结构，也需要在芯片和散热通道间留出适当的热扩散距离，才有利于降低热阻和使散热均匀。热扩散开对降低热阻有利，但散热路径增加又会增加热阻，因此这两者需要综合评估得到一个优化设计。

（5）需要结合半导体激光器的使用需求合理设计散热结构。半导体激光器封装散热结构的设计也不是单一地尽量向降低热阻的方向设计，需要根据使用需求结合成本考虑进行综合优化设计。例如，CS 封装的热沉越大，散热效果越好，但是会导致成本增加且使用不方便。再如，图 4-24 所示的封装结构的次热沉厚度越大，散热效果越好，但是会导致封装密度降低。计算了次热沉厚度与次热沉引入热阻的关系后发现，当次热沉厚度大于 1mm 时，热阻降低较慢，因此采用了次热沉厚度为 1mm 的设计。

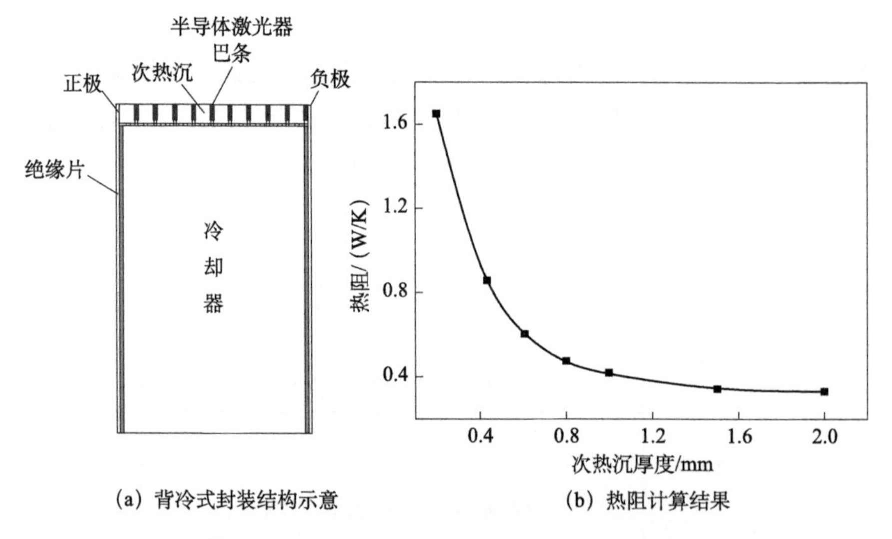


（a）背冷式封装结构示意　　（b）热阻计算结果

图 4-24　一种背冷式封装结构示意及不同次热沉厚度的热阻计算结果

3. 液体微通道冷却技术

虽然半导体激光器芯片的输出功率已获得大幅度提高，但是单个半导体激光器巴条的功率仍然无法满足工业、医疗等领域的直接应用及用于固体激光泵浦源的需求。为了获得更高的半导体激光器输出激光功率，通常采用将多个半导体激光器芯片堆叠形成二维阵列，并通过非相干功率叠加的方法实现。

利用单条半导体激光器巴条堆叠组成半导体激光器阵列的方式主要有背冷式结构和模块式微通道冷却器结构。背冷式结构是先把每个巴条封装成一个“次封装”，进行性能测试后，再把性能相近的次封装焊接到一个共用的冷却器上。其特点是，封装密度可以做得较高，但结构较复杂且封装热阻较高，通常不适合用于连续叠阵半导体激光器的封装。模块式微通道冷却器结构是把微通道冷却器设计成薄片型的单元模块，每个冷却器上封装一个半导体激光器巴条。根据泵浦需要，将单元模块组成各种形式的叠阵半导体激光器。其特点是冷却效果好、结构灵活，封装过程相对简单且便于维修与更换，缺点是封装密度不高。

为解决大功率半导体激光器高效散热及集成封装的问题，美国劳伦斯利弗莫尔国家实验室的研究人员设计了一种薄片形的硅微通道冷却器，利用硅具有各向异性腐蚀的特点，可在硅片上光刻腐蚀出数十微米宽、数百微米深的散热通道和水路结构，然后把 2 片硅散热片和 1 片玻璃隔片通过静电键合成一个冷却器，得到优异的散热能力。每个冷却器上封装一个半导体激光器巴条作为单元模块，可根据需要将多个单元模块堆叠组成各种形式的半导体激光器阵列（图 4-25）。其特点是冷却效果好、结构灵活，便于维修与更换。后来他们又设计了一种基于硅微通道结构的背冷式高密度半导体激光器阵列模块封装结构，方式是在硅片上刻蚀出 V 型槽结构，并将芯片焊接在 V 型槽平面上，输出激光与冷却器端面呈 45° 角，在芯片下面直接刻蚀微通道，冷却效果非常好，可以满足 100W 标准半导体激光器巴条的散热需求（图 4-26）。硅微通道冷却器的制作工艺较复杂，并且硅不导电，需要在冷却器上制备厚金属层来通电。由于其制作成本高，使用不方便，因此未得到商品化应用。

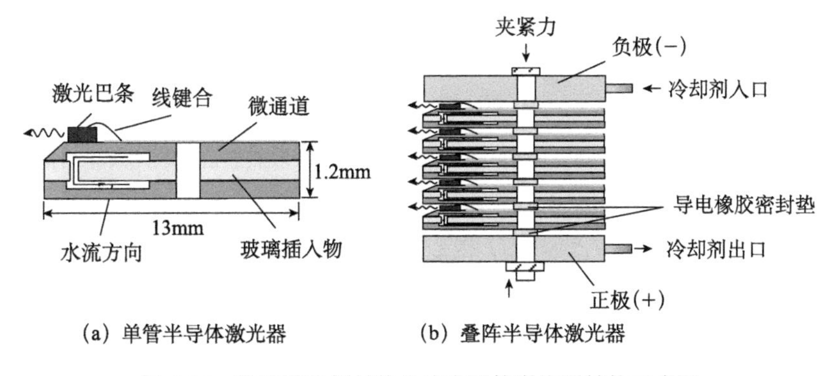


图 4-25　微通道冷却封装叠阵半导体激光器结构示意图

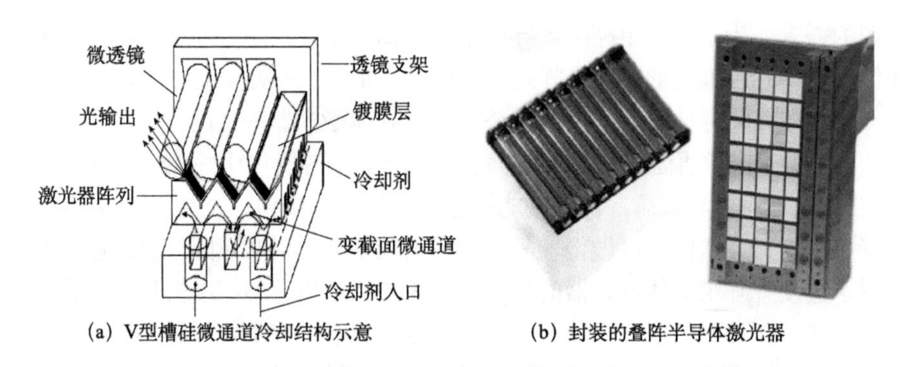

(a) V型槽硅微通道冷却结构示意　　(b) 封装的叠阵半导体激光器

图 4-26　V 型槽硅微通道冷却结构示意及封装的叠阵半导体激光器

后来，研究人员设计了模块式铜微通道冷却器结构，在高功率半导体激光器阵列的封装中得到广泛应用。铜微通道冷却器是先在多片铜片上用激光或腐蚀等方式制作出宽度通常为 100～300μm 的散热通道及水路结构，然后用扩散焊等方法组合成一个冷却器。微通道冷却器的散热通道越窄、越多，散热效果越好。图 4-27 是一种铜微通道冷却器的结构示意及双层和多层散热通道的散热效果模拟计算结果。在实际应用中，综合考虑制造成本及避免通道堵塞问题，模块式微通道冷却器通常采用通道宽度约 300μm 的双层散热通道结构。

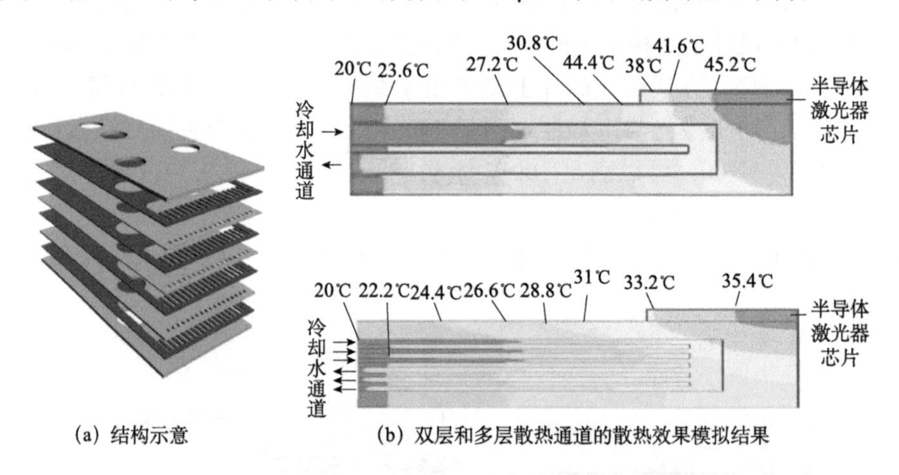

(a) 结构示意　　(b) 双层和多层散热通道的散热效果模拟结果

图 4-27　一种铜微通道冷却器的结构示意及双层和多层散热通道的散热效果模拟结果

用水做冷却液的铜微通道冷却器在使用中存在的最大问题是腐蚀和通道堵塞问题。图 4-28 是冷却器内部未镀金、水电未隔离的单管半导体激光器工作 3300h 后冷却器内部及冷却器进出水口处的腐蚀情况照片。由图 4-28 可见，冷却器内部腐蚀严重，通道内表面覆盖了一层黑色的腐蚀产物，并可观察到 20～30μm 高的腐蚀台阶。冷却器进出水口处的腐蚀更严重，进出水口已腐蚀变形，并堆积了 40～50μm 厚的腐蚀产物。采用冷却器内部镀金的方法可以降低腐蚀程度，但由于微通道内部的镀层不均匀、存在薄弱区、基底晶粒粗大、存在针孔等缺陷，使用久了，冷却水会渗过镀金层而腐蚀基底金属，导致镀金层脱落。图 4-29 是冷却器内部镀金、水电未隔离的单管半导体激光器使用约 1 年后冷却器内部镀金层的脱落情况照片。另外，冷却水中的渣子、滋生的微生物、腐蚀产物等堵塞通道，也是微通道冷却器封装半导体激光器出现故障的主要原因之一。图 4-30 是冷却器进出水口堵塞情况的照片。

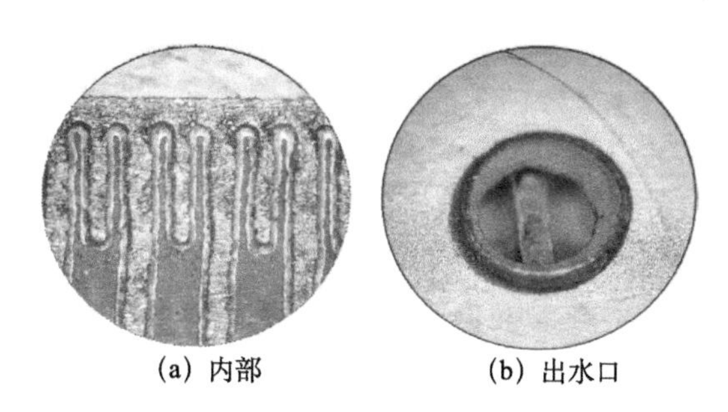

(a) 内部　　(b) 出水口

图 4-28　内部未镀金微通道冷却器内部及进出水口的腐蚀情况

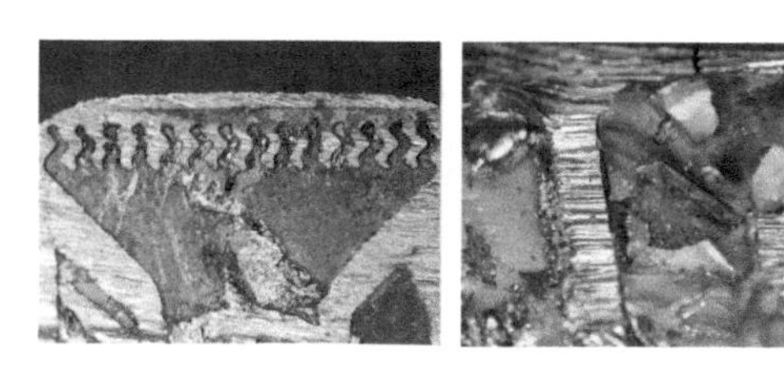

图 4-29　内部镀金微通道冷却器内部镀金层的脱落情况

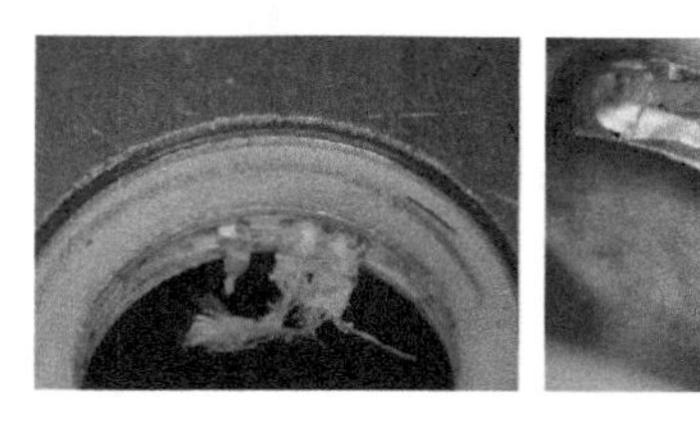

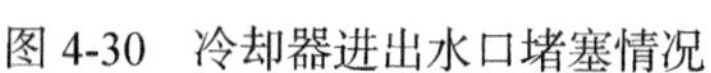

图 4-30　冷却器进出水口堵塞情况

影响微通道冷却器腐蚀的因素很多，包括冷却水的 pH 值、溶解盐、溶解气体（主要是氧和二氧化碳）、悬浮物、温度、金属相对面积、冷却水流速、冷却水路中的不同金属、微生物等。为提高微通道水冷半导体激光器模块的使用可靠性，一般使用要求如下：①操作时应防结露、防静电，不工作时短路保护，安装反向电流保护二极管。②禁止使用纯的去离子水冷却做冷却液，冷却液应呈弱碱性，冷却液里应添加防微生物和防有色金属腐蚀的物质，冷却水的电导率应控制在 1～10μS/cm。③通水前认真清洗冷却水回路相关零件，避免带入杂质；冷却水系统采用 5μm 过滤器，至少 6 个月更换一次过滤器，定期反冲洗半导体激光器模块，防止微通道堆积渣子。④长期不用时的存储方法为，取下模块，干燥空气吹 20min；短路连接；存储环境的相对湿度低于 30%。

铜微通道冷却器封装的半导体激光器通常是把冷却器作为正电极，冷却水与电是连通的，因此对冷却水的电阻率有要求，同时通电引起的电化学腐蚀作用也很强。把电与冷却水隔离开，对提高半导体激光器的可靠性和使用便捷性非常有益。为解决腐蚀和水电隔离的问题，美国 CEO 公司研制了一种陶瓷微通道冷却器（图 4-31）[16]，德国通快集团研制了一种 Cu/AlN 复合微通道冷却器（图 4-32）[17]。另外，为了减小通道堵塞的影响，德国 DILAS 公司等设计人员适当“牺牲”散热效率来加大散热通道的宽度，设计了宏通道冷却器来封装半导体激光器模块。通过水电隔离和宏通道设计可使半导体激光器模块的可靠性大幅提升。

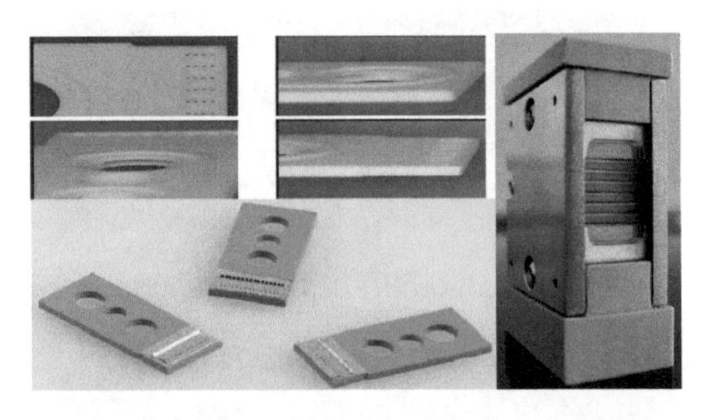

图 4-31　一种陶瓷微通道冷却器单元及封装的半导体激光器实物

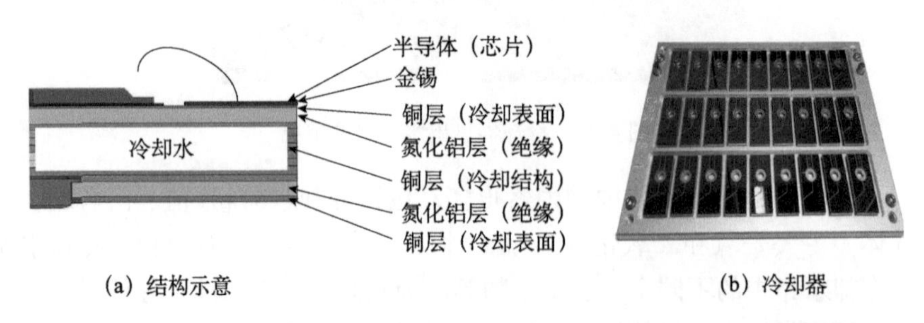


图 4-32　一种水电隔离微通道冷却器半导体激光器结构示意及冷却器实物

4. 相变冷却技术

相变冷却技术是利用物质发生相变的过程吸热和放热的效应，大功率半导体激光器在工作中产生大量的废热，需要及时排出，相变冷却技术是最有效的冷却方法之一，也是大功率器件实现高热流密度散热和系统小型化的重要路径。相比单相冷却，相变冷却具有以下优点：利用相变潜热，制冷剂能够在非常小的质量流量下实现较大的换热量，具有很高的散热功率密度；工质发生相变时，温度保持不变，具有消除激光器温度振荡的能力；采用氟化物制冷剂可以避免冷却水对铜微通道的腐蚀及微生物生长、导电等问题。因此，相变冷却引起了国外一些相关科研院所和公司的研究兴趣。1994 年，Bowers 等首次提出了两相流微通道热沉的模型[18]。2003 年，Qu 等对两相流微通道热沉进行了实验研究[19]。2008 年，Myung 等使用 HFE-7100 相变的微通道冷却器实现了 276.3W/cm$^2$ 的制冷功率[20]。美国 ISR-Spraycool 公司也采用喷雾相变冷却技术实现了 400W/cm$^2$ 的散热能力，并用于大功率器件的散热研究；瑞士联邦技术学院采用微槽道沸腾相变冷却技术开发了 355W/cm$^2$ 散热能力的冷却器。2009 年，Oishi 等使用 HFE-7300 工质相变微通道冷却器封装 1.5kW 连续半导体激光器叠阵[21]；美国 RINI 公司于 2004 年采用喷雾相变冷却技术成功研制了基于相变冷却的 600W 半导体激光器模块，并且在 2009 年研制了连续输出功率 48kW 的大功率半导体激光器阵列（图 4-33），采用热能存储技术进行热管理系统的设计，整个热管理系统的体积仅为水冷系统的 1/3.4，功耗仅为水冷系统的 1/9.9，并设计了用于 150kW 高能二极管泵浦固体激光系统的散热方案，系统体积、重量、能耗较水冷系统大幅度减小[22]。

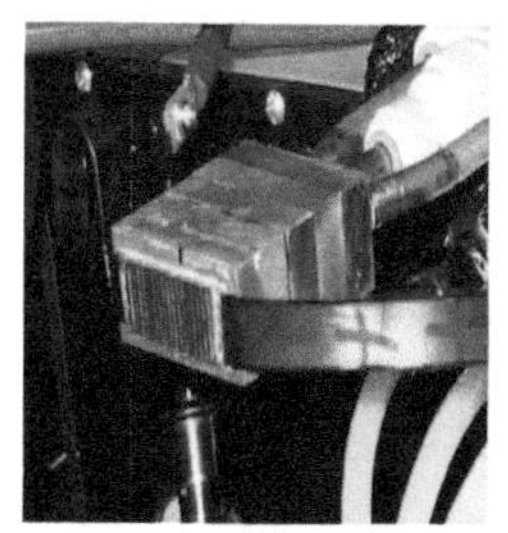

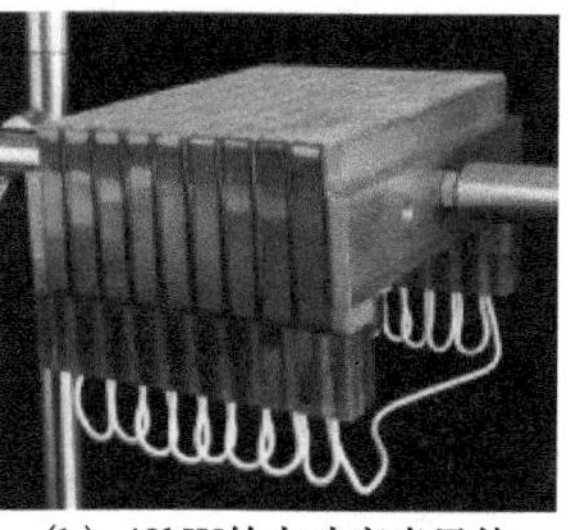

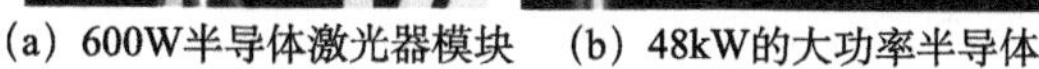

（a）600W半导体激光器模块　（b）48kW的大功率半导体激光器阵列

图 4-33　美国 RINI 公司研制的基于相变冷却的 600W 半导体激光器模块及 48kW 的大功率半导体激光器阵列

目前国内对相变冷却大功率半导体激光器的研究较少，中国工程物理研究院应用电子学研究所与中国科学院工程热物理研究所合作，开展了高功率半导体激光器微通道相变冷却技术研究。根据高功率半导体激光器的封装结构，分别设计了背冷式相变微通道冷却器和薄片型的模块式相变微通道冷却器。图 4-34 是设计的背冷式相变微通道冷却器的结构示意，图 4-35 是设计的薄片型相变微通道冷却器的结构示意。设计主要采用了通过节流促进汽化的原理，同时制冷剂的均匀分布也是需要考虑的关键因素。图 4-36 是设计的背冷式相变冷却单元叠阵半导体激光器封装结构的示意，图 4-37 是设计的薄片型相变冷却单管半导体激光器封装结构的示意。

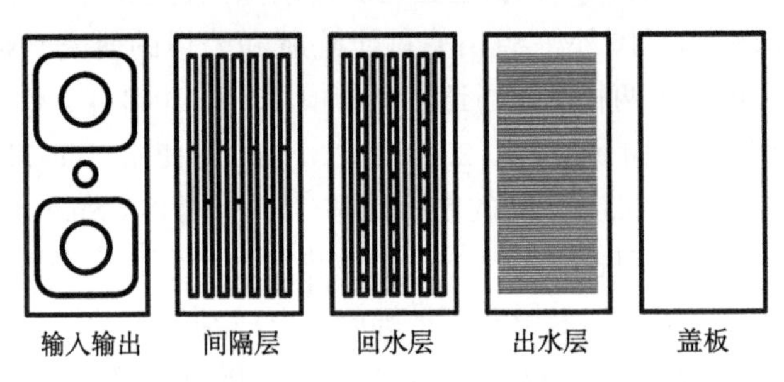


图 4-34　背冷式相变微通道冷却器的结构示意

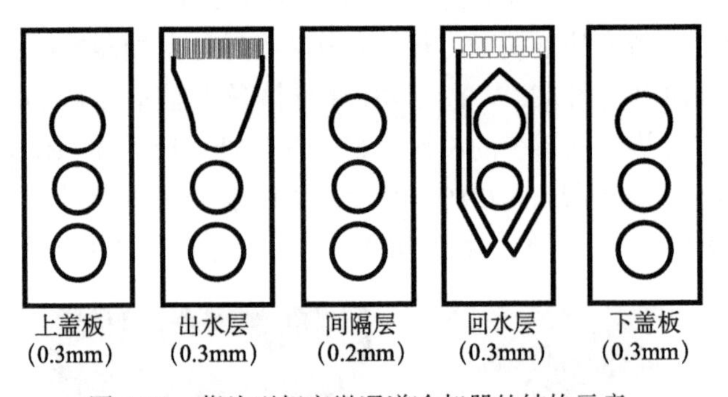


图 4-35　薄片型相变微通道冷却器的结构示意

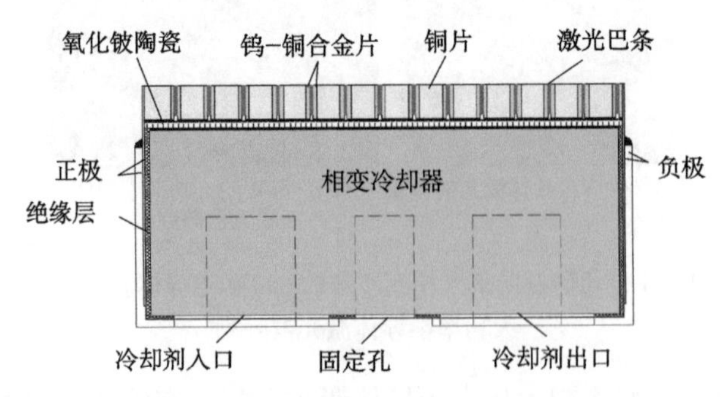


图 4-36　背冷式相变冷却单元叠阵半导体激光器封装示意

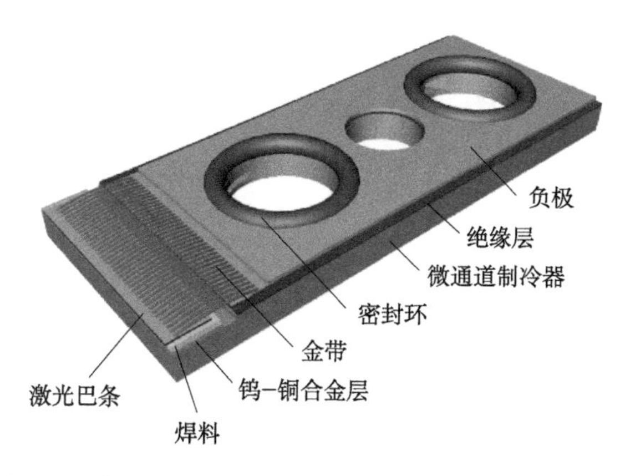


图 4-37 薄片型相变冷却单管半导体激光器封装结构示意

采用设计的背冷式相变微通道冷却器进行了脉冲 3kW 叠阵半导体激光器模块的封装，每个单管半导体激光器模块由 15 个脉冲功率 200W 的半导体激光器巴条组成，半导体激光器巴条的封装间距为 1.6mm。图 4-38 是采用背冷式相变微通道冷却结构封装的脉冲 3kW 单元叠阵半导体激光器模块。图 4-39 是相变冷却半导体激光器模块不同重复频率工作时的电流-激光功率测试结果，激光脉冲宽度为 200μs，采用 R124 制冷剂，流量为 200mL/min。图 4-40 是 20 个单元模块组成的相变冷却叠阵半导体激光器模块及不同重复频率工作时的电流－激光功率测试结果。用设计的薄片型相变微通道冷却器进行了连续 100W 的半导体激光器巴条的封装测试。图 4-41 是在 R124 制冷剂流量为 50mL/min 情况下，半导体激光器巴条的电流-激光功率-电光转换效率测试结果。图 4-42 是恒定工作电流为 100A，变化制冷剂流量时半导体激光器的激光功率和波长测试结果。从图 4-42 可以看出，制冷剂的流量变化对半导体激光器巴条的散热基本没影响，连续的 100W 半导体激光器巴条仅需要 30mL/min 的 R124 制冷剂流量即可满足散热需求。目前市场上常用的微通道冷却器封装的连续 100W 半导体激光器巴条对冷却水的要求是 300mL/min。因此采用相变冷却技术可以大幅度降低制冷剂流量，从而减小冷却系统的体积重量。图 4-43 是用薄片型微通道相变冷却器封装的 10 巴条叠阵半导体激光器及电流-激光功率-电光转换效率测试结果。

图 4-38 采用背冷式相变微通道冷却结构封装的脉冲 3kW 单元叠阵半导体激光器模块实物

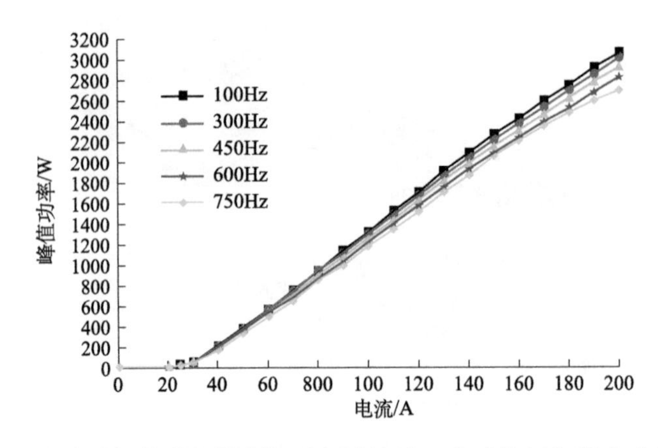


图 4-39 相变冷却半导体激光器模块不同重复频率工作时的电流-激光功率测试结果

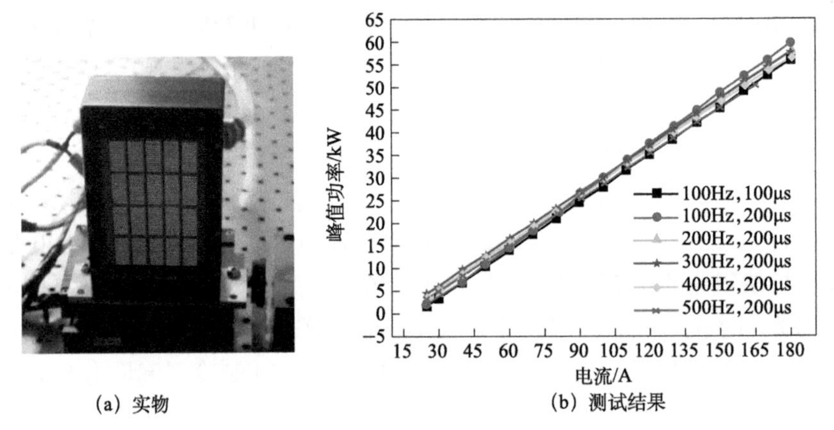


图 4-40 20 个单元模块组成的相变冷却叠阵半导体激光器模块及不同重复频率工作时的电流-激光功率测试结果

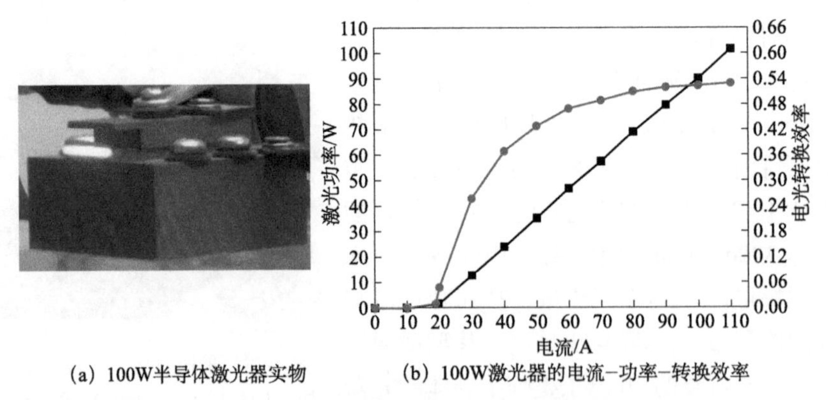


图 4-41 薄片型相变微通道冷却器封装的连续 100W 半导体激光器及电流-激光功率-电光转换效率的测试结果

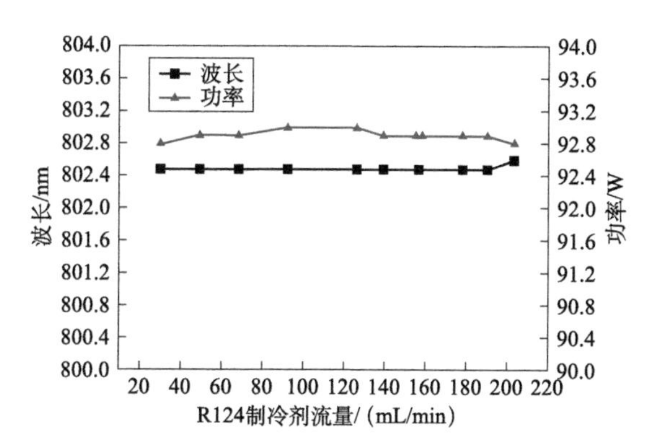


图 4-42　相变冷却连续 100W 半导体激光器在不同制冷剂流量下激光功率和波长的测试结果

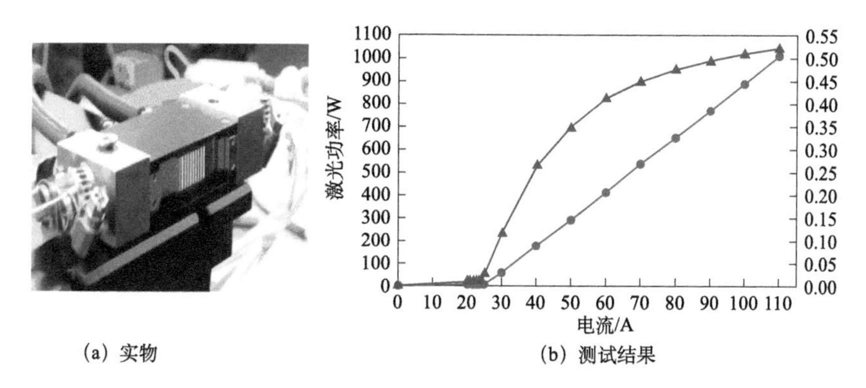


(a) 实物　　　　(b) 测试结果

图 4-43　薄片型微通道相变冷却器封装的 10 巴条叠阵半导体激光器实物及电流-激光功率-电光转换效率测试结果

相变冷却半导体激光器在工程应用中需要重点关注的问题主要有：

（1）制冷剂的合理选择。综合考虑潜热、压力、对金属的腐蚀性、毒性、燃烧性等。

（2）取热回路的动态控制问题。热沉入口液体制冷剂温度和热沉出口气液两相的压力是影响热沉温度的关键因素，并且在工作中是动态变化的，需要实时反馈控制才能实现热沉温控。

（3）动态影响下的均匀分流问题尤其重要。在多模块并联工作时，单元模块的制冷剂流量和温度存在正反馈，流量小的单元温度高，导致气压变高，同时导致流量变小，出现烧干就会导致器件烧毁。

5. 快轴准直耦合输出技术

高功率半导体激光器的输出光束在快慢轴方向是极不对称的，特别是快轴方向的发散角很大，一般达到约 50°（$1/e^2$），对于应用很不利。因此，在高功率半导体激光器封装设计时通常需要同时考虑快轴准直透镜的装调。为了有效地收集能量和整形光束，需要采用高数值孔径的非球面快轴准直透镜。快轴准直透镜对安装精度的要求非常高，因为它的安装灵敏度和其焦距成反比。它的焦距一般为 0.3～1mm，快轴方向的口径一般是 0.5～1.5mm。图 4-44 是半导体激光器巴条快轴准直透镜装调所需的自由度示意，图 4-45 是半导体激光器巴条快轴准直透镜安装调节时影响较大的四个维度示意图。例如，快轴准直透镜的焦距为 560μm，按照半导体激光器阵列准直耦合输出快轴整体发散角小于 0.3°、单管半导体激光器指向一致性优于 0.1° 的要求，快轴准直在 $z$ 轴方向的最大允许误差约为 0.5μm，$\beta_y$ 允许误差约为 0.1mrad，在 $y$ 轴和 $\beta_z$ 的允许误差也是微米和毫弧度量级。

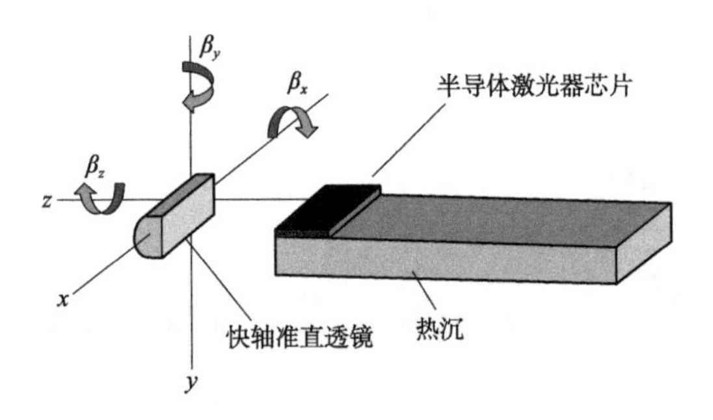


图 4-44　半导体激光器巴条快轴准直透镜装调所需的自由度示意图

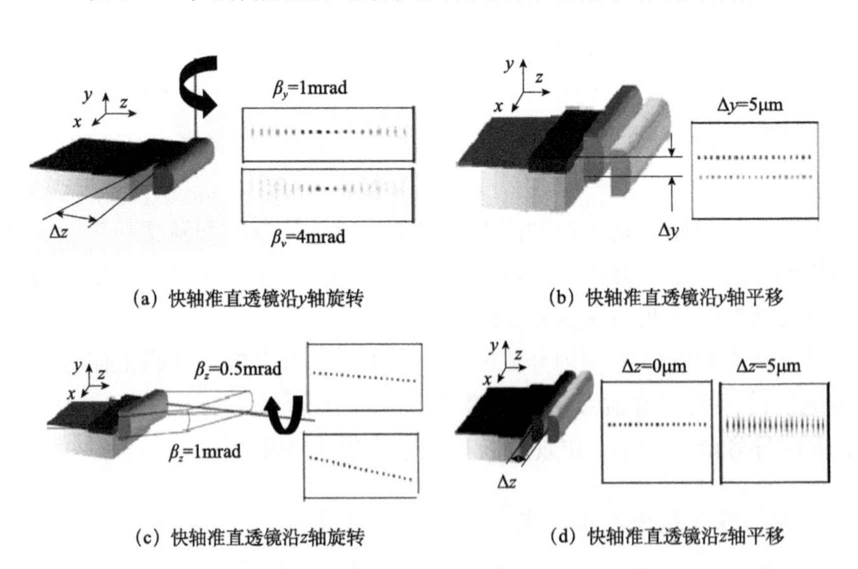


图 4-45　半导体激光器巴条快轴准直透镜安装调节时影响较大的四个维度示意图

为实现半导体激光器叠阵快轴准直透镜的精密装调，中国工程物理研究院应用电子学研究所的研究人员设计了一种快轴准直微通道装调平台。图4-46是装调平台结构示意。该平台采用了同时监测准直光束近场和远场像的方法进行快轴准直透镜装调。通过相机1监测半导体激光器的近场像，调节快轴准直透镜，使准直状态达到最佳（即两端单元的位置平行，发光强度一致，其他单元的发光状态良好，像清晰可见）；通过相机2监测半导体激光器远场光斑，调节快轴准直透镜控制远场光斑（沿快轴方向）质心位置到基准点来保证叠阵准直光束指向性精度，基准点是水平准直光束经柱面透镜2在其实际焦距位置处光斑质心位置。

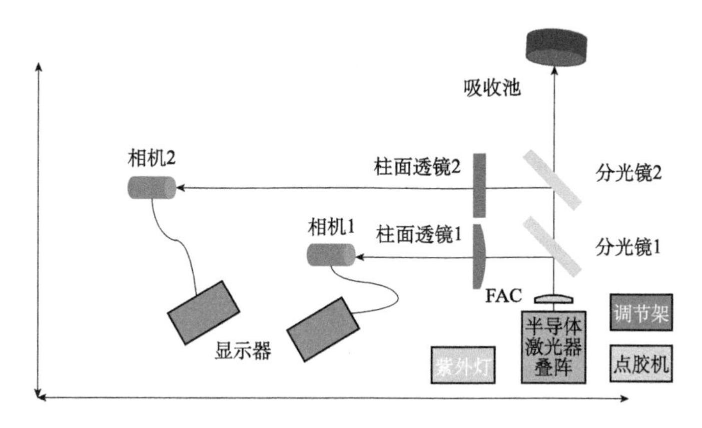


图 4-46　半导体激光器快轴准直透镜装调平台的结构示意图

由于叠阵半导体激光器快轴准直透镜需要装调空间，因此叠阵半导体激光器中每个半导体激光器巴条的准直输出光束不可能排得很紧密。为了提高输出激光功率密度，可以采用2列叠阵半导体激光器进行空间叠加耦合输出的方式。叠阵半导体激光器的空间叠加耦合输出原理如图4-47所示。

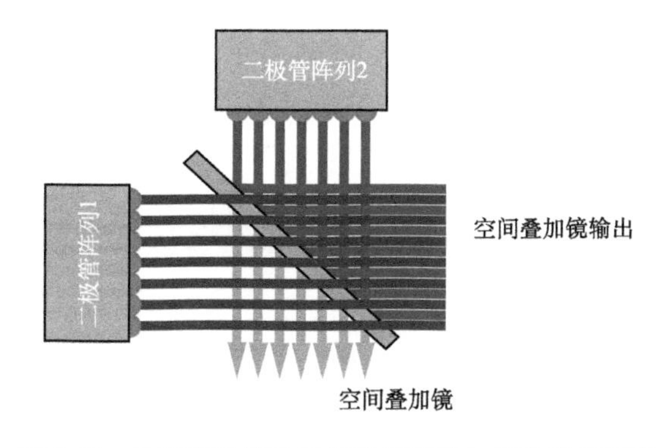


图 4-47　叠阵半导体激光器的空间叠加耦合输出原理

中国工程物理研究院应用电子学研究所采用上述技术研制了连续 6kW（2×30 巴条）空间叠加半导体激光器叠阵模块（图 4-48）实现了整体输出快轴发散角小于 0.3°，单管半导体激光器指向一致性优于 ±0.1°。图 4-49 是连续 6kW（2×30 巴条）空间叠加叠阵中单管半导体激光器巴条指向性测试的结果。图 4-50 是连续 6kW（2×30 巴条）空间叠加叠阵半导体激光器输出激光快轴远场光强分布，测得其快轴整体发散角 $\theta_f$ =0.24°（$1/e^2$）。图 4-51 是连续 6kW（2×30 巴条）空间叠加叠阵半导体激光器输出激光近场光斑。

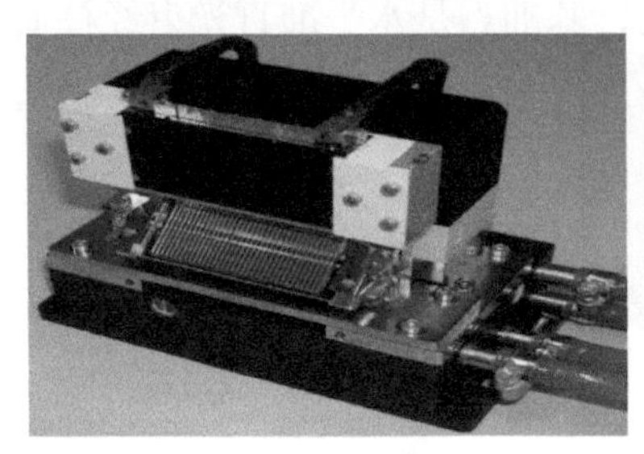

图 4-48　连续 6kW（2×30 巴条）空间叠加叠阵半导体激光器叠阵模块

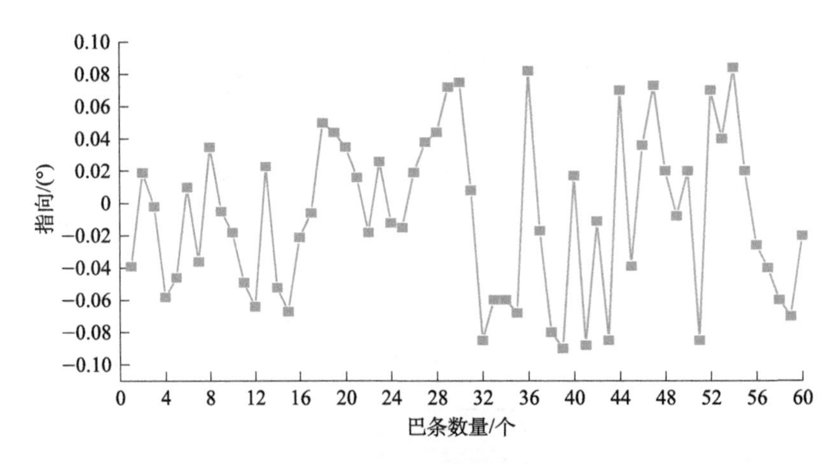


图 4-49　连续 6kW（2×30 巴条）空间叠加叠阵单管半导体激光器巴条指向性测试结果

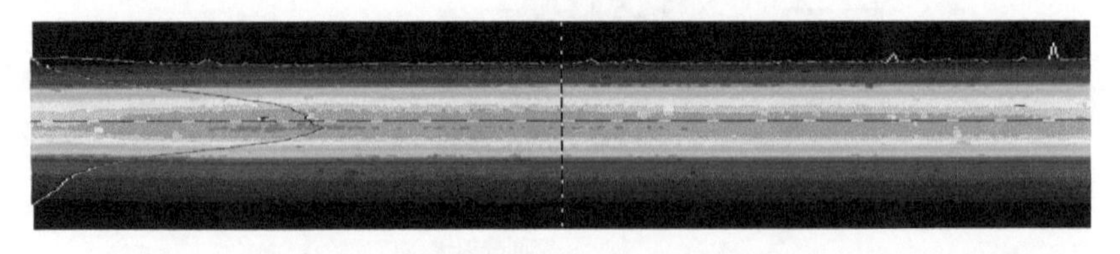

图 4-50　连续 6kW（2×30 巴条）空间叠加叠阵半导体激光器输出激光快轴远场光强分布

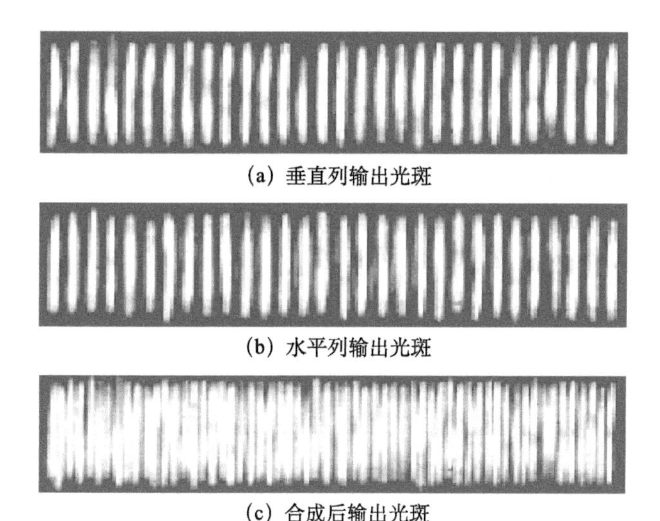
(a) 垂直列输出光斑
(b) 水平列输出光斑
(c) 合成后输出光斑

图 4-51　连续 6kW（2×30 巴条）空间叠加叠阵半导体激光器输出激光近场光斑

# 第二节　可靠性分析测试和老化技术及腔面镀膜技术

随着大功率半导体激光器在各个领域的广泛应用，其工作寿命和可靠性是最重要也是用户最关心的问题之一。大功率半导体激光器的寿命和可靠性在很大程度上是由封装工艺和腔面能承受的损伤阈值决定的，因此进行高功率半导体激光器封装技术和镀膜技术研究，必须同时对半导体激光器的失效机理及寿命、可靠性进行分析，通过分析封装和镀膜技术中影响寿命及可靠性的因素，改进封装和镀膜工艺，并建立适当的老化考核方法，以保证封装的半导体激光器产品能满足用户寿命及可靠性的要求。

## 一、半导体激光器的一般失效特性

半导体激光器的失效率随时间的变化可划分为早期失效阶段、偶然失效阶段和损耗失效阶段三个阶段，如图 4-52 所示。从图中可以看出，半导体激光器器件的主要失效出现在早期失效阶段和耗损失效阶段。早期失效阶段的特点是失效率随工作时间的增加而迅速降低。这是产品早期缺陷迅速表现出来的结果。引起器件早期失效的主要原因有芯片制造工艺缺陷、芯片焊接缺陷、芯片侧面绝缘层破损等。通过老化筛选可以有效剔除早期失效。偶然失效阶段的特点是失效率近似为较低的常数，产品失效的原因主要来自偶然因素，该阶段是产品的主要使用寿命期。损耗失效阶段的特点是失效率随工作时间的增加而迅速上升。引起损耗失效的主要原因为芯片制造及封装工艺水平限制，长期工作后因器件老化、疲劳等而达到寿命终结。

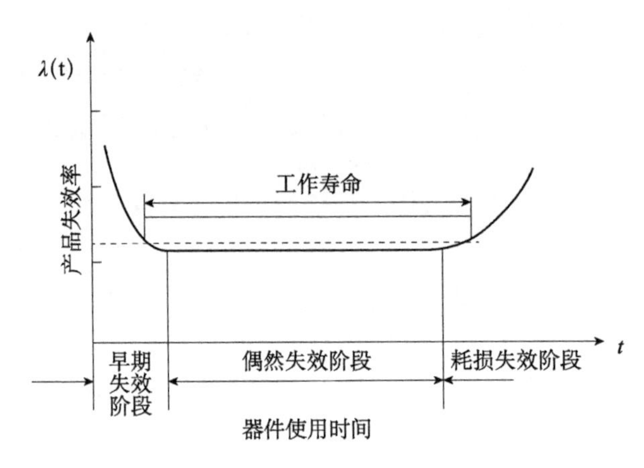


图 4-52　半导体激光器的失效率随时间的变化

## 二、几种常见失效模式

### （一）电极退化

高功率半导体激光器线阵的电极失效主要表现在两个方面：

（1）高功率半导体激光器的工作电流很大，焊料层随电流方向扩散到半导体材料内，形成暗点缺陷，在大电流作用下造成局部热积累，作为上电极的薄铜片极易被烧毁（图 4-53），造成激光器灾难性的失效。

（2）半导体激光器芯片材料与热沉材料的热匹配性差，焊接温度应力引起焊层内部缺陷或开裂（图 4-54），导致器件电极退化。

图 4-53　电极受大电流损坏

图 4-54　应力引起焊层开裂

导致焊接缺陷的主要因素为芯片焊接过程中升温、降温时间过快，焊接应力无法及时释放，在显微镜下不易被发现。激光器运行时，激光器反复开关造成的温度梯度使焊层暗线缺陷逐渐明显，最终导致焊层开裂（图 4-55），引起激光器失效。

图 4-55 焊接缺陷引起焊层开裂

欧姆接触主要由焊接面造成高功率半导体激光器失效，是封装工艺中最主要的失效模式，可分为焊接空隙和 PN 结短路两种。高功率二极管激光器的热载很大，功率为 100W 的线阵激光器的工作废热可达 90～100W。因此，焊接过程中极小的空隙（图 4-56）都会造成器件过热而失效。根据实验结果，造成焊接空隙的因素主要有热沉加工的平整度差、焊料制备过程中产生杂质、热沉金属化中形成大颗粒等，引起局部焊料与芯片间浸润不好。另外，为了实现良好的散热，芯片必须 P 面向下焊接在热沉上，使出光面与焊层间的距离仅为 2μm。但是如果焊料太厚或焊层不均匀，那么焊接过程中极易从焊层挤出焊料颗粒，造成 PN 结短路（图 4-57）而失效。因此，焊料制备中焊料均匀性和焊料厚度的控制也是封装工艺中的关键环节之一。

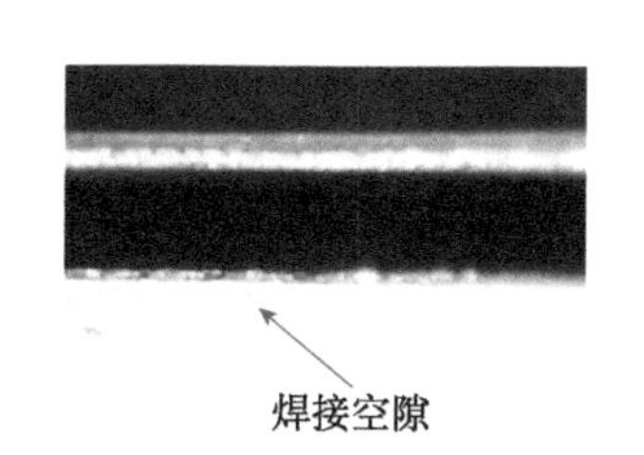


图 4-56 焊料不均匀引起焊接空隙

图 4-57 厚焊料引起 PN 结短路

## （二）腔面退化

腔面退化是半导体激光器区别于其他微电子器件的主要失效模式。在大输出功率下，腔面作为谐振腔的出光面，承受很高的功率密度（1MW～10MW/cm²）。特别是，大功率器件的前后腔面的输出功率密度在每平方米可达数百万瓦，且有源区材料含有铝或铟。铝或铟在高功率密度下融化或再结晶，导致腔面破坏。这种由于制造工艺缺陷造成的器件失效属于内缺陷，是由芯片设计制造工艺不成熟造成的。它主要表现在暗线缺陷、腔面灾变性光学损伤（图 4-58）。其中，暗线缺陷主要是由于位错形成强烈的光吸收，使阈值电流不断增加，光转换效率下降，输出光功率逐步下降而失效。腔面灾变性损伤退化是由于芯片前后腔面所镀的透射膜和高反膜的工艺控制缺陷（图 4-59），在高功率密度作用下发生炭化或化学腐蚀损伤退化，最终引起芯片失效。腔面的另一种退化形式为可视光学损伤，主要出现在半导体激光器发光区，由于焊接过程中焊料污染到出光面和出光面由于操作失误而受到损伤（图 4-60），形成高的热吸收源。可视光学损伤与灾变性光学损伤的区别在于：半导体激光器在失效前可用光学显微镜或在电子显微镜下观察到缺陷状态。但存在可视光学损伤的半导体激光器在老化初期未必迅速失效。随着功率密度增加，缺陷处的吸热量迅速增加，最终导致激光器失效。

图 4-58 腔面灾变性光学损伤

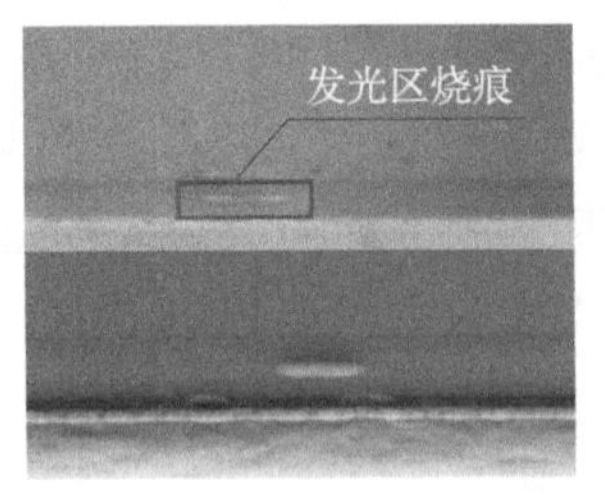


图 4-59 芯片发光区膜层损伤

图 4-60 腔面划痕和焊接杂质

## （三）芯片侧面绝缘层失效

在芯片制造过程中，两个端面的绝缘层往往是被人们忽略的问题，给封装带来了很大的难度。由于芯片两端未镀介质膜或介质膜镀得不好，使焊料沿着端面浸润到 N 极，引起芯片短路而失效，如图 4-61 所示。高功率半导体激光器的焊接面与芯片的激活区仅有 2μm，随着工作大电流注入，低熔点的软焊料 In 制成的焊料层很容易形成晶须和热疲劳现象。尤其是，高温环境更容易促进焊层晶须的生长（图 4-62），加速产生焊层热疲劳，导致半导体激光器早期失效。

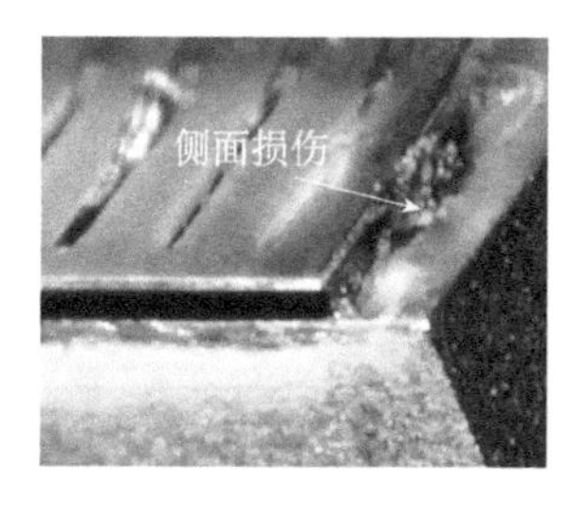


图 4-61　端面绝缘层失效

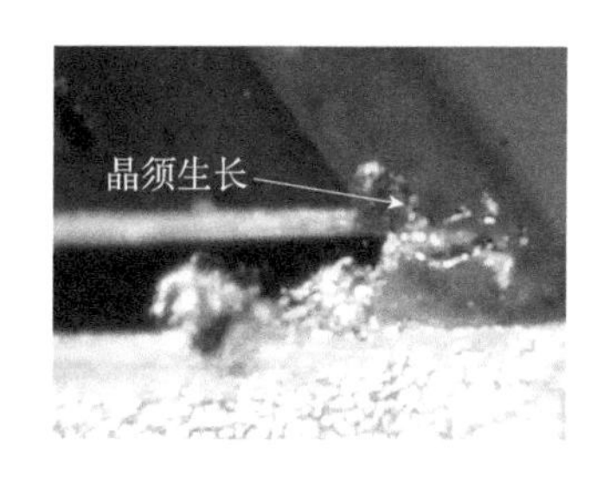


图 4-62　热效应促使晶须生长

### （四）芯片内部缺陷扩展

在芯片工作过程中，芯片激活区载流子的非辐射复合将通过晶格释放能量。这会促使芯片基体或在外延层生长过程中产生的晶格位错缺陷（点缺陷或线缺陷）沿着晶面生长、攀爬、滑移。一旦这些缺陷进入芯片激活区，则会导致电光转换效率下降并引起芯片失效。

### （五）外部因素导致的失效

外部因素导致的失效主要是由于半导体激光器工作过程中外部环境的一些偶然因素导致芯片失效，包括电浪涌、灰尘颗粒、静电、水汽污染腔面等诸多因素。特别是采用微通道冷却器封装的主动冷却半导体激光器，由于冷却器内部微通道的腐蚀（图 4-63）、结垢、堵塞等因素，是导致半导体激光器失效的主要因素。

图 4-63　微通道内部腐蚀的照片

## 三、器件失效统计分析

科研人员对封装的 1500 只连续 100W 半导体激光器在使用过程中出现失效的数量进行了统计，失效率约为 17.3%，各种失效模式的占比如表 4-3 及图 4-64 所示。根据统计结果，高功率半导体激光器的失效主要集中在焊接空隙、腔面退化和芯片本身工艺三个方面，而三种失效模式出现的概率随着工作时间的延续表现出不同的趋势。封装缺陷引起的失效主要集中在器件早期失效过程中，而芯片本身制造工艺缺陷引起的器件失效主要集中在耗损失效期间。根据各失效模式特点，对新封装好的单管半导体激光器器件，采用 80%

额定工作电流预老化工作 2h，然后额定工作电流老化工作 20h，再超过额定工作电流 10%～20% 老化工作 20h 的老化筛选方法，可有效筛选出能稳定工作的单管半导体激光器器件。

表 4-3　半导体激光器失效统计

| 失效模式 | 电极退化 | 焊接空隙 | PN 结短路 | 腔面退化 | 环境因素 |
|---|---|---|---|---|---|
| 数量/只 | 24 | 96 | 76 | 45 | 19 |
| 占比 / % | 9.2 | 36.9 | 29.2 | 17.3 | 7.3 |

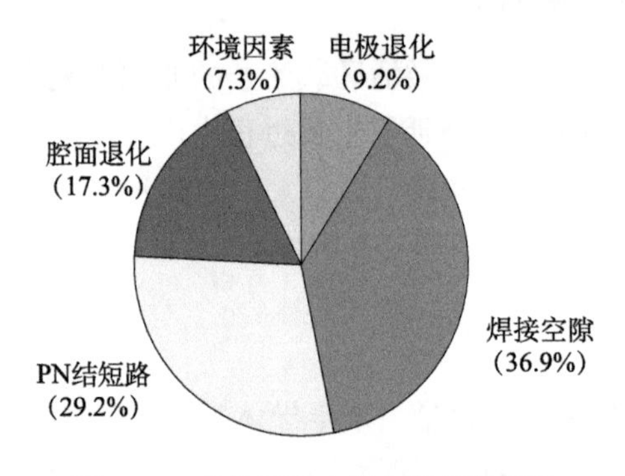


图 4-64　半导体激光器失效情况统计

从失效统计可以看出，高功率半导体激光器的失效主要表现在焊接空隙、PN 结短路、腔面退化几个方面。因此，解决芯片焊接工艺和焊料制备的膜质量是目前控制高功率半导体激光器封装成品率的关键环节。

## 四、寿命测试方法

### （一）实际工作状态测试

半导体激光器的寿命及可靠性与芯片工作温度、工作电流、工作模式（脉冲宽度、重复频率、硬脉冲方式、软脉冲方式、连续工作等）相关。因此，要获得半导体激光器真实寿命的准确方法只能是在其实际工作状态下进行长期工作测试，应一直测到其寿命终点（通常定义工作电流恒定时输出激光功率降低 20%，或输出激光功率恒定工作时工作电流增加 20% 为半导体激光器的寿命终点）。由于当前连续半导体激光器的寿命通常在 10 000h 以上，脉冲半导体激光器的寿命通常长于 $10^9$ 次脉冲，要测到其寿命终点很耗时间且成本也较高。根据实验结果，在常电流工作模式下，通常半导体激光器的激光功率呈线性下降的退化模式。因此，为降低测试成本，可以采用线性外推的方法来估算寿命（图 4-65）。根据 ISO 17526：2003，允许外推的测试时间倍数（$n$）与测试样品数量及测试样品退化率标准差有关，具体要求见表 4-4。

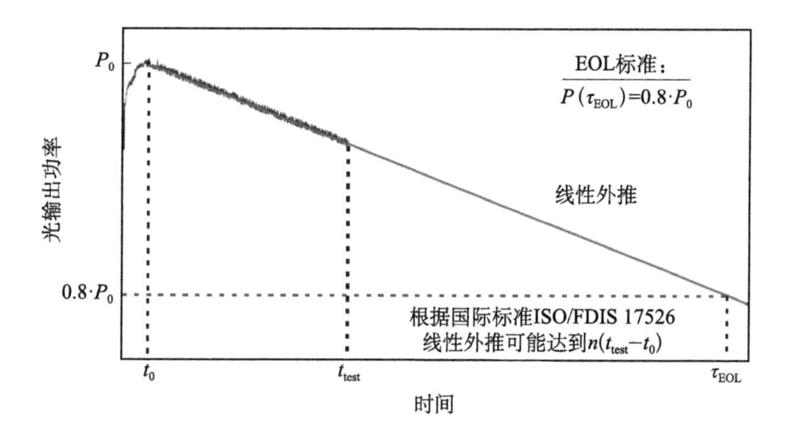


图 4-65　常电流模式外推测试半导体激光器寿命示意

**表 4-4　ISO 17526：2003 规定的允许外推的测试时间倍数**

| 测试样品数量 / 个 | 测试样品退化率标准差 | $n$ |
|---|---|---|
| 5 ～ 10 | 5% ～ 10% | 3 |
| 5 ～ 10 | ＜ 5% | 5 |
| ＞ 10 | 5% ～ 10% | 5 |
| ＞ 10 | ＜ 5% | 7 |

### （二）加速老化测试

近几年，半导体激光器芯片技术发展迅速，如何快速评估半导体激光器产品的寿命和可靠性越来越重要。为了通过较短的测试时间得到半导体激光器的寿命和可靠性，通常采用增加半导体激光器热沉温度或输出激光功率的方法进行加速老化测试。在加速老化测试条件下半导体激光器的失效率 $\lambda_{aging}$ 和正常工作条件下的失效率 $\lambda_{nom}$ 可由式（4-4）表示[23]。

$$\lambda_{aging}=\lambda_{nom}\cdot\pi_T\cdot\pi_P\cdot\pi_I \tag{4-4}$$

式中，$\pi_T$ 是温度加速因子，$\pi_P$ 是功率加速因子，$\pi_I$ 是电流加速因子。其中

$$\pi_T = \exp\left[-\frac{E_A}{k_B}\left(\frac{1}{T_{aging}} - \frac{1}{T_{nom}}\right)\right] \tag{4-5}$$

$$\pi_P = \left(\frac{P_{aging}}{P_{nom}}\right) \tag{4-6}$$

$$\pi_I = \left(\frac{I_{aging}}{I_{nom}}\right) \tag{4-7}$$

式中，$E_A$ 是热激活能（通常为 0.2～0.7eV），$k_B$ 是玻尔兹曼常量，$T_{aging}$ 是加速老化的工作温度，$T_{nom}$ 是正常工作温度，$P_{aging}$ 是加速老化输出激光功率，$P_{nom}$ 是正常输出激光功率，$I_{aging}$ 是加速老化的工作电流，$I_{nom}$ 是正常工作电流。对半导体激光器来说，激光功率和工作电流是相关的，因此只用取其中一个参数就可以了。

### （三）单管半导体激光器寿命统计分析

在半导体激光器寿命测试分析中，常用的一种失效率统计分布模型是韦布尔（Weibull）分布，失效率［$H(t)$］与工作时间（$t$）的关系可用式（4-8）表示。

$$H(t)=1-\exp\left[-\left(\frac{t}{T_{63}}\right)^b\right] \tag{4-8}$$

式中，$b$ 为形状参数，$T_{63}$ 为失效率等于 63.2% 的特征时间。生存率 $R(t) = 1-H(t)$。当 $0 < b < 1$ 时，失效率随着时间的增长而减小，一般对应早期失效阶段（婴儿期）；当 $b$=1 时，失效率为常数，一般对应偶然失效阶段，这时韦布尔分布变为指数分布；当 $b > 1$ 时，失效率随着时间的增长而增加，一般对应损耗失效阶段；当 $b$=3.4 时，韦布尔分布与正态分布相似。平均失效时间 MTTF 由式（4-9）表示。

$$\mathrm{MTTF} = \int_0^\infty R(t)dt = T_{63}\Gamma\left(\frac{1}{b}+1\right) \tag{4-9}$$

假设半导体激光器的寿命服从韦布尔分布，随机抽取 $n$ 个半导体激光器进行寿命测试，测试期间有 $r$ 个半导体激光器达到寿命，其寿命时间依次为：

$$t_1 \leqslant t_1 \leqslant \cdots\cdots \leqslant t_r$$

则[25]：

$$\tilde{\mu} = \sum_{j=1}^{r} D_{\mathrm{I}}(n,r,j)\ln t_j \tag{4-10}$$

$$\tilde{\sigma} = \sum_{j=1}^{r} C_{\mathrm{I}}(n,r,j)\ln t_j \tag{4-11}$$

式中，$\tilde{\mu}$ 为退化率正态分布的中心值，$\tilde{\sigma}$ 为半导体激光器的退化率标准差，$D_{\mathrm{I}}(n,r,j)$ 、$C_{\mathrm{I}}(n,r,j)$ 为极小值 I 型分布的系数，可查相应的统计分布函数数据表得到。$b$ 与 $T_{63}$ 的估计值为：

$$b = \frac{1}{\tilde{\sigma}} \tag{4-12}$$

$$T_{63} = \mathrm{e}^{\tilde{\mu}} \tag{4-13}$$

可靠寿命（$t_R$）的单侧置信下限（$t_{R,L}$）由式（4-14）确定。

$$t_{R,L} = \exp(\tilde{\mu} - \tilde{\sigma} V_{R,\gamma}) \tag{4-14}$$

式中，$R$ 为可靠度，$\gamma$ 为置信水平，$V_{R,\gamma}$ 是统计函数 $V_R$ 的 $\gamma$ 分位数，可查相应的统计分布函数数据表得出。

也有采用对数正态分布模型来分析半导体激光器失效率的。假设半导体激光器在常规电流工作时输出激光功率是线性退化的［式（4-15）］，退化率服从正态分布［式（4-17）］，则失效率密度函数服从正态对数分布函数［式（4-18）］。

$$P(t) = P_0 - \beta t \tag{4-15}$$

$$t_{\mathrm{F}}(\beta) = D_{\lim} \frac{P_0}{\beta} \tag{4-16}$$

$$f(\beta) = \frac{1}{\sigma_\beta \sqrt{2\pi}} \exp\left\{ -\frac{1}{2\sigma_\beta^2} (\beta - \beta_0)^2 \right\} \tag{4-17}$$

$$f(t_F)=\frac{1}{st_F\sqrt{2\pi}}\exp\left\{-\frac{1}{2s^2}\left[\ln(t_F)-\mu\right]^2\right\}$$

$$H(t)=\int_0^t f(t')dt' \tag{4-18}$$

式中，$P(t)$ 为工作 $t$ 时刻的输出激光功率，$P_0$ 为初始激光功率，$\beta$ 为功率退化率，$t_F(\beta)$ 为与退化率 $(\beta)$ 对应的半导体激光器寿命，$D_{lim}$ 为定义的半导体激光器到工作寿命时的激光功率下降比例（通常为 20%），$f(\beta)$ 为退化率密度分布函数，$\sigma_\beta$ 为退化率标准差，$\beta_0$ 为退化率正态分布的中心值，$f(t_F)$ 为半导体激光器失效率密度分布函数，$\mu=\ln[t_F(\beta_0)]$，$s\approx\frac{\sigma}{\beta_0}$，$H(t)$ 为半导体激光器失效率函数。

## （四）半导体激光器阵列寿命分析

对于由 $N$ 个半导体激光器巴条组成的模块，半导体激光器巴条的寿命是整个模块的寿命。假设①组装过程不会对单管半导体激光器巴条的寿命产生影响；②忽略模块其他零件影响，只考虑单管半导体激光器巴条的寿命对模块寿命的影响；③半导体激光器巴条在恒定电流工作时的输出激光功率随工作时间线性下降退化；④半导体激光器巴条失效率符合对数正态分布。则 $N$ 个巴条模块的寿命 $t(N)$ 与其组成单管半导体激光器巴条的寿命 $t_n$ 的关系可由式（4-19）表示[24]。

$$t(N)=\left[\frac{1}{N}\sum_{n=1}^{N}\frac{1}{t_n}\right]^{-1} \tag{4-19}$$

假设单管半导体激光器巴条的失效率密度由式（4-20）所示的对数正态分布函数表示，则

$$f(t)=\frac{1}{\sigma t\sqrt{2\pi}}\exp\left\{\frac{-1}{2\sigma^2}\left[\ln\left(\frac{t}{T_m}\right)\right]^2\right\} \tag{4-20}$$

式中，$f(t)$ 为失效统计函数，$t$ 为半导体激光器巴条的寿命，$T_m$ 是中值寿命，$\sigma$ 是标准差，$\sigma=\ln\left(\frac{T_m}{t_{0.159}}\right)$，$t_{0.159}$ 是有 15.9% 的半导体激光器失效时经历的时间。平均寿命 $T_{MTTF}$ 由式（4-21）表示。

$$T_{\mathrm{MTTF}} = \int_0^\infty t f(t) dt = T_{\mathrm{m}} \exp\left(\frac{\sigma^2}{2}\right) \tag{4-21}$$

可以看出，$T_{\mathrm{MTTF}} > T_{\mathrm{m}}$，但是当 $\sigma$ 远远小于 1 时，$T_{\mathrm{MTTF}}$ 约等于 $T_{\mathrm{m}}$。累计失效分布 $F(t)$ 为：

$$F(t) = \int_0^t f(t')dt' = \frac{1}{2}\left\{1 + \mathrm{erf}\left[\frac{1}{\sqrt{2\sigma^2}}\ln\left(\frac{t}{T_{\mathrm{m}}}\right)^2\right]\right\} \tag{4-22}$$

式中，$dt'$是函数变量，$t'$是失效时间，erf 是误差函数。

可以利用蒙特卡罗（Monte Carlo）模拟方法，用随机数产生器产生符合对数正态分布的半导体激光器巴条寿命数据，然后数值计算出 $N$ 个巴条模块的寿命情况。Carlson 采用上述方法数值模拟计算了失效率密度符合对数正态分布，中值寿命（$T_{\mathrm{m}}$）均等于 1，但标准差（$\sigma$）分别等于 1 和 0.3 的两组半导体激光器巴条组成的 $N$ 个巴条模块的寿命情况，计算结果见图 4-66 和图 4-67。表 4-5 是计算得到的 $N$ 个巴条模块的一些参数。从计算结果可以看出，$N$ 个巴条模块的失效率密度也是符合对数正态分布的，$\sigma$ 大的半导体激光器巴条组成的 $N$ 个巴条模块随着 $N$ 增大而 $T_{\mathrm{m}}$、$T_{\mathrm{MTTF}}$ 和 $\sigma$ 均变小，$\sigma$ 小的半导体激光器巴条组成的 $N$ 个巴条模块随着 $N$ 增大而 $T_{\mathrm{m}}$ 和 $T_{\mathrm{MTTF}}$ 变化不大，$\sigma$ 变小。可见，如果知道每个半导体激光器巴条的退化率，如何选择半导体激光器巴条组装 $N$ 个巴条模块会对模块的失效统计产生巨大影响。对半导体激光器巴条的退化率进行细分，尽量选择寿命相同的半导体激光器巴条组装 $N$ 个巴条模块对改进模块寿命是非常有利的。

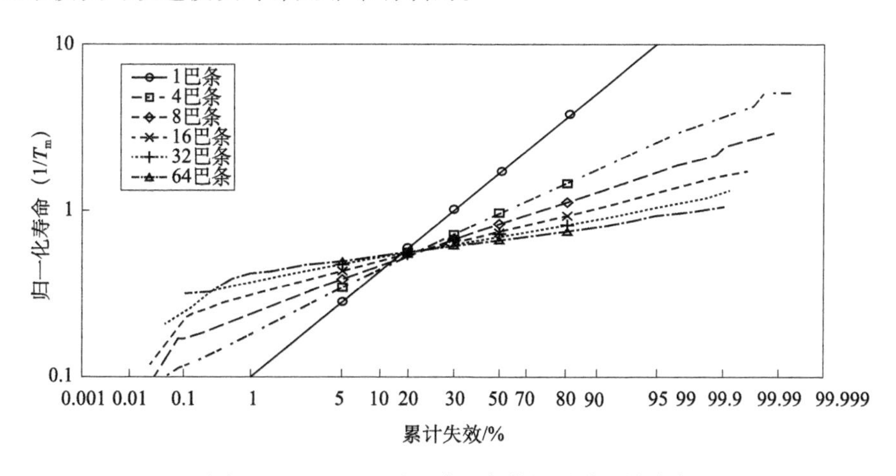


图 4-66　$\sigma = 1.0$ 时 $N$ 个巴条模块累计失效分布

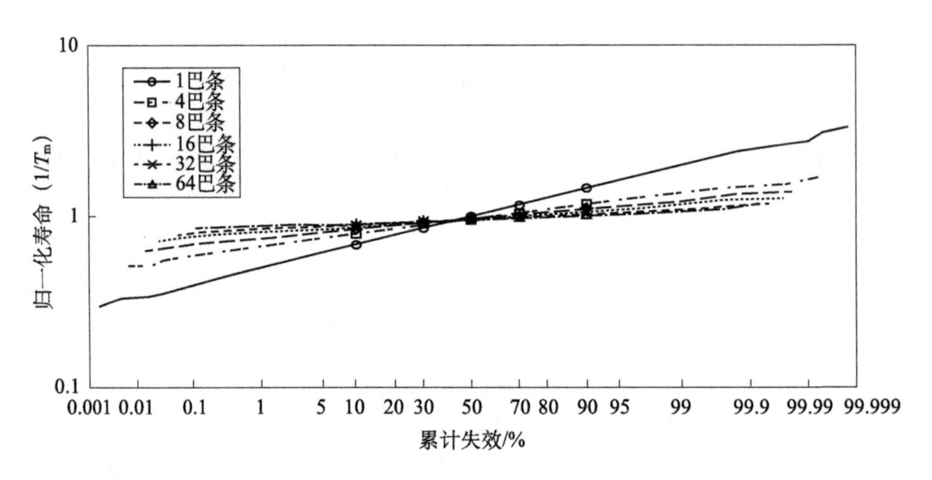


图 4-67　$\sigma=0.3$ 时 $N$ 个巴条模块累计失效分布

**表 4-5　$\sigma=1.0$、$\sigma=0.3$ 的 $N$ 个巴条模块参数**

| 巴条数量 / 个 | $\sigma=1.0$ | | | $\sigma=0.3$ | | |
|---|---|---|---|---|---|---|
| | $T_m$ | $\sigma$ | $T_{MTTF}$ | $T_m$ | $\sigma$ | $T_{MTTF}$ |
| 1 | 1.00 | 1.00 | 1.66 | 1.00 | 0.3 | 1.05 |
| 4 | 0.72 | 0.57 | 0.84 | 0.97 | 0.15 | 0.98 |
| 8 | 0.67 | 0.42 | 0.73 | 0.96 | 0.11 | 0.97 |
| 16 | 0.64 | 0.30 | 0.67 | 0.96 | 0.07 | 0.96 |
| 32 | 0.62 | 0.20 | 0.64 | 0.95 | 0.05 | 0.96 |
| 64 | 0.62 | 0.16 | 0.62 | 0.95 | 0.04 | 0.96 |

值得注意的是，上述半导体激光器阵列的寿命分析未考虑半导体激光器的断路故障对模块寿命的影响，模块中的半导体激光器巴条通常是电流串联的工作方式，只要有 1 个半导体激光器巴条发生断路，则整个模块就会失效。因此，需要特别关注半导体激光器巴条发生断路的失效率。对断路失效，应采用串连系统可靠性模型进行分析，串连系统与单元间的失效率关系见式（4-23）。

$$\lambda_s=\sum_{i=1}^{N}\lambda_i \tag{4-23}$$

$$\mathrm{MTBF}_s=\frac{1}{\lambda_s}=\frac{1}{\sum_{i=1}^{N}\lambda_i} \tag{4-24}$$

式中，$\lambda_s$ 为 $N$ 个单元组成的系统的失效率，$\lambda_i$ 为单元失效率，$MTBF_s$ 为系统的平均失效时间。

## 五、腔面镀膜技术

半导体激光器的腔面灾变性光学损伤阈值一直是限制其最大输出功率和可靠性的重要因素。美国等国家在高功率半导体激光器方面对我国实行出口管制，因此研究半导体激光器腔面介质薄膜的损伤机理、掌握薄膜与激光相互作用的物理过程及薄膜损伤的瞬态行为，进一步研发薄膜损伤控制技术、制备高激光损伤阈值腔面光学薄膜，已成为高功率半导体激光器在国防应用领域必须突破的一项关键技术。

美国对激光诱导光学薄膜的损伤机理的研究始于 20 世纪 60 年代，多年来对该机理的研究获得了一些进展，先后提出雪崩电离模型、多光子吸收电离模型、缺陷统计模型等损伤机理 [25-29]，但激光诱导薄膜损伤的现象和机理非常复杂，还没有一个理论能够解释所有的实验现象。而以上这些研究都是针对强激光系统中的光学薄膜的，对半导体激光器腔面介质薄膜灾变性光学损伤机理的研究少得多。当前的研究成果认为，腔面灾变性光学损伤的产生主要源于半导体激光器芯片在解理时端面出现许多缺陷和表面态，使端面氧化，形成非辐射复合中心，从而吸收激光，使端面的温度升高，导致激光器的有源区熔化和光学灾变损伤发生 [30]。

因此，如何减少或消除解理后腔面的缺陷和表面态，防止腔面氧化和非辐射复合中心的形成，就成为高功率、长寿命半导体激光器的一个亟须解决的问题。国内外科研人员对如何提高半导体激光器腔面灾变性光学损伤阈值进行了大量的有益探索和研究，如采用量子阱无序技术、端面附近引入非注入区技术、非吸收窗口技术、钝化处理技术、真空解理技术、离子辅助镀膜技术等方法改善半导体激光器腔面灾变性光学损伤阈值，提高器件的可靠性。

量子阱无序技术是通过量子阱混杂技术使端面处的带隙增大，形成输出光的透明窗口，减少光的吸收 [31,32]。但该技术需要多次外延或高温（900℃）退火，有可能造成器件损伤，且成品率较低。端面附近引入非注入区技术是在腔面附近一定距离（大约 20% 的腔长）处分别引入一电流非注入区（$SiO_2$/$Si_3N_4$），限制电流流入端面，减少腔面附近的载流子浓度，以减少端面处的非辐射复合的发生，从而提高损伤阈值 [33,34]。该方法虽然简单，但需与其他方法共同使用。

非吸收窗口技术是在腔面附近通过特殊处理后使得该处材料的禁带宽度加宽，对应发射波长的腔面形成透明区，抑制腔面的光吸收[35,36]。非吸收窗口技术是抑制光吸收、提高半导体激光器腔面光学损伤阈值的理想方法。钝化处理技术是把激光器的腔面与含硫或含硒化合物进行反应，从而去除腔面原有的氧化层，生成一种稳定的硫化物层或硒化物层，并且抑制氧化物的进一步生成，减少表面态密度，降低表面复合概率，提高器件的输出功率和可靠性[37-39]。硫化技术通常采用硫化铵［$(NH_4)_2S$］溶液进行处理，液体清洗容易产生二次污染，且钝化处理的效果不够稳定[40]，通常需要和镀膜技术联合使用。可以通过调整钝化液酸碱度，在硫化物钝化层上再外延生长一层硒化锌（ZnSe）钝化保护层，向含硫钝化液中加入与硫元素性质类似的元素［如硒（Se）］，待腔面钝化膜形成后，进行退火处理来改善钝化膜的厚度及稳定性。

高真空解理技术是在高真空（$10^{-8}$ torr）中将外延片解理成条，然后进行端面钝化，再进行端面镀膜。整个过程都在真空环境中完成，可以避免氧和其他杂质的污染，有利于获得高的可靠性[40,41]。但高真空解理设备只能完成端面的钝化，腔面镀膜需在其他设备中进行，且设备本身的结构复杂，工艺难度大，成本较高。离子辅助镀膜技术是在空气中解理芯片后，利用低能离子束轰击腔面，去除氧化物，然后利用离子辅助镀上腔面膜。该方法易于实现，已进行了大量的实验研究[42-44]。钝化膜需要是非吸光材料，不与腔面发生反应，能够有效阻挡氧化物介质膜中的杂质向半导体激光器内部扩散。此外，钝化膜厚度不宜过厚（一般为几纳米）。如果钝化层太厚，会形成量子化束缚态，使载流子扩散到钝化层中，最终形成非辐射复合中心，一般选用的材料有 ZnSe 或 Si、Ge、$SiN_x$、AlN。高真空解理技术能够有效减少腔面处的缺陷和表面态密度，但只能进行腔面钝化，镀膜工艺仍需在其他设备中进行，且设备本身结构复杂，工艺难度高，价格昂贵。真空解理技术的关键在于如何在高真空中实现解理。由于高真空解理设备昂贵，可以通过将解理机放置在真空手套箱内进行操作，或在充满干燥惰性气体（如 $N_2$）的环境下进行解理，在高真空中干法刻蚀去除氧化层及表面态，再在腔面上生长一层氮化物钝化层，最后镀制高反/增透膜，从而达到既降低技术成本，又得到高效稳定激光器的目的。

离子辅助镀膜技术是在空气中解理半导体激光器芯片后，利用低能离子束轰击腔面，去除腔面处形成的氧化膜和吸附的杂质，再利用离子辅助蒸发或溅射法在激光器的前后腔面上分布制备增透和高反介质保护膜。腔面镀膜不但可以预防灾变性光学损伤的发生，还能有效改善激光器的光学性能及机械性能。高反膜有利于降低阈值电流；增透膜可以提高激光器的量子效率、电光转换效率和光功率密度。目前国外较成熟的技术是采用离子束研磨清洗腔面，先用氩离子研磨去除腔面上的氧化层及杂质，$H_2$ 作为辅助气体，加快表面氧化物的去除，再用氮离子研磨激光器腔面，减少氩离子轰击对器件带来的损伤。经离子清洗后，在真空环境下沉积钝化膜，最后采用电子束蒸发法镀制高反和增透薄膜。根据膜料气化方式不同，物理气相沉积（physical vapor deposition，PVD）又分为溅射、离子镀、热蒸发及离子辅助镀膜技术。物理气相沉积技术需要使用真空镀膜机，成本较高，但膜层强度高，厚度可精确控制，是应用最广泛的方法。化学气相沉积需要较高的沉积温度，制备过程中会产生易燃易爆、有毒的副产物。化学液相淀积（chemical liquid deposition，CLD）工艺简单，成本低，但膜厚控制不精确，强度差，难以形成多层膜。出光面增透膜通常选用的材料有 $Ta_2O_5$、$Al_2O_3$、$ZrO_2$、$SiO_2$，高反膜选用的材料有 $SiO_2/TiO_2$。

通过采用以上技术，边发射半导体激光器腔面灾变性光学损伤阈值得到很大提高。2006 年，美国相干激光公司采用的腔面镀膜技术腔面连续功率密度可达 29.4MW/cm$^2$[45]。2007 年，nLIGHT 公司采用 nXLTTM 腔面钝化处理技术 808nm 30% 填充因子的巴条连续输出 60W 激光器寿命可达 21 000h[46]。2007 年，Spectra-Physics 公司研究出 940nm 连续输出功率在 1010W 的情况下激光器腔面没有发生灾变性光学损伤[8]。2009 年，英国 Intense 公司采用非对称波导和光学势阱，940nm 条宽 100μm 的半导体激光器，连续输出功率 24.4W，功率密度达到 30.1MW/cm$^2$[47]。2008 年，德国 Bookham 公司采用 E2 半导体激光器腔面镀膜技术可以获得 808nm CS 封装准连续输出功率 75W 激光器，寿命可达 20 000h[48,49]。2008 年，德国费迪南德-布劳恩高频技术研究所采用 ZnSe 钝化处理技术研制出 808nm 条宽 100μm 的半导体激光器，连续输出功率 13W，功率密度达到 19.12MW/cm$^2$[50]。

在半导体激光器灾变性光学损伤研究方面，国内主要有中国科学院长春光学精密机械与物理研究所、中国科学院半导体研究所、长春理工大学、北京工业大学、重庆邮电大学、华中科技大学、中国电子科技集团公司第十三研究所等单位开展相关研究。取得的主要成果有：中国科学院半导体研究所分别采用等离子辅助镀膜技术、端面附近引入非注入区技术、钝化处理技术等多种方法，开展提高腔面灾变性光学损伤阈值的研究。使用硫化铵溶液钝化和金属有机化学气相沉积外延生长 ZnS 薄膜的方法，在 ZnS 薄膜厚度较厚时［约$\frac{\lambda}{2n}$］，得到的单管半导体激光器发生腔面灾变性光学损伤的平均功率为3.37W（最高功率值为4.051W），功率线密度达到33.7mW/μm[51]。长春理工大学在半导体激光器腔面灾变性光学损伤阈值改善方面开展了比较深入的研究，采用量子阱无序技术、端面附近引入非注入区技术、非吸收窗口技术、钝化处理技术、离子辅助镀膜技术等多种方法改善半导体激光器腔面灾变性光学损伤阈值，采用腔面蒸镀ZnSe钝化膜的方法，失效电流为5.6A，输出光功率达到5W[52]。北京工业大学主要采用腔面硫钝化处理技术提高激光器的输出特性及其可靠性，器件的输出功率密度达到10MW/cm$^2$，经过1500h的老化实验后，器件特性没有明显退化[48]。中国电子科技集团公司第十三研究所采用离子铣和腔面还原的方法对腔面进行优化处理，在一定程度上减少了半导体激光器的功率退化，168h加速老化后退化幅度降低41.5%[53]。中国科学院长春光学精密机械与物理研究所于2009年研制出100μm光纤耦合连续输出5.0W半导体激光光源；2010年，采用ZnSe钝化处理技术研制的单管半导体激光器在6A电流下连续输出5.5W，未发生腔面灾变性光学损伤；2012年研制出808nm准连续输出7W单管半导体激光器。目前国外半导体激光器灾变性光学损伤阈值的研究水平为30MW/cm$^2$，产品水平10M～20MW/cm$^2$。而我国在这方面的研究与国外先进水平的差距较大，产品水平只有每平方厘米几个兆瓦。

近年来，国外一些大公司和研究机构在提高灾变性光学损伤阈值的研究方面取得突破，如美国nLIGHT公司采用的nXLTTM技术、德国Bookham公司采用的E2半导体激光器腔面镀膜技术、美国QPC公司是采用二次外延的非吸收窗口技术等，但其技术细节已成为一种商业机密，在相关文献中并没有做详细报道。国内相关研究多从某一腔面处理方法入手，从不同侧面探索能够有效提高灾变性光学损伤阈值的方法。苏州长光华芯光电技术股份有限公司的产品是采用nLIGHT公司的高损伤阈值光学镀膜技术，中国电子科技集团公司第十三研究所也是采用腔面钝化的光学镀膜技术。

## 第三节　高功率半导体激光技术发展中的关键科学问题及解决思路

目前高功率半导体激光学科发展面临的科学问题主要包括高效率半导体

激光器芯片的设计及生长、半导体激光器芯片出光面的损伤阈值问题和高功率半导体激光器的长寿命工作。

半导体激光器芯片的理论效率为 85%，目前国际研究水平的半导体激光器效率为 70%，商用水平的半导体激光器芯片中效率最高的为德国 DILAS 公司的 60%；国内半导体激光器芯片的效率研究水平在 65%～70%，而国内商用半导体激光器芯片的效率在 50%～55%，与国际先进水平还有一定的差距，这需要高质量的外延生长技术及芯片的结构设计等。

半导体激光器的损伤是由灾变光学镜面损伤引起的。灾变光学镜面损伤的现象和机理非常复杂，目前的研究成果认为，腔面灾变性光学损伤的产生主要是由于半导体激光器芯片在解理时端面出现许多缺陷和表面态，使端面氧化，形成非辐射复合中心，从而吸收激光，使端面的温度升高，导致激光器的有源区熔化和发生光学灾变损伤 [54-59]。当前，半导体激光器芯片出光面的损伤阈值研究水平在 30MW/$cm^2$，国际商用水平在 20MW/$cm^2$，而国内半导体激光器芯片出光面的损伤阈值在 5M～10MW/$cm^2$。

高功率半导体激光器的长寿命工作问题是一个涉及多个方面的技术问题。半导体激光器的长寿命工作与半导体激光器的外延生长质量、激光器的制备工艺、腔面损伤及耦合封装和散热技术都密切相关。国际上 10 瓦级半导体激光器的寿命单管半导体激光器在 10 万 h 以上，几十瓦到上百瓦的半导体激光器的寿命在 2 万～3 万 h，更高功率的半导体激光器寿命也超过万小时。国内能提供半导体激光器芯片的苏州长光华芯光电技术有限公司的激光器的寿命接近万小时，与国际先进水平还有差距。

## 一、半导体激光器效率的提升

半导体激光器的电光转换效率是半导体激光器的重要性能指标，反映了半导体激光器输出光功率的能力，受到内量子效率、内部损耗、镜面损耗、透明电流密度等参数的影响。半导体激光器有很高的电光转换效率，通常内量子效率 $\eta_i$ 近视为 100%，即谐振腔中的注入载流子几乎全部产生光子。为了提高半导体激光器的电光转换效率，国际上已经采用调制掺杂技术串联芯片的电阻；利用张应变和压应变材料交替生长降低材料生长过程中的应力效应；采用非对称波导结构来降低 P 型区的电阻。随着技术的发展和各国科研项目的支持［美国国防部高级研究计划局专门设立了提高半导体激光器的电光转换效率到 80% 为目标的超高效率激光器光源（SHEDS）项目］，高功率半导体激光器光源的效率已经达到很高的水平，近红外波段可达 70% 以上。

## 二、腔面灾变性光学损伤及其消除技术

获得高功率输出、高光束质量是研制高功率动态激光器的核心，除芯片制备和芯片加工工艺外，了解并掌握激光器的结构设计和结构中的缺陷分布相关性是关键因素之一。在追求高功率激光输出的同时，缺陷因非辐射复合导致的热效应会引起激光器性能下降甚至发生腔面灾变性光学损伤而失效。国内外科研人员采用量子阱无序技术、非吸收窗口技术、钝化处理技术、真空解理技术、离子辅助镀膜技术等方法改善半导体激光器的腔面灾变性光学损伤阈值，提高器件的可靠性。

量子阱无序技术是，量子阱材料在一定的覆盖层下经快速热退火后，量子阱区的阱和垒之间的组分将发生相互扩散，造成势阱形状改变，导致吸收边蓝移。以 GaAs/AlGaAs 量子阱为例，它在 $SiO_2$ 膜的覆盖下经过快速热退火实现了量子阱材料的部分无序，在光电流谱上的吸收边发生蓝移。实验证明，蓝移量与覆盖膜质量、退火时间、温度及气氛有关。这项技术已在 GaAs 和 InP 材料体系获得成功，可以有效降低非复合载流子的光吸收。

对于应变量子阱激光器来说，腔面应变的一部分弛豫（端面双轴压应变变为单轴压应变）使腔面带隙变小，光吸收变大，激光器腔面因部分弛豫引起的带隙收缩量与 In 组分有关系。当 In 组分为 0.2 时，其禁带宽度收缩量为 38meV，带隙变化量相当于晶格匹配的半导体材料温度变化的 80K。由于激光器腔面处存在载流子扩散的影响，所以将电流阻挡层引入接近腔面的想法是可行的，可以将电流非注入区制备到激光器腔面上方，如通过沉积 $Si_3N_4$ 制备电流非注入区，减少腔面处的载流子浓度，进而降低腔面载流子的复合。

高真空解理技术的关键工艺是腔面钝化工艺，整个过程都在真空环境中完成，可以避免氧气和其他杂质的污染，有利于获得高的可靠性。腔面钝化工艺主要是通过对其腔面进行必要的工艺处理，以避免在解理半导体激光器芯片时因为与空气中的氧气接触而形成不稳定氧化层和受到其他污染。通过引入一个钝化层，可以大幅度减少半导体激光器腔面的缺陷。钝化层形成后，可以在半导体激光器的前后腔面分别镀所需要的增透膜和高反膜。光学膜不仅能满足半导体激光器单面输出对反射率的要求，还可以对钝化层起到保护作用。半导体激光器的腔面钝化工艺可以有效地减少腔面表面态，降低非辐射复合，提高半导体激光器的阈值。腔面钝化工艺包括硫溶液钝化、氧钝化、空气解理并蒸镀腔面钝化保护膜和腔面等离子清洗再镀上腔面膜等方法。氧钝化方法虽然可以在半导体激光器的腔面形成稳定且致密的氧化膜，

但无法长期稳定地提高半导体激光器的可靠性。硫溶液钝化可以去除半导体激光器腔面的氧化层和界面态；减少腔面发热，抑制腔面氧化，提高其阈值和可靠性，但是硫溶液不能完全去除腔面氧化层。空气解理并蒸镀腔面钝化保护膜法对无铝激光器的效果很好，而对含铝的半导体激光器的效果不明显。腔面等离子清洗再镀上腔面保护膜法能够去除腔面氧化层，对腔面的损伤小，可以有效提高半导体激光器的可靠性。

## 三、长寿命半导体激光器芯片技术

为了向工业应用市场推广，半导体激光器的制造商在降低半导体激光器的使用条件要求、延长寿命和提高可靠性方面做了大量工作。例如，通过水电隔离和较大散热通道设计，降低了对冷却水电导率和过滤的要求；通过新型焊料制备技术和焊接手段及对微通道冷却器的防腐蚀处理等，使高功率半导体激光器的寿命获得较大延长，连续半导体激光器的寿命延长到 20 000h 以上，脉冲半导体激光器的寿命长于 $1\times10^{10}$ 次脉冲。通过在半导体激光器上集成封装温、湿度检测电路等工作环境控制措施，大大提高了半导体激光器运行的可靠性。

对半导体激光器进行封装，可以有效降低半导体激光器工作时的内部温度，以满足半导体激光器稳定、可靠、高效率工作的目的。半导体激光器封装热阻主要受到芯片有源区尺寸、热沉结构、焊料及焊装工艺等因素的影响。

半导体激光器芯片有源区尺寸通常受到其输出功率、光束质量等技术参数设计的制约。

热沉结构通常包括无源热沉和有源热沉。无源热沉采用导热性能良好的金属、陶瓷体材料或复合材料，主要通过热传导方式进行激光器芯片热量的传递，具有结构简单、工作可靠的优点，主要用于中等功率密度半导体激光器芯片的散热封装。有源热沉通常采用循环液体、金属蒸气等传热媒介的复杂金属或陶瓷结构，散热方式除了要具有一定的热传导作用外，还要有较强的热对流或相变热对流作用。因此，有源热沉通常具有更好的散热能力，主要用于高功率密度半导体激光器芯片的散热封装。典型的有源热沉封装包括硅微通道 [60,61]、铜微通道 [62,63] 等散热封装方式，内部水流产生的强制热对流能够使封装结构实现较强的散热能力。

焊料及焊装工艺对半导体激光器的散热封装性能也有较大的影响。焊料用于将激光器芯片焊装在热沉表面上，焊料通常分为软焊料（如铟焊料）和硬焊料（如 $Au_{80}Sn_{20}$ 焊料）。作为典型的软焊料，铟具有熔点低（约 152℃）、延展性好的优点，焊装芯片应力小，但也存在加热烧结过程中容易氧化、激光器大电流工作时铟焊料容易迁移的缺点。

散热技术是将半导体激光器芯片产生的废热及时散掉以保证半导体激光器稳定工作的关键技术，关系到半导体激光器的输出功率、稳定性和寿命。根据半导体激光器输出功率的大小，需要采用具有不同散热能力的散热技术对其进行有效散热，实现激光功率稳定输出。当前用于半导体激光器的散热技术主要有热沉传导散热、风冷散热、水冷散热及热管散热。半导体激光器正向高集成、高功率和高性能的方向快速发展，随之而来的则是其热效应的影响越来越明显，关系到半导体激光器的可靠性和寿命。高热流密度导致半导体激光器的热控制成本急剧上升，产品的热失效越来越严重，成为限制半导体激光器向更高性能发展的关键因素。因此，进一步大力发展新的高效散热技术是实现大功率半导体激光器产业化发展的重要保障。

## 四、高亮度光束整形耦合输出技术

由于半导体激光器泵浦固体激光（diode pumped solid state laser，DPSSL）技术、半导体激光器泵浦光纤激光技术及半导体激光器直接应用的发展需求，近几年，高亮度耦合输出的半导体激光器集成化封装技术发展迅速。高亮度光纤耦合输出半导体激光器模块是反映这方面技术发展水平的代表。目前在此方面具有较高水平的有：德国 DILAS 公司研制出芯径 200μm、数值孔径 0.22 的光纤输出激光功率 775W@975nm 的半导体激光器模块，通过先进的波分复用谱合束耦合方法，针对芯径 100μm、数值孔径 0.17 的光纤已实现 808W 耦合输出；美国 nLIGHT 公司采用体布拉格光栅光谱锁定技术研制出光谱宽度＜ 0.5nm、温漂系数 0.01nm/℃、芯径 105μm、数值孔径 0.15 的光纤输出泵浦功率 200W 的半导体激光器模块；nLIGHT 公司非光谱锁定模块实现了芯径 105μm、数值孔径 0.15 的光纤输出泵浦功率 272W@915nm，电光转换效率高达 48%；美国 Fraunhofer 实验室采用基于高功率单管半导体激光器芯片的高度集成化封装技术研制出芯径 100μm、数值孔径 0.15 的光纤输出泵浦功率 100W 的单波长半导体激光器模块，集合先进的合束方法，通过 5 个波段的合束，可实现芯径 100μm、数值孔径 0.15、500W 耦合输出；德国通快集团研制出芯径 600μm、数值孔径 0.22 的光纤输出泵浦功率 2000W 的半导体激光器模块；美国的 TeraDiode 公司采用外腔光谱合成技术实现了芯径 50μm、数值孔径 0.15 的光纤输出连续激光功率 2030W，该技术指标已经达到固体激光器和光纤激光器光束质量水平，可以在激光干扰、精密激光加工等领域获得应用，并且该公司宣称已制定出可实现 100kW 近衍射极限自由空间输出半导体激光器的技术路径。

## 五、高效率、小型化、轻量化、模块化封装技术

在高能二极管泵浦固体激光器及需要高度集成或移动应用的领域，人们对半导体激光器模块的高效率、小型化、轻量化也越来越重视。同时在降低封装成本、实现功率定标放大、维修便利等方面，模块化的设计、封装结构非常有利。目前国际上的半导体激光器公司正在大力发展高效率、小型化、轻量化、模块化的封装技术。美国阿帕奇公司研制的芯径 100μm 尾纤半导体激光器模块的最高电光转换效率达到 68%，用该模块研制的光纤激光器实现了 50% 的插头效率 [63]。德国 DirectPhotonics Industries 公司采用模块化结构设计了 100W 光谱锁定的半导体激光器单元模块，并通过波长合束技术研制了芯径 100μm、尾纤输出激光功率 500W 的半导体激光器模块。如果采用密集光谱合束的方式，还可以用该单元模块实现 100μm 尾纤输出激光功率数千瓦 [12]。德国 DILAS 公司采用宏通道冷却器的封装结构研制了芯径 225μm、尾纤输出激光功率 330W 的单偏振、单波长半导体激光器模块，模块重量仅约 300g，电光转换效率达到 55%。采用偏振合束的方式实现了尾纤输出激光功率 625W 的半导体激光器模块，模块重量约为 400g，电光转换效率达 50%。此外，还可进一步采用波长合束技术实现数千瓦输出 [8,64]。针对输出功率数万瓦的超大功率半导体激光器系统，如何改进封装结构和冷却技术，降低系统的体积、重量及电功率消耗是研究重点。针对这类应用，新型半导体激光器的封装技术及相变冷却等新型高效冷却技术研究也是国外的一个研究重点并得到较快发展，开始步入实用化阶段。

# 第四节　未来学科发展的重要研究方向

半导体激光技术学科的未来发展主要集中在 4 个方面：①前沿探索的研究；②解决核心关键技术；③高端芯片产品及应用；④新结构半导体激光器。

## 一、前沿探索的研究

### （一）器件表面、界面、腔面缺陷形成机理及控制

对影响外延膜质量、能带结构及发光特性的缺陷形成机理进行分析，提

出相应的解决方法，降低串联电阻，减小内部损耗，提高器件的电注入效率、光输出特性及延长寿命。

### （二）新结构光波导激光器研究

窄脊半导体激光器的输出功率受到模场体积及腔面灾变性光学损伤阈值的限制，难以实现大功率基横模输出，需要研究新结构光波导激光器以获得模场体积大、腔面灾变性光学损伤阈值高、单元器件输出功率高、输出光斑近圆形的器件。

### （三）高功率半导体激光器模式空间调控

大功率半导体激光器芯片在高注入条件下多进行侧模激射，自聚焦效应会产生多丝状发光而劣化输出光束质量。通过控制载流子注入分布，可以在慢轴方向上人工重构折射率分布，抵消自聚焦效应；在腔长方向上形成可控的增益分布，最终在有源区内部实现无丝状发光的激光输出，提高器件的亮度、寿命。

### （四）高功率单片集成分布式布拉格反射－倾斜多级主控振荡的功率放大器及其相关多次外延研究

单片集成分布式布拉格反射-倾斜（DBR-Taper）结构是当前国际上高光束质量大功率半导体激光器的主流发展结构方向，现有单片集成 DBR-Taper 多级主控振荡的功率放大器（master oscillator power amplifier，MOPA）局限于单级慢轴方向放大，限制了功率的提升。建议开展基于单片集成的 DBR-Taper 多级 MOPA 及其相关多次外延技术，在保证现有亚纳米级谱宽的同时，将 PA 区同时在三维方向上扩展，有效扩展模式增益体积，降低空间功率密度，大幅度提升单芯片输出功率。

### （五）量子级联激光器中量子效应主导的基本物理问题及高功率 QCL 研究

开展量子级联激光器（quantum cascade laser，QCL）中量子效应主导的基本物理问题及其子带过程研究，可以揭示室温大功率 QCL 的微结构、量子过程和电光转换的关联特征；发展千层 QCL 材料的组分、界面、应力、调制掺杂的协同控制理论和技术，研究尺度和结构演变、外场扰动、缺陷传播对 QCL 性能的影响规律；提高室温大功率 QCL 服役稳定性，研究 QCL 退化机理及控制技术；通过 QCL 阵列集成技术和合束技术，提高 QCL 功率和光束质量；通过光子晶体、组合波导、复合光栅、外腔调谐等技术，提高单模宽调谐范围和波长稳定性。

## 二、解决核心关键技术

### （一）高功率半导体激光器的低吸收腔面处理技术

大功率半导体激光器的腔面处理已成为高功率、高亮度半导体激光器发展的重要技术“瓶颈”。在国际上，nLIGHT、Jenoptik、FBH、Ⅱ-Ⅵ等芯片研发制造公司均具有核心的激光器腔面处理技术。在国内，高功率半导体激光器水平的快速提升迫切需要获得该方面关键技术的突破，应主要针对808nm、9××nm波长高功率激光器芯片开展腔面灾变性光学损伤机理与腔面钝化、腔面无吸收窗口工艺研究。

### （二）大功率半导体激光器小型轻量化技术

在空间、机载等应用领域，激光系统的小型轻量化尤其重要，大功率半导体激光器的热管理系统是制约其小型轻量化的重要因素，也是制约全固态激光走向更高功率和实用化发展的“瓶颈”之一。发展大功率半导体激光器件集成封装技术研究，可以为系统小型化奠定基础。深入研究在微小尺寸内液体散热机理与功率控制方法，通过分析大功率半导体激光器的工作机理与废热产生机制，研究大功率半导体激光器芯片与冷却器热电集成一体化封装结构设计、激光器工作模式与热管理系统无缝对接的精密温控方法。通过相变取热、相变蓄冷等新型热管理技术，以及新型模块结构设计、紧凑化集成封装技术、高效光束整型耦合输出技术等，实现大功率半导体激光器模块系统的高效率、小型化、轻量化。采用可实现功率定标放大的模块化、标准化设计方式，实现降低成本、方便使用。

### （三）高功率半导体激光器的波长锁定技术

半导体激光器较宽的波长温度漂移系数与光谱宽度成为其高效率泵浦、高密度波长合束的重要影响因素。内置DBR或DFB光栅、外置体布拉格光栅技术均可以实现激光器的波长锁定，成为高功率半导体激光器实现窄光谱、波长稳定工作的重要发展方向。应针对改善波长锁定激光器效率、稳定范围、可靠性等开展研究，实现千瓦级高光谱亮度半导体激光光源。

### （四）光栅加工技术

开展波长合束技术研究需要采用体布拉格光栅或高腔面灾变性光学损伤阈值熔石英光栅进行波长密集分割和光谱压缩，目前国内在体布拉格光栅材料制备和高腔面灾变性光学损伤阈值熔石英光栅制备方面还较落后，行业所需体布拉格光栅及高腔面灾变性光学损伤阈值熔石英光栅基本依靠进口，价格昂贵。建议开展高衍射效率、高腔面灾变性光学损伤阈值体布拉格光栅的设计与制造技术等关键技术研究，为研究高亮度半导体激光器提供保障。

### （五）高光束质量非相干激光合束技术研究

半导体激光器是当前效率最高的激光源，但光束质量差，严重制约了大功率半导体激光器的直接应用。人们采用空间合束技术和偏振合束技术已经实现了 100μm 光纤输出功率大于 100W 的指标。如果采用密集波长合束技术，同样是 100μm 光纤，输出功率可以突破 400W。美国 TeraDiode 公司的高亮度半导体激光光谱合成技术发展迅速（2015 报道实现了 4kW、光参量积 3.5mm·mrad、光电转换效率 45%），使得大功率半导体激光器的直接应用成为可能。国内也有一些单位在开展相关研究，但与国外的差距较大。建议开展基于大功率高亮度半导体激光合束技术的研究，突破半导体激光器二维阵列高亮度高效光谱合成技术、外腔的稳定性控制技术、高亮度芯片制造技术等。

### （六）高光束质量相干激光合束技术研究

相干合束在提升激光器亮度的同时还能维持其窄带宽特性。相干合束经常被用来提升激光光源的亮度，半导体激光器合束后的最佳输出光束质量是由其单个激光光源的输出光束质量决定的，在材料加工、自由空间光通信、光纤激光器泵源等领域可进行直接应用。

### （七）光纤组束半导体激光器关键技术研究

为获得高功率半导体激光输出，基于多单管/多阵列/多堆栈的偏振、波长组合等技术已经应用到半导体激光器的功率拓展中，并日趋成熟。为获得更高的功率输出，采用光纤组束半导体激光器技术、利用光纤并联合束的方法，可进一步提升半导体激光器的功率。通过攻克半导体激光器整形技术、光纤并联组束技术等核心关键技术，可以实现功率拓展。

### （八）高功率传能光缆技术

高功率传能光缆是高功率半导体激光器的核心部件，可实现高功率半导体激光进行柔性传输，使其变得更加灵活、可控，从而实现柔性化三维加工，使高功率半导体激光器在工业生产中的作用及应用范围最大化。随着高功率半导体激光器水平的不断提升，亟须突破单纤耦合输出功率大于 10kW～100kW 的高功率传能光缆技术，以实现高功率半导体激光器在工业加工中的应用。

### （九）高功率半导体激光器模块工程应用可靠性技术研究

分析高功率半导体激光器模块在当前各种实际应用场景下影响其寿命及可靠性的因素，通过改进封装工艺、优化模块结构设计及加装监控装置等方式，大幅延长及提升半导体激光器模块在实际工程应用中的寿命及可靠性。

## 三、高端芯片产品及应用

### （一）芯片产品

提高芯片产品的功率 / 亮度、电光转换效率（75%～80%）、单管半导体激光器的光参量积（＜ 3mm · mrad）、可靠性（＞ 20 000h）。

### （二）模块产品

研发超高亮度光纤输出模块（＞ 2000W、100μm）、高功率 / 高密度（连续输出＞ 1000W/cm$^2$，准连续输出＞ 5000W/cm$^2$）高可靠性二极管泵浦固体激光器模块；研发波长锁定、窄线宽、小体积、轻重量（1W/g）的器件及模块。

### （三）高光束质量半导体激光光源系统

研发千瓦量级近衍射极限半导体激光合束光源，光参量积达到 0.6mm · mrad（$M^2 \leqslant 2$）；实现万瓦级高亮度半导体激光合束光源，电光转换效率达到 50%，光参量积优于 5mm · mrad（$M^2$ 约为 15）。

## 四、新结构半导体激光器

### （一）硅基单纵模大功率高效激光器

近年来，光子集成发展迅速。硅基光子器件与集成由于可利用互补金属氧化物半导体器件（complementary metal oxide semiconductor，CMOS）工艺以大幅度降低成本而备受关注。硅基光子集成中的绝大多数光子器件难题都已获得很好的解决，仅片上激光器成为技术“瓶颈”，其热效应、效率及功率离工业应用还有一段差距。为此，必须通过结构或理论创新来提高现有器件的效率、功率，改善热效应。建议通过微结构的引入实现模式选择、光束质量控制，降低损耗，并进一步与硅基结合，通过特殊耦合方式实现低热阻高效耦合。目标为实现 100mW 以上的硅基激光，硅波导单模耦合输出效率高于 50%。

### （二）未来芯片上光互连所需的纳米激光器研究

未来的超级计算机需要光电集成已成为定论。虽然光电集成和芯片上光互连已经受到很大重视，但是集成中所必需的激光光源却是一个尚未解决的难题。除了熟知的衬底问题外，激光器的尺寸、能耗和散热等是急需被提上日程的议题。能耗的上限要求未来所需激光器的线性尺寸必须小于几百纳米，而如何设计和制作这种纳米尺度上的半导体激光器，对半导体材料、器件物理、纳米加工、纳米光电测试等提出了一系列的挑战。当前国际上对基于金属腔和金属中等离子激元的纳米激光的研究非常活跃，而国内相应的研究尚未起步。研究表明，这种金属腔纳米激光器具有独特的优势，但还存在许多严重问题尚未解决。因而纳米激光器的系统性、规模性研究是一个迫在眉睫的课题。

### （三）高速垂直腔面发射激光研究

开展基于高速工作 VCSEL 的系统性创新研究，在器件应用层面为高效节能的数据传输、高温环境测量与传感等国家重大需求提供器件基础。具体目标包括：开展高速工作（＞ 40GHz）半导体激光基础研究，探索短波红外量子点、亚波长光栅等新型材料和结构的高温工作特性，完善半导体激光设计理论；开展低功耗 VCSEL 列阵研究，突破高速调制关键技术，为绿色节能数据中心建设提供高速低能耗光收发模块。

### （四）单频高峰值功率半导体激光器研究

近年来，以单频高峰值功率半导体激光器为代表的半导体激光器异军突起，在成像、探测和环境感知方面有重要应用。目前，单频高峰值功率半导体激光器的峰值功率受限，未来应研究如何提高其峰值输出功率。

### （五）高响应度的探测器

雪崩光电探测器是一种具有内部增益的探测器。雪崩光电二极管（avalanche photodiode，APD）的工作模式主要有线性模式和盖革模式。在线性工作模式下，APD 工作在雪崩击穿电压以下，在一定的入射光功率范围内，输出电流大小与输入光强度成正比，根据工作条件一般可以提供 1～100 的增益。在盖革工作模式下，APD 工作在击穿电压以上，单个光子即可诱发雪崩进而引起 APD 的自持雪崩放大过程，增益可以达到 $10^6$ 以上，雪崩信号经外围电子线路提取、放大、整形后进入计数器，从而完成单光子探测。在线性工作模式下，APD 还具有相对高的响应速度，猝灭时间可缩短到纳秒量级。因此，APD 是激光雷达实现探测成像的理想器件，在 1.06～1.6μm 近红外波段对大气、烟雾具有良好的穿透能力，同时这一波段不易被发觉且对人眼安全。

## 本章参考文献


[1] Frevert C, Bugge F, Knigge S, et al. 940nm QCW diode laser bars with 70% efficiency at 1 kW output power at 203K: analysis of remaining limits and path to higher efficiency and power at 200K and 300K. Proceedings of SPIE, 2016, 9733: 97330L.

[2] Moench H, Conrads R, Deppe C, et al. High power VCSEL systems and applications. Proceedings of SPIE, 2015, 9348: 93480W.

[3] Beach R, Benett W J, Freitas B L, et al. Modular microchannels cooled heatsinks for high average power laser diode arrays. IEEE Journal of Quantum Electronics, 1992, 28 (4): 966-976.

[4] Jandeleit J, Wiedman N, Ostlender A, et al. Packaging and characterization of high power diode lasers. Proceedings of SPIE, 2000, 3945: 270-277.

[5] Lichtenstein N, Schmidt B, Fily A, et al. DPSSL and FL pumps based on 980nm-telecom pump laser technology: changing the industry. Proceedings of SPIE, 2004, 5336: 77-83.

[6] Liu X S, Zhao W. Technology trend and challenges in high power semiconductor laser packaging. 2009 Electronic Components and Technology Conference, 2009: 2106-2113.

[7] Liu X S, Zhao W. Technology trend and challenges in high power semiconductor laser packaging. 2009 Proceedings 59th Electronic Components and Technology Conference, ECTC 2009, 2106-2113.

[8] Hodges A, Wang J, de Franza M, et al. A CTE matched hard solder passively cooled laser

diode package combined with nXLTTM facet passivation enables high power high reliability operation. Proceedings of SPIE, 2007, 6552: 730700.

[9] Liu X S, Zhao W, Xiong L L, et al. Packaging of High-Power Semiconductor Lasers . New York: Springer, 2015: 36-37.

[10] Eli Kapon. Semiconductor Lasers Ⅱ Materials and Structures . San Diego: Academic Press, 1999: 313-314.

[11] Kasai Y, Yamagatab Y, Kaifuchi Y, et al. High-brightness and high-efficiency fiber-coupled module for fiber laser pump with advanced laser diode. Proceedings of SPIE, 2017, 10086: 1008606.

[12] Ferrario F, Fritsche H, Grohe A, et al. Building block diode laser concept for high brightness laser output in the kW range and its applications. Proceedings of SPIE, 2016, 9733: 97330G.

[13] Kissel H, Wolfa P, Bachmannb A, et al. Tailored bars at 976nm for high-brightness fiber-coupled modules. Proceedings of SPIE, 2017, 10086: 100860B.

[14] Sadao Adachi. Ⅳ族、Ⅲ-Ⅴ族和Ⅱ-Ⅵ族半导体材料的特性 . 季振国 , 等译 . 北京 : 科学出版社 , 北京 , 2009.

[15] Bachmann F, Loosen P, Poprawe R. High Power Diode Lasers Technology and Applications. New York: Springer, 2007.

[16] Stephens E F, Feeler R, Junghans J, et al. Ceramic microchannel coolers for laser diode arrays. Proceedings of the Twenty-First Annual Solid State and Diode Technology Review, 2008: 444-469.

[17] Heinemann S, An H, Barnowski T, et al. Packaging of high power bars for optical pumping and direct applications. Proceedings of SPIE , 2015, 9348: 934807.

[18] Bowers M B, Mudawar I. High flux boiling in low flow rate, low pressure drop mini-channel and micro-channel heat sinks. International Journal of Heat and Mass Transfer, 1994, 37: 321-332.

[19] Qu W, Mudawar I. Measurement and prediction of pressure drop in two-phase micro-channel heat sinks. International Journal of Heat and Mass Transfer, 2003, 46: 2737-2753.

[20] Myung K S, Issam M. Single-phase and two-phase heat transfer characteristics of low temperature hybrid micro-channel/micro-jet impingement cooling module. International Journal of Heat and Mass Transfer, 2008, 51: 3882-3895.

[21] Satoru O, Hirofumi M, Noriyasu S, et al. High-power operation of 1cm laser diode bars on funryu heat sink cooled by fluorinated-refrigerant. Proceedings of SPIE, 2009, 7198: 71980E.

[22] Saarloos B A. Thermal energy storage techniques for high energy lasers. Proceedings of the 2009 Solid State and Diode Technology Review and Ultrashort Pulse Laser Workshop,

2009: 806-812.

[23] Kissel H, Seibold G, Biesenbach J, et al. A comprehensive reliability study of high-power 808nm laser diodes mounted with AuSn and indium. Proceedings of SPIE, 2008, 6876: 687618.

[24] Carlson N W. Failure statistics for diode laser array modules and replacement model in large-scale laser systems. IEEE Journal of Selected Topics in Quantum Electronics, 2000, 6 (4): 615-622.

[25] Walker T W, Guenther A H, Nielsen P. Pulsed laser-induced damage to thin-film optical coatings-part Ⅱ : theory . IEEE Journal of Quantum Electronics, 1981, 17 (10): 2053-2066.

[26] Bloembergen N. Laser-induced electric breakdown in solids. IEEE Journal of Quantum Electronics, 1974, 10 (3): 375-386.

[27] 钱时恒 , 吕淑珍 , 张连娣 . 1.06μm 高功率激光反射膜 . 激光与红外 , 1992, 22 (1): 63-66.

[28] Goldenberg H, Tranter C J. Heat flow in an infinite medium heated by a sphere. British Journal of Applied Physics, 1952, 3: 296-301.

[29] Hopper R W, Uhlmann D R. Mechanism of inclusion damage in laser glass. Journal of Applied Physics, 1970, 41 (10): 4023-4037.

[30] Christofer S, Peter B, Carsten L et al. High COMD, nitridized InAlGaAs laser facets for high reliability 50W bar operation at 805nm. Proceedings of SPIE, 2004, 5336: 132-143.

[31] Hiramoto K, Sagawa M, Kikawa T, et al. High-power and highly reliable operation of Al-free InGaAs-InGaAsP 0.98μm lasers with a window structure fabricated by Si ion implantation. IEEE Journal of Selected Topics in Quantum Electronics, 1999, 5 (3): 817-821.

[32] Kanskar M, Nesnidal M, Meassick S, et al. Performance and reliabiliity of arrow single mode & 100μm laser diode and the use of NAM in Al-free lasers. Proceedings of SPIE, 2003, 4995: 196-208.

[33] Rinner F, Rogg J, Kelemen M T, et al. Facet temperature reduction by a current blocking layer at the front facets of high-power InGaAs/AlGaAs lasers. Journal of Applied Physics, 2003, 93 (3): 1848-1850.

[34] Horie H, Yamamoto Y, Arai N, et al. Thermal rollover characteristics up to 150℃ of buried-stripe type 980nm laser diodes with a current injection window delineated by a $SiN_x$ layer. IEEE Photonics Technology Letters, 2000, 12 (1): 13-15.

[35] Stanczyk B, Jagoda A, Dobrzanski L, et al. Optical properties of thin layers and conditions of the reactive sputtering for passivation of SQWCSCH lasers. Proceedings of SPIE, 2003, 5036: 84-89.

[36] Silfvenius C, Blixt P, Lindstrom C, et al. High COMD, nitridized InAlGaAs laser facets for

high reliability 50W bar operation at 805nm. Proceedings of SPIE, 2004, 5336: 132-143.

[37] Sandroff C D, Nottenburg R N, Bischoff J C, et al. Dramatic enhancement in the gain of a GaAs/AlGaAs heterostructure bipolar transistor by surface chemical passivation. Applied Physics Letters, 1987, 51 (1): 33-36.

[38] Kamiyama S, Mori Y, Takahashi Y, et al. Improvement of catastrophic optical damage level of AlGaInP visible laser diodes by sulfur treatment. Applied Physics Letters, 1991, 58 (23): 2595-2597.

[39] 程东明, 刘云, 王立军. 表面钝化技术对光学灾变的影响的研究. 激光技术, 2003, 27 (1): 14-15.

[40] Han I K, Woo D H, Kim H J, et al. Thermal stability of sulfur-treated InP investigated by photoluminescence. Journal of Applied Physics, 1996, 80 (7): 4052-4057.

[41] Marcel G. Method for mirror passivation of semiconductor laser diodes: 0416190 B1 [1989-07-09].

[42] Tu L W, Schubert E F, Hong M, et al. In-vacuum cleaving and coating of semiconductor laser facets using thin silicon and a dielectric. Journal of Applied Physics, 1996, 80 (11): 6448-6451.

[43] Ressel P, Erbert G, Beister G, et al. Simple but effective passivation process for the mirror facets of high-power semiconductor diode lasers. 2003 Conference on Lasers and Electro-Optics Europe, 2003, 03: 145.

[44] Hu M, Kinney L D, Onyiriuka E C, et al. Passivation of semiconductor laser facets, :US06618409B1 [2003-09-09].

[45] Charache G, Hostetler J, Jiang C L, et al. Laser facet passivation: US11277602 [2010-03-30].

[46] Zhou H L, Kennedy K, Weiss E, et al. High-efficiency and high-riliability 9 ×× nm bars and fiber-coupled devices at Coherent. SPIE, 2006, 6104: 6104061-9.

[47] Li H X, Chyr I, Brown D, et al. Next-generation high-power, high-efficiency diode lasers at Spectra-Physics. SPIE, 2007, 6824: 68240S1-12.

[48] Petrescu-Prahova I B, Modak P, Goutain E, et al. High *d*/gamma values in diode laser structures for very high power. Proceedings of SPIE. 2009, 7198: 71981I.

[49] Lichtenstein N, Krejci M, Manz Y, et al. Recent developments for BAR and BASE: setting the trends. SPIE, 2008, 6876: 68760C1-12.

[50] Schmidt B, Piprek J, Lichtenstein N, et al. Further development of high-power pump laser diodes. Proceedings of SPIE. 2003, 5248: 42-54.

[51] Wang X, Crump P, Pietrzak A, et al. Assessment of the limits to peak power of 1100nm broad area single emitter diode lasers under short pulse conditions. Proceedings of SPIE, 2009: 7198G1-9.

[52] 杨晶 . 大功率半导体激光器腔面钝化工艺的研究 . 长春理工大学硕士学位论文 , 2011.
[53] 李再金 , 李特 , 芦鹏 , 等 . 980nm 半导体激光器腔面膜钝化新技术 . 发光学报 , 2012, 33 (5): 525-528.
[54] UEDA O. Degradation of Ⅲ-Ⅴ optoelectronic devices. Journal of the Electrochemical Society, 1988, 135 (1): 11C.
[55] Kressel H, Mierop H. Catastrophic degradation in GaAs injection lasers. Journal of Applied Physics, 1968, 38 (13): 5419- 5421.
[56] Hakki W B. Catastrophic failure in GaAs double-heterostructure injection lasers. Journal of Applied Physics, 1974, 45 (9): 3907-3912.
[57] Both W, Erbert G, Klehr A, et al. Catastrophic optical damage in GaAlAs/GaAs laser diodes. IEEE Proceedings, 1987, 134 (1): 95-103.
[58] Martin U. COMD behavior of semiconductor laser diodes. Annual Report, 1999: 39-43.
[59] Christofer S, Peter B, Carsten L, et al. High COMD, nitridized InAlGaAs laser facets for high reliability 50W bar operation at 805nm. Proceedings of SPIE, 2004, 5336: 132-143.
[60] Beach R, Benett W J, Freitas B L, et al. Modular microchannel cooled heatsinks for high averge power laser diode arrays. IEEE Journal of Quantum Electronics, 1992, 28 (4): 966-976.
[61] Hayashi I, Panish P B, Foy P W, et al. Junction lasers which operate continuously at room temperature. Applied Physics Letters, 1970, 17 (3): 109-111.
[62] Roy S K, Avanic B L. A very high heat flux microchannel heat exchanger for cooling of semiconductor laser diode arrays. IEEE Transactions on Components, Packaging, and Manufacturing Technology: Part B, 1996, 19 (2): 444-451.
[63] Gapontsev V, Moshegov N, Berezin I, et al. Highly-efficient high-power pumps for fiber lasers. SPIE Proceedings, 2017, 10086.
[64] Ebert C, Guiney T, Braker J, et al. Advances in the power, brightness, weight and efficiency of fiber-coupled diode lasers for pumping and direct diode applications. Proceedings of SPIE, 2017, 10086: 1008607.

# 第五章 高功率、高光束质量半导体激光发展的机制与政策建议

## 第一节 有利于学科发展的管理体制和措施

### 一、我国激光器行业的管理体制

工业激光器主要包括半导体激光器、全固态激光器和光纤激光器等，其中全固态激光器和光纤激光器均需要半导体激光器作为泵浦源。这三类工业领域的主要激光器均与半导体激光器直接相关。

我国工业激光器行业的管理体制是在国家宏观经济政策的调控下，遵循市场化发展模式，由工业和信息化部指定相关的管理政策和法规[1]。工业和信息化部是采用市场调节管理体制，通过政策的宏观调控和行业管理相结合的方式对企业的发展进行监督和指导。工业和信息化部是激光器行业宏观管理的职能部门，会同国家其他相关部门制定行业政策，拟定行业发展规划，引导行业的技术改造，指导行业的协同有序发展。激光行业的自发性学术组织为中国科学院组建的中国光学学会及其下属激光加工专业委员会，协会组织为中国光学光电子行业协会。中国光学学会和中国光学光电子行业协会的主要职责是：开展行业市场调研，向政府提出行业发展规划的建议，促进科学技术成果的转化；进行市场预测，向会员单位提供信息服务；举办国家会议、国内展览会、研讨会、学术讨论会，致力于新产品新技术的推广应用；

组织会员单位开拓国际国内市场，组织国家交流，开展国家合作，推动行业发展与进步。

在半导体激光器的基础和应用基础研究方面，我国的管理部门为科技部和国家自然科学基金委员会。国家自然科学基金委员会主要支持前沿方面的基础研究和应用基础研究，科技部主要支持应用基础研究和与产业应用相结合的项目。科技部从“十二五”时期就开始对半导体激光技术进行相关专项的立项支持，并在“十三五”和“十四五”期间以重点研发专项的形式对激光器相关的领域（如激光通信、增材制造、激光材料和器件、激光显示、激光雷达等）进行了重点布局。中国科学院设立先导专项来支持半导体激光器件的关键技术突破。“十三五”期间，科技部设立的与半导体激光（激光）技术相关的专项包括：①战略先进电子材料专项，资助金额为 6.9 亿元；②增材制造与激光制造专项，资助金额为 7.6 亿元；③量子调控与量子信息专项，资助金额为 3.5 亿元。三个专项合计的资助金额为 18 亿元。由此可见，国家对激光技术的重视程度非常高。

## 二、半导体激光器行业的国内外相关政策

激光器是激光装备产业的核心产品，应用非常广泛，涉及先进汽车及装备制造、通信、电子信息、医疗、航空航天等多个现代工业领域。激光技术是国家产业转型升级的关键支撑技术之一。我国政府一直高度重视发展激光产业，近年来先后出台了多项与激光及激光应用相关的产业政策。

### （一）国际情况

近几年，世界发达国家呈现出将激光作为战略高技术予以发展的态势，以不同的形式和方法提出了持续关注激光科技的发展战略规划，如美国的“21 世纪激光科学与工程的发展规划”和“国家光子计划”、日本的“光子工程发展规划”、德国的“光子研究行动计划——未来之光”、北欧诸国的“新概念工厂计划”、英国的“阿维尔计划”和俄罗斯的“激光技术服务于俄罗斯经济纲要”等[2]。此外，多家国外的著名企业，包括德国通快集团、罗芬集团以及美国的波音公司、诺格、雷神等，均已经提出各自的激光发展规划。这些规划既是这些企业自身的发展思路，也在很大程度上反映了所在国家的发展战略重点。

美国、德国等发达国家已将高功率半导体激光光束质量难题列入国家重

大计划，进行全面探索和攻关。美国国防部高级研究计划局启动“超高效二极管源计划”，研究创新的方法，使半导体激光器的激光效率获得了70%的革命性进步。2013年，美国国防部高级研究计划局支持了“短距、宽视场、极度敏捷、电子扫描光学发射机”（Short-Range, Wide Field-of-View Extremely agile, Electronically Steered Photonic Emitter，SWEEPER）项目。SWEEPER项目使用先进制造技术成功验证了光学相控阵技术的可行性。2014年，美国国防部高级研究计划局又启动了一项“战术有效的拉曼紫外激光光源”项目，开发出功率1W的220nm紫外半导体激光器，它的插拔效率大于10%，线宽小于0.01nm。高能液体激光区域防御系统（High Energy Liquid Laser Area Defence System，HELLADS）计划于2013年开发出150kW级的机载激光器原型样机[3]。美国在2011～2015年资助了“大功率高光束质量半导体激光光源”（Excalibur）国家级重大研究计划，TeraDiode公司采用光谱合束方法实现连续工作2030W、50μm光纤耦合输出、光参量积仅3.75mm • mrad的半导体激光光源，光束质量达到商业化二氧化碳激光器和二极管泵浦固体激光器的水平，这是千瓦量级半导体激光器报道的最高水平，这对于大功率半导体激光器的发展具有里程碑意义。德国研究机构于2018年通过单频772nm半导体激光器，经锥形放大器放大到3W，三硼酸锂晶体（LBO）倍频到386nm，再经过KBBF晶体倍频到193nm，实现的电光转换效率与现有准分子激光器相当，并完成深紫外光刻实验，证明光源的可用性，深入研究正在向提高功率和光束质量的方向前进。

2012年，欧盟五国联合启动了“高亮度半导体工业激光项目”，重点发展用于工业领域的高光束质量半导体激光器芯片及激光合束技术，采用倾斜、MOPA、DFB和DBR结构提高单元器件的光束质量，研制出输出功率>2kW、100μm耦合光纤、电光转换效率>40%的半导体激光用于切割和焊接。此计划目前进展：30μm条宽单个激光器连续输出5.5W、光参量积约为1.8mm • mrad；5波长合束模块连续输出200W、亮度70GW/m$^2$（报道最高亮度）。2016年，德国投入1600万欧元启动了“EKOLAS”“BlauLas”“HotLas”等三个项目，目标是实现功率：输出功率6kW、电光转换效率大于45%、光参量积优于4mm • mrad的半导体激光光源，上述项目于2019年完成。

### （二）国内情况

我国十分重视发展激光技术，制定并实施了一系列政策。《国家中长期科学和技术发展规划纲要（2006—2020 年）》中我国将重点发展的八项前沿技术中，激光技术位列第七项，并且激光技术是其他七大产业的支撑技术，尤其是在新一代信息技术、高端装备制造、新能源和新能源汽车产业中。2016 年，国家发布了《“十三五”国家科技创新规划》：加快实施国家科技重大专项，启动“科技创新 2030—重大项目”；构建具有国际竞争力的产业技术体系，加强现代农业、新一代信息技术、智能制造、能源等领域一体化部署，推进颠覆性技术创新，加速引领产业变革。“十三五”期间，科技部部署了与激光及激光芯片相关的 8 个专项，包括激光与增材制造、先进电子材料、智能交通、量子调控与信息、重大科学仪器、纳米科技等。

国家在 2015 年 5 月提出了全面推进激光制造技术的规划。在这个规划中明确了 5 大工程、9 项战略和 10 大领域，其中智能制造工程、工业强基工程、绿色制造工程都需要半导体激光器芯片作为基础的元器件来支撑上述工程的发展；10 大领域中的新一代信息技术、新材料、航空航天装备、新能源汽车和农机装备都离不开绿色节能的激光技术的支持。2020 年 4 月 20 日，国家发改委发布了新基建的七大领域，包括 5G、大数据中心、人工智能、工业互联网、特高压和新能源汽车。半导体激光技术是新基建七大领域中 5G 基建、工业互联网、人工智能及大数据中心等四个领域的支撑技术之一。

## 三、国际上与激光技术相关的创新措施

### （一）国际上的相关措施

美国作为世界上创兴能力强、科技先进的国家，有自己的咨询和建议体制[4,5]。美国国家科学院（National Academy of Sciences，NAS）和美国国家工程院（National Academy of Engineering，NAE），共同承担向联邦政府提出建议的责任。美国国家科学研究委员会（National Research Council，NRC）是美国国家科学院和美国国家工程院的主要运营机构，向政府、公众、科学及工程界提供服务。2011 年，美国国家科学院发布了《驾驭光：把握光学发展趋势，迎接未来科研挑战》报告。报告总结了政府用 20 年的时间研究光和光子学对国家经济发展的作用。这些分析对我们也是一个值得借鉴的经验[6]。美国参议院于 2021 年 5 月公布了一项经过修改的提案，要求政府拨款 520 亿美元，在未来 5 年大力促进美国半导体芯片的生产和研究，以确保美国保持芯片生产的领先地位。1990 年，美国在全球半导体和微电子生产领域占据的份额为 37%，而 2021 年只有 12%[7]。

在激光武器的研发方面，美国特别重视调动各类企业的创新意识，政府广泛地在美国的大小企业中征集各种标新立异的“好点子”，以改善现有系统使用的过于笨重、昂贵的化学激光器系统。研制新武器不是一次就能成功，甚至相当一部分是失败的。但在这些失败之后，却带动了新技术的发展，产生了巨大的积累和扩散效应。例如，即使光纤激光器最终无法成为反导、反无人机的实用武器，但也许会成为干扰来袭导弹红外导引头的有效工具，或者带动光纤激光器在通信、光电制导等领域的发展。

2010 年 7 月，德国政府制定了《光学 2020 战略》，关注的领域有生物光子学、通信技术、激光技术、高亮度 LED、光学元件、有机电子、光学传感等 10 个[8]，计划于未来 10 年在该领域总体投资超过 150 亿欧元。《光学 2020 战略》是一项集成了政府、经济领域、科研机构、高等院校和各类中小企业力量的中长期科技战略规划，充分考虑了科研和市场两种因素的有机结合，加强了高校及其他科研机构的科技实力，增强了中小型企业自身的创新能力，并实现科研成果迅速向市场转化。在实施过程中，德国政府特别重视中小企业的参与，没有中小企业的参与，项目不能启动。这 10 年的实践也验证了中小企业不仅是创新的重要动力，而且是科技成果转化的重要载体，肩负着学术界与工业界的接口职能。德国政府重视加强标准化战略布局，从 2006 年开始在上述 10 个领域的重点研究方向上设立了标准化工作组，对相关问题开展研究。每年有 120～150 条新的技术标准问世。通过制定标准，德国维护了本国的切身利益，以标准化战略性布局提升了本国产品乃至行业的国际竞争力。并且，德国还注重加强国家合作，于 2005 年创立了 Photonics 21 网络平台，由行业龙头企业和研究机构联合参与建设 Photonics 21 技术平台，目的是支持欧洲光学行业的发展以进一步巩固欧盟在国际光学技术的市场地位。这个技术平台由 1500 多名来自 49 个国家的光学领域专家组成。德国为了推广激光加工技术，建立了 9 个国家级激光中心，还大量建立激光加工站；在大、中、小型企业积极建立激光加工生产线。德国在《光学 2020 战略》中特别提出了每年提供 500 万马克（25 个项目），向批准有激光加工技术项目的中、小企业的每个项目资助 20 万马克。

### （二）中国的相关措施

为适应激光技术所引发的新一轮产业发展的需要，中国也制定了相应的措施来积极推动激光上下游产业链的发展。例如，我国建设了国家实验室和国家技术创新中心。

根据国家重大战略需求，我国在新兴前沿交叉领域和具有特色、优势的领域，依托国家科研院所和研究型大学，建设若干队伍强、水平高、学科综合交叉的国家实验室。国家实验室的目标是把吸引、聚集和培养国际一流人才作为重要任务；以国家现代化建设和社会发展的重大需求为导向，开展基础研究、竞争前沿高技术研究和社会公益研究，积极承担国家重大科研任务，产生具有原始创新和自主知识产权的重大科研成果，为经济建设、社会发展和国家安全提供科技支撑，对相关行业的技术进步做出突出贡献。2000～2003 年，科技部批准了 5 个国家实验室的试点建设。随后于 2006 年陆续启动了 10 个国家实验室的试点建设。截至 2020 年底，有 6 个国家实验室获得科技部批准建设，其余的国家实验室仍处于筹建状态。其中，武汉光电国家实验室是与激光技术相关的国家实验室，主要面向激光前沿技术不断产生具有原始创新和自主知识产权的重大科研成果，引领激光产业的发展。

2020 年 3 月，科技部、财政部出台了《关于推进国家技术创新中心建设的总体方案》，推动国家相关创新中心的建设及突破相关的核心技术。2020 年 6 月，以中国科学院长春光学精密机械与物理研究所作为承担单位，吉林省、长春市和经开区三方共同投资 7 亿元筹建国家半导体激光创新中心，主要面向高速通信、智能感知、高能激光应用三个方面开展核心技术攻关，为下游企业提供核心技术支撑，实现从科学到技术的转化，促进重大基础研究成果的产业化。2021 年 4 月 30 日，科技部正式批复由 TCL 科技集团股份有限公司牵头成立的广东聚华新型显示研究院建设技术创新中心，作为新型显示领域唯一的国家级创新载体。技术创新中心的正式挂牌及“战略联盟”建设，标志着我国显示产业的凝聚力进一步提升，全产业链协同创新迈出了实质性步伐。该创新中心将在下一代显示领域建立领先优势，需要在 OLED、Micro-LED、Mini-LED 等新兴显示技术方面取得突破，在工艺、材料、装备等产业链领域夯实基础，形成上下游互相促进持续创新的局面。

2021 年，十三届全国人大四次会议通过了《中华人民共和国国民经济和社会发展第十四个五年规划和 2035 年远景目标纲要》。该文件提到支持北京、上海、粤港澳大湾区形成国际科技创新中心，建设北京怀柔、上海张江、粤港澳大湾区、安徽合肥综合性国家科学中心，支持有条件的地方建设区域科技创新中心。强化国家自主创新示范区、高新技术产业开发区、经济技术开发区等创新功能。适度超前布局国家重大科技基础设施，提高共享水平和使用效率。集约化建设自然科技资源库、国家野外科学观测研究站（网）和科学大数据中心。加强高端科研仪器设备研发制造。构建国家科研论文和科技信息高端交流平台。国家出台的这些措施对于半导体激光技术的发展具有重要的推动作用。

### （三）中国激光产业发展相关措施

从《国务院关于加快培育和发展战略性新兴产业的决定》等国家产业政策可以看出，未来激光技术的应用市场广阔。并且，激光制造具有智能制造的先天“基因优势”，而激光产业形势也因为国家产业政策的大力支持而发展前景总体趋好。

## 第二节　推动高功率、高光束质量半导体激光学科领域发展的政策建议

推动高功率、高光束质量半导体激光学科领域发展的政策建议主要有以下几点。

### （一）建设相关科研与示范平台/基地/中心，推动半导体激光基础研究创新及产业的快速发展

半导体激光器芯片是光电系统不可或缺的核心组件，不仅是国防领域、信息装备的基石，更是先进制造、绿色能源、信息通信、航空航天、生物和医疗健康等国民经济支柱产业的基础，对国民经济发展具有重大贡献，是“国之重器”，也是必须自主把控的军民共用高技术战略性基础产品。为夯实基础、贯通产业链条、军民融合发展，提升先进半导体激光器芯片支撑的高技术战略能力，建议设立国家级军民共用科研创新示范平台或国家级科技创新中心，以应用需求为主强化基础创新，结合国家集成电路、先进制造等产业基金的布局，以全链条协调＋市场机制推动创新技术发展转化为产业及能力提升，摆脱核心元器件被把控的局面，保证我国国防、产业经济的安全和相关基础能力的可持续发展[9,10]。

### （二）建立和健全科技人才的评价机制

完善科技人才评价机制是促进科技创新发展的重要举措。从科技人才数

量和质量两个方面入手，完善创新评价机制，将科技人员的本职工作和日常工作进行有效分离，使相关科研人员能够将更多的精力投入科研工作。这样能够有效地实现对科技人才的约束、控制及激励，在不断完善科技评价机制的同时，从根本上提高相关科研人员的科研水平和待遇，为今后更高层次的科研创造打下良好的基础。此外，通过建立完善的科技人才评价机制，能够充分发挥科技人才的最大价值，帮助他们树立良好的从业信心。并且，在科技人员的自身价值得到充分体现后，评价机制可以最大限度地保障科技人员的全面发展，从而达到更高层次的工作目标。

### （三）建立和完善科技成果转化机制

现阶段的科技管理体制中存在科技成果转化率低的问题。在这种情况下，我们应积极地建立和完善科技成果转化机制，将市场资源引入科技管理工作中，从而建立符合当前市场需求的科技管理新体制。与此同时，还应不断加强科研单位和各个市场之间的合作交流，从而促进科技成果的市场化和商业化发展，在充分发挥出市场的巨大优势的同时构建出科技成果转化的新机制和新体系。

### （四）建立先进的科技创新评价体系

科研成果评价及对科研人员、科研机构的绩效评价可以借鉴德国采用的同行评议方法，由同一学科领域的专家和学者组成的“科学共同体”实施评价。在评价活动中，外籍专家的占比甚至过半[11]。

法国建立了全国科研评估机构——科研与高等教育评估署（AERES），负责对公共科研机构进行系统评估。该机构受科研机构主管部门的委托，在机构与主管部门签订的4年合同结束后，对机构的合同执行情况进行评估，政府主管部门根据其报告结果与科研机构签订下一期合同。美国的绩效评估包括短期（1年）、中期（2～5年）和长期（5年以上）评估。其中，长期评估包括支持科学与工程研究、教育的回溯性评估及投资影响研究等。

当前，科学技术和公众的关系越来越密切，公众也越来越关注科学技术的发展方向。作为一种庞大的社会建制，科学技术调动了大量的社会宝贵资源，公众有权知道这些资源产生的效益如何，特别是公共科技财政能为自己带来什么切身利益。另外，随着人们受教育水平的提高、交通和交流手段的改善、信息的丰富，使人们有了更好的条件和更多的机会关心科学技术。公众参与科技决策已成为发达国家制定公共政策的重要趋势，如何鼓励和引导公众参与国家科技重大决策、提高公众参与的效率也成为发达国家的一个关注重点。中国的科技绩效评价如何把公众参与引入评估体系中，也是评估体系改革中需要我们思考的一个重要影响因素。

### （五）科研诚信体系建设

随着经济全球化和国际科技竞争的加剧，科技与经济和社会发展的关系更加密切，科研诚信问题愈益引起各国高度重视。例如，《科学》要求论文中涉及的每个实验室或研究小组中的资深作者必须确认该单位生成的原始数据，以确保待发表稿件中图表的数据是正确和恰当的。欧洲科学基金会（European Science Foundation，ESF）2010 年 7 月在世界研究诚信会议上发布的《研究诚信行为准则》中指出，研究人员、公私研究机构、大学和基金组织要推进的研究诚信原则包括诚实交流，研究的可靠性、客观性、公正性和独立性、开放性和可获得性，提供证据与认可成就时的公平性，以及对未来的科学家与研究人员承担责任。国际上也发生了多起科研人员的数据和文章造假事件，这些对科技的发展都是不利因素。为了保证科学技术的顺利发展和科研成果的真实性，需要我们建立相应的诚信评价体系，并加强相应的管理。

## 本章参考文献


[1] 力鼎产业研究网 . 我国工业激光器行业管理体制、相关政策及相关标准汇总分析 .http://www.leadingir.com/hotspot/view/2428.html[2020-04-03].

[2] 激光网 . 激光“唱响”中国制造 2025. https://www.laserfair.com/news/201505/25/56138.html[2015-05-25].

[3] 王立军 . 大功率半导体激光合束进展 . 中国光学，2015，8 (4)：517-534.

[4] 黄建榕，柳一超 . 美国科技创新能力评价的做法与借鉴 . 当代经济管理，2017, 39 (10): 88-93.

[5] 陈晓怡，葛春雷，任真 . 主要国家（地区）科技体制改革研究 . 科技政策与发展战略，2015, 3: 1-18.

[6] 美国国家科学院，美国国家科学研究委员会 . 光学与光子学：美国不可或缺的关键技术 . 曹建林，等译 . 北京：科学出版社，2015：1-11.

[7] 新浪财经 . 美参议员提议拨款 520 亿美元促进芯片生产和研究 . 光电科技快报, 2021, 5 : 13.
[8] 李鹏，刘彦 . 德国光学技术发展的经验与启示 . 全球科技经济瞭望，2011，26 (3) : 58-63.
[9] 黄建榕 , 柳一超 . 美国科技创新能力评价的做法与借鉴 . 当代经济管理 , 2017, 39 (10) : 88-93.
[10] 章熙春 , 柳一超 . 德国科技创新能力评价的做法与借鉴 . 科技管理研究 . 2017, 2: 77-83.
[11] 郭昕慧 . 创新体系科技管理体制的改革与创新 . 科技风 . 2018, 4: 13.

# 关键词索引

**H**



**J**



**K**



**L**



**M**



**P**



**R**



**S**

## T



## X



## Y



## Z